누구나 할 수 있는

2판

jamovi 통계분석

빈도분석에서 구조방정식까지

황성동 저

학지사

2판 머리말

2019년 『누구나 할 수 있는 jamovi 통계분석』 초판 출간 당시 jamovi가 1.0 버전이었지만 4년이 지난 지금은 2.3.28 버전으로 발전되었고 여러 가지 프로그램의 속성이 많이 개선되었다. 특히 최근에는 연구자들이 고대하던 경로모형을 포함한 온전한 구조방정식모형을 구현하는 모듈이 개발되어 실로 연구자들이 필요로 하는 주요 기능들이 대체로 구비되었다고 할 수 있다. 이에 따라 업데이트된 jamovi를 독자들에게 알리고 연구자들이 편리하게 사용하도록 2판을 출간하게 되었다.

jamovi 프로그램은 상업용 프로그램과 달리 오픈소스 및 무료 프로그램으로 누구나 원하면 인터넷상에서 다운받아 사용할 수 있는 큰 장점이 있다. 최근에는 PC 다운로드 버전뿐만 아니라 Cloud 버전도 있어서 누구나 원하는 시간과 장소에서 인터넷에만 연결되어 있으면 편리하게 사용할 수 있는 특징을 갖추고 있다. 나아가 jamovi는 데이터 창과 분석 결과 창이 한 화면에 구현되며 간결하면서도 전문적인 분석 결과 제시 등은 여타 통계분석 프로그램에 비해 매우 편리한 특성이라고 할 수 있다. 그래서 그런지 비교적 짧은 시간에 jamovi 사용자들이 늘어나고 있으며, 생각했던 것보다 학위논문이나 연구논문에 jamovi를 사용하였다는 사례가 급속히 증가하고 있다.

이 책은 초판과 마찬가지로 jamovi를 설치하는 것부터 시작해서 고급 통계분석에 해당되는 다층모형 및 구조방정식모형까지 차근차근 익힐 수 있도록 구성하였다. 이 과정에서 통계에 대한 수식과 이론을 최소화하여 초보자도 쉽게 활용할 수 있도록 하였다.

이 책의 구성은 전체 21장으로 되어 있으며, 1~2장에서는 jamovi를 설치하는 것과 데이터 처리에 대한 내용을, 3~5장에서는 통계분석에 대한 기본 개념과 기술통계분석에 대한 내용을 담고 있다. 그리고 6장부터 16장까지는 통계적 검정에 대한 설명을 시작으로 추론통계분석에 대한 내용, 구체적으로 평균차이 검정, 상관관계분석, 회귀분석, 분산분석을 다루었다. 이어서 17~18장에서는 일반화 선형모형에 해당되는 로지스틱 회귀분석과 포아송 회귀분석을, 19장에서는 다층모형에 대한 내용을 담고 있다. 그리고 20장에서는 구조방정식모형의 기초가 되는 요인분석을, 마지막 장인 21장에는 구조방정식모형을 다루었다. 이 장에서는 구조방정식모형에 대한 기본적인 이론적 설명과 아울러 경로모형부터 온전한 구조방정식모형까지 전체 과정을 구체적으로 다루었다.

이 책이 나오기까지 여러분의 도움과 지지가 있었다. 먼저, jamovi 프로그램을 시작해서 지금까지 헌신적인 노력을 하는 Jonathon Love와 그의 동료 개발자들에게 감사를 전한다. 특히 다층모형과 구조방정식모형 모듈을 만들어 준 M. Galliucci 그리고 여러 가지 좋은 모듈을 만들어 주신 설현수 교수님께도 감사를 드린다. 또한 강의 및 워크숍 시간에 참신한 질문과 코멘트를 아끼지 않은 연구자들에게 감사함을 느낀다. 아울러 지속적으로 격려해 주시는 학지사 김진환 사장님과 쉽지 않은 편집 작업을 멋지게 해 주신 김순호 편집이사님에게도 심심한 감사를 전한다.

2023년 7월
황성동

1판 머리말

얼마 전 『R과 jamovi로 하는 통계분석』을 출간한 이후 독자들은 jamovi로만 할 수 있는 통계분석 책을 출간해 달라는 요청을 여러 차례 하였다. R 프로그램은 무료 오픈소스(free and open source) 프로그램으로 누구나 활용할 수 있다는 큰 장점이 있으며, 14,000개가 넘는 분석 패키지가 개발되어 있어 어떤 통계분석도 가능하다는 강점을 갖추고 있다. 하지만 R은 그래픽 인터페이스(GUI)가 아닌 명령어 인터페이스(CUI) 환경으로 구성되어 있어 처음에 배우기가 쉽지 않은 특성이 있다. 그래서 이러한 단점을 보완하고 쉽게 접근할 수 있도록 GUI 환경의 jamovi가 만들어졌기 때문에 jamovi 전용 통계분석 책이 필요하다는 요청이 충분히 타당하다는 생각에 이 책을 집필하게 되었다.

데이터 분석에 대한 프로그램으로 연구자들에게 친숙한 SPSS, SAS, Stata 등이 있지만 이러한 상업용 프로그램은 그 비용이 만만치 않은 것이 사실이다. 이에 반해 jamovi 프로그램은 오픈소스 및 무료 프로그램으로 누구나 원하면 인터넷상에서 다운받아 사용할 수 있는 큰 장점이 있다. 이에 나아가 jamovi는 여타 통계분석 프로그램에 비해 사용하기가 매우 편리한 특성을 갖추고 있다. 예를 들면, 데이터 창과 분석 창이 한 화면에 구현되는 편리함과 분석 결과를 편집하지 않고 학술지에 바로 붙여 넣기를 하여도 무방할 정도로 높은 수준의 해상도와 간결함이 큰 장점이다. 또 통계분석을 계속해서 이어 갈 수 있는 재현 가능성(reproducibility)도 갖추고 있는 프로그램이다.

하지만 이러한 장점과 특성에도 불구하고 jamovi가 세상에 알려지기 시작한 것은 불과 몇 년이 채 되지 않았고, 아직도 많은 연구자가 jamovi의 존재를 알지 못한다. jamovi에 대한 관련 도서도 부족한 실정이어서 책을 통해 누구라도 jamovi를 쉽게 익힐 수 있고, 이를 통해 다양한 통계분석기법을 보다 체계적으로 배울 수 있으면 좋겠다는 생각이 강하게 들었다. 따라서 이 책에서는 jamovi를 설치하는 것에서 시작하여 고급통계에 해당되는 다층모형까지 차근차근 익힐 수 있도록 구성하였다. 그리고 이 과정에서 통계에 대한 수식과 이론을 최소화하여 초보자도 쉽게 접근할 수 있도록 하였다.

이 책은 전체 20장으로 구성되어 있다. 1~2장에서는 jamovi를 설치하는 것과 데이터 처리에 대한 내용을 다루고 있으며, 3~5장은 통계분석에 대한 기본 개념과 기술통계분석에 대한 내용을 담고 있다. 그리고 6장부터는 통계적 검정에 대한 설명을 시작으로 추론통계분석에 대한 내용을 다루었으며, 구체적으로 평균차이 검정, 회귀분석, 분산분석에 대한 내용을 16장까지 다루고 있다. 이어서 17~18장에서는 일반화 선형모형에 해당되는 로지스틱 회귀분석과 포아송 회귀분석을, 19장에서는 다층모형을, 그리고 20장에서는 요인분석에 대한 내용을 다루었다. 부록에서는 jamovi에서 아직 실행되지 못하는 구조방정식모형을 다루고 있는데, 이 구조방정식모형 부분은 기본적인 이론적 설명과 아울러 R을 이용하여 실제 분석하는 과정을 구체적으로 다루었다.

이 책이 나오기까지 많은 분의 도움과 지지가 있었다. 먼저, jamovi 프로그램을 만들어 준 Jonathon Love와 그의 동료 개발자들에게 감사를 전한다. 그리고 강의 및 워크숍 시간에 좋은 질문과 코멘트를 아끼지 않은 연구자들에게 감사함을 느낀다. 아울러 끊임없는 자극(?)과 격려를 아끼지 않은 학지사 김진환 사장님과 어려운 편집 작업을 매끄럽게 잘 수행해 준 최주영 과장님에게도 심심한 감사를 전한다.

2019년 11월
경북대학교 연구실에서 황성동

전체 차례

차례

01

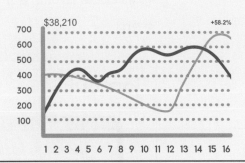

jamovi 설치하기

1 jamovi 설치하기

jamovi는 R을 기반으로 하는 무료 오픈 통계프로그램(free and open statistical software)으로 javomi 웹사이트 https://www.jamovi.org/에서 다운받아 설치할 수 있다.

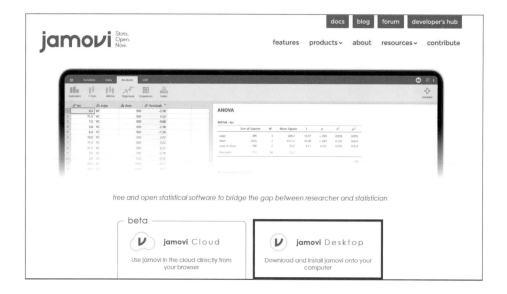

2017년 시작된 jamovi는 현재 Desktop 다운로드 버전과 아울러 Cloud(beta) 버전이 개발되어 있어 온라인에서 바로 사용할 수 있다. 주로 사용하는 다운로드 버전의 경우 다음과 같이 Desktop 버튼을 클릭해서 설치하면 된다(단, 64비트 프로그램만 가능하므로 64비트 PC 및 노트북에서만 실행이 가능하다).

여기서 solid는 보다 안정화된 버전을, current는 보다 최신 버전을 의미한다.

이름		수정한 날짜
SCD effect size estimates		2022-08-28 오후 4:24
full_text (3)		2022-08-28 오후 2:31
Statistical frontiers for selective reporting and publication bias - part 1		2022-08-27 오후 4:51
RVE-for-SCED		2022-08-27 오후 4:42
dissertation defense_JW_v2_publish		2022-08-27 오후 2:30
jamovi-2.3.16.0-win64		2022-08-24 오후 3:43
Message		2022-08-24 오후 1:28
report_overall (2)		2022-08-23 오후 1:43
cl21268-sup-0001-appendices		2022-08-18 오후 1:45
Campbell Systematic Reviews - 2022 - Sarma - Mental disorder psychological problems and terrorist ...		2022-08-18 오후 1:40

jamovi를 처음 만든 사람들은 Jonathon Love, Damian Dropmann, Ravi Selker 로 이들은 모두 소프트웨어 개발, 통계학 및 관련 과학에 종사하던 사람들이다. 이들은 가능하면 모든 사람이 쉽게 활용할 수 있는 통계분석 패키지를 만드는 일 에 큰 사명감을 가지고 jamovi 프로젝트를 시작하였으며, jamovi를 관심 있는 모 든 사람과 함께 개발에 참여하고 사용할 수 있도록("community driven") 계속 발전 시켜 나아가고 있다.

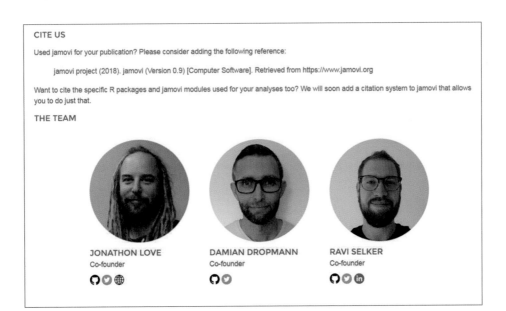

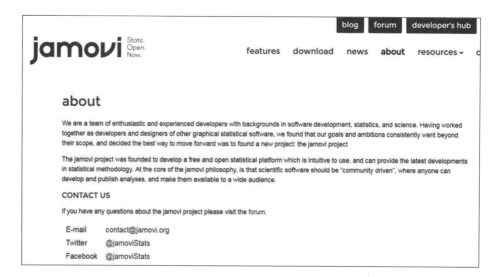

그리고 jamovi는 R 프로그램의 패키지인 'jmv'를 기반으로 하여 만든 프로그램으로 실제 jamovi에서 jmv 명령어를 활용할 수 있도록 고안되었다.

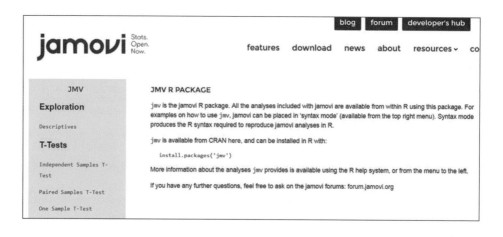

다음 결과는 R에서 jmv 패키지를 사용하여 간단한 분석을 수행한 결과이다.

```
> jmv::descriptives(mtcars, vars=c(cyl, am, mpg), freq=T)

DESCRIPTIVES

Descriptives
 ───────────────────────────────────────
                cyl       am        mpg
 ───────────────────────────────────────
  N             32        32        32
  Missing        0         0         0
  Mean          6.19      0.406     20.1
  Median        6.00      0.00      19.2
  Minimum       4.00      0.00      10.4
  Maximum       8.00      1.00      33.9
 ───────────────────────────────────────


FREQUENCIES

Frequencies of cyl
 ─────────────────────────────────────────────────────
  Levels    Counts    % of Total    Cumulative %
 ─────────────────────────────────────────────────────
  4         11        34.4          34.4
  6          7        21.9          56.2
  8         14        43.8         100.0
 ─────────────────────────────────────────────────────
```

jamovi의 특성은 소프트웨어의 제3세대 프로그램으로써 기존의 상업적 통계분석 패키지인 SPSS나 SAS에 대한 대안으로 누구나 쉽게 활용할 수 있도록 만들었다는 것이다. 또한 jamovi는 R 기반 및 통합 프로그램으로써 실제 분석에서 R 코드를 제공한다. 무엇보다 jamovi는 공개된 무료 프로그램(free and opn)으로 연구자들에 의한 연구자들을 위한 프로그램이라고 할 수 있다.

free and open statistical software to bridge the gap between researcher and statistician

STATS MADE SIMPLE

jamovi is a new "3rd generation" statistical spreadsheet. designed from the ground up to be easy to use, jamovi is a compelling alternative to costly statistical products such as SPSS and SAS.

R INTEGRATION

jamovi is built on top of the R statistical language, giving you access to the best the statistics community has to offer. would you like the R code for your analyses? jamovi can provide that too.

FREE AND OPEN

jamovi will always be free and open - that's one of our core values - because jamovi is made by the scientific community, for the scientific community.

그리고 jamovi는 데이터를 spreadsheet 형식으로 편집 가능하며 다양한 분석 기능을 제공함과 동시에 분석 결과를 재현 가능하도록(reproducibility) 하는 특성이 있다.

features

ANALYSES

jamovi provides a complete suite of analyses for (not just) the social sciences; t-tests, ANOVAs, correlation and regression, non-parametric tests, contingency tables, reliability and factor analysis. Need more analyses? then see the jamovi library – a library of additional analyses contributed by experts in their field.

STATISTICAL SPREADSHEET

jamovi is a fully functional spreadsheet, immediately familiar to anyone. Enter, copy/paste data, filter rows, compute new values, perform transforms across many columns at once – jamovi provides a streamlined spreadsheet experience, optimised for statistical data.

R SYNTAX

Love R? Check out jamovi's "syntax mode", where the underlying R syntax for each analysis is made available. Just copy and paste this into R for a seamless transition. Alternatively, run R code directly inside jamovi with the Rj Editor.

TEACHING

jamovi's ease of use makes it ideal for introducing people to statistics, and it's advanced features ensure students will be well equipped for the rigours of real research when they graduate. Over 300 universities use jamovi to teach statistics – don't let your institution get left behind! Also check out the great video and textbook resources available.

COMMUNITY

jamovi is a community project, and invites contributions from people all over the world. Central to the jamovi ethos is that scientific software should be "decentralised". Any one should be able to publish graphical accessible analyses, not just those with big grants and huge budgets.

REPRODUCIBILITY

Reproducibility shouldn't be complicated, that's why jamovi saves your data, your analyses, their options, and the results all in the one file. This file can be backed up, shared with colleagues, and at any time loaded back into jamovi – it's like you never left.

한편 jamovi는 몇몇의 헌신적이고 소명감 넘치는 개발연구자들로 구성되어 개발되고 발전되기 때문에 이 jamovi 프로젝트에 많은 사람이 다양한 방법으로 참여할 수 있다. 특히 jamovi 프로그램을 함께 개발해 나아가고 프로그램을 옹호하며 아울러 재정적으로 기여할 수 있는 사람들을 언제나 찾고 있다.

blog   forum   developer's hub

features   download   news   about   resources ˅   **contribute**

contribute

JAMOVI NEEDS YOU!

There are many ways that you can contribute and participate in the jamovi community and it's mission to liberate the field of statistics. Here are some:

- Advocacy
- Create content
- Develop modules
- Contribute financially

ADVOCACY

One of the easiest ways you can help the jamovi community is simply to mention jamovi to colleagues. There are people out there who still don't know that jamovi exists, and one of the best ways you could help them is by mentioning us, and pointing them to our website. There's really no substitute for word of mouth.

You could also invite one of the jamovi developers to come and give a talk about jamovi at your institution.

CREATE CONTENT

The internet is awash with information and tutorials for proprietary statistical software like SPSS. One of the challenges for people migrating from these platforms is that there currently isn't that much content about jamovi. If you're a writer, a blogger, or maintain a YouTube channel, *jamovi needs you to create new and engaging content demonstrating statistics in jamovi.*

2   데이터 불러오기

jamovi를 실행한 초기 모습은 다음과 같으며, 오른쪽에 jamovi 버전을 표시하고 있다(2023년 7월 10일 현재 2.3.28 버전까지 개발되어 있다).

분석을 위해 데이터를 불러오기 위해서는 왼쪽 상단의 메뉴 바를 클릭한다.

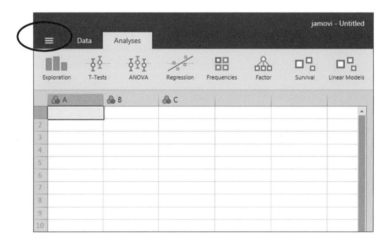

그리고 Open 탭을 클릭하면 데이터 파일을 불러올 수 있다.

jamovi는 SPSS, Stata, SAS 파일을 포함한 다양한 파일을 불러올 수 있지만 기본
적으로(Excel 파일의 다른 형식 저장 형태인) 콤마로 분리된 형식인 .csv 파일을 가장
많이 활용한다.

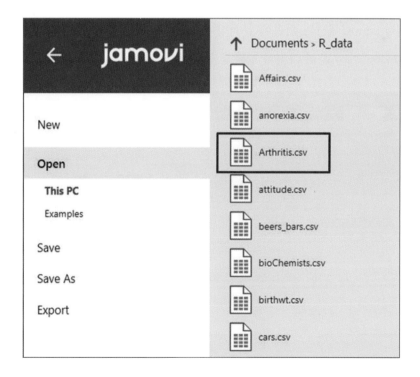

다음은 관절염 치료 데이터 파일인 Arthritis.csv를 불러온 모습이며 오른쪽 상단에 파일 이름이 표시된다.

다음은 Arthritis.csv로 분할표 및 카이스퀘어 검정 분석을 실시한 결과이다. 보는 것처럼 jamovi에서는 왼쪽에 분석상자, 오른쪽에 분석 결과를 제시하고 있어 한 창(window)에서 분석 과정과 결과를 확인할 수 있는 장점이 있다.

앞서 수행한 카이스퀘어 검정 분석 내용을 다음과 같이 jamovi 파일(.omv)로 저장할 수 있다.

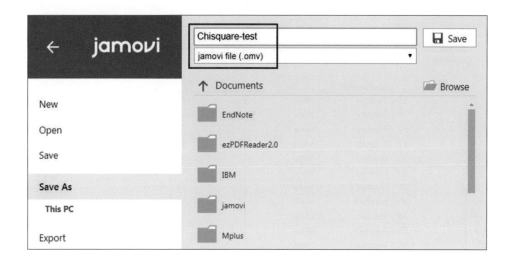

다음은 Chisquare−test.omv 파일로 저장된 모습이며, 나중에 이 파일을 불러온 후 분석을 추가로 연결해 나아갈 수 있다.

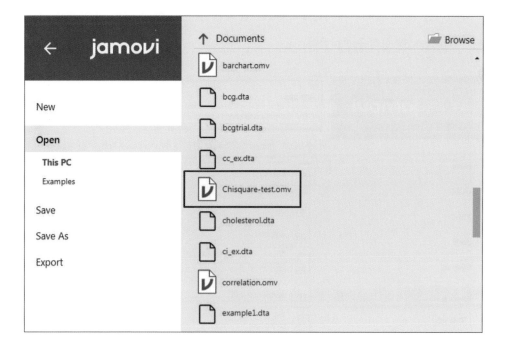

jamovi에서는 다음과 같이 분석 중인 데이터를 수정하고 저장할 수 있다.

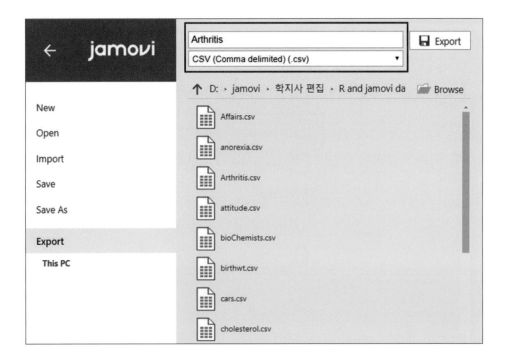

데이터를 저장하기 위해서는 Export를 클릭한 후 적절한 데이터 유형을 선택한다(여기서는 CSV 형식을 선택한다).

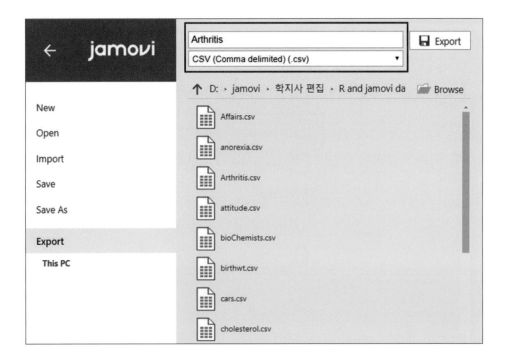

또한 분석 결과를 다음과 같이 pdf 파일(Chisquare-test.pdf)로 저장할 수 있다.

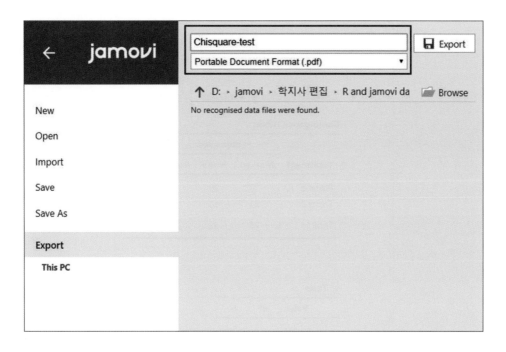

그리고 저장된 분석 결과(Chisquare-test.pdf)를 다음과 같이 불러올 수 있다.

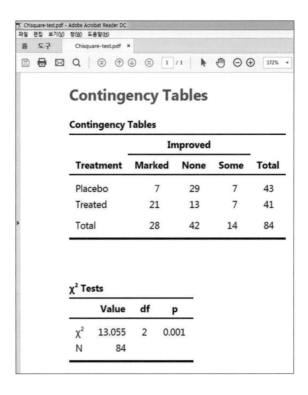

한편, 분석 결과를 html 파일로도 다음과 같이 저장하고 불러올 수 있다.

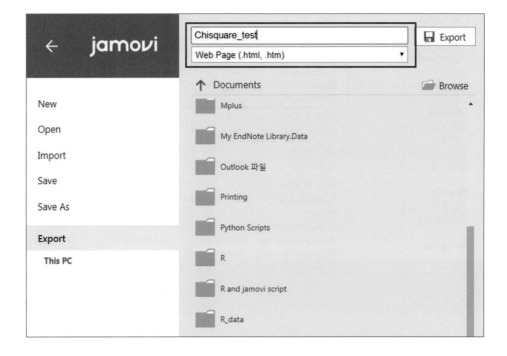

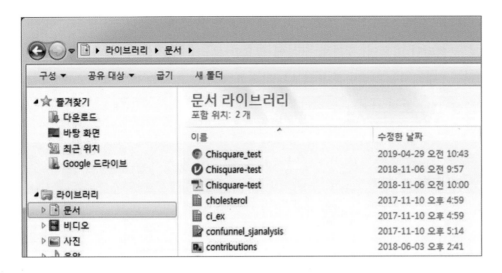

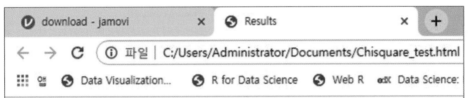

그리고 jamovi는 기본 프로그램 외에 필요한 분석 프로그램, 즉 모듈(Modules)로 구성되어 있으며, 추가로 분석에 필요한 모듈을 설치할 수 있다. 예를 들어, jamovi 내에서 R 명령어를 통해 R을 사용할 수 있도록 하는 Rj 모듈을 install 버튼을 클릭함으로써 설치할 수 있다.

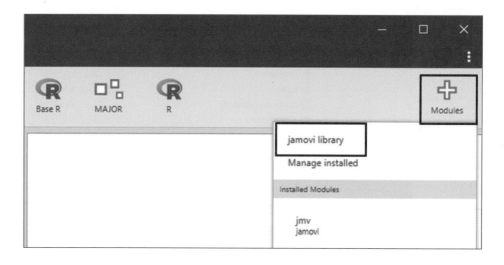

02

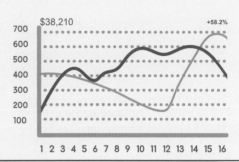

데이터 처리

1 변수의 유형

일반적으로 데이터의 변수는 다음과 같이 범주변수와 수량변수로 구분할 수 있으며, 범주변수는 다시 명목변수와 서열변수로 나눌 수 있다. R에서는 명목변수와 서열변수를 factor 변수로 정의하고 있다.

[그림 2-1] 변수의 유형

변수의 유형에 대한 이해가 필요한 것은 변수의 속성에 따라 분석기법이 달라지기 때문이다. 이에 대해서는 다음 장에서 보다 구체적으로 다루게 될 것이다. jamovi에서는 다음 그림에서 보듯이 변수를 크게 세 가지 유형으로 나누고 있는데, 그것은 명목변수(Nominal), 서열변수(Ordinal), 연속변수(Continuous)이며, 연구자들의 이해를 돕기 위해 각각 그림으로 표현하고 있다. 그리고 데이터 유형(Data type)은 Text(문자), Integer(정수), Decimal(소수점을 포함하는 수)로 구분하고 있으며, 명목변수 및 서열변수는 Text, Integer가 가능하며 연속변수에서만 Decimal이 가능하다.

■ 명목변수(nominal variable)

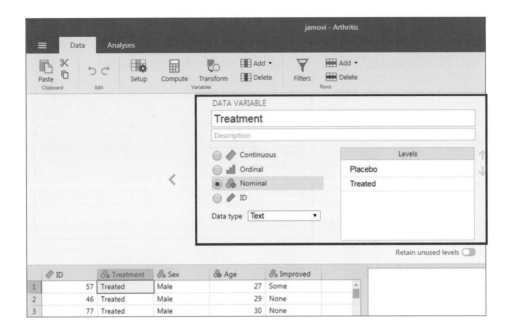

■ 서열변수(ordinal variable)

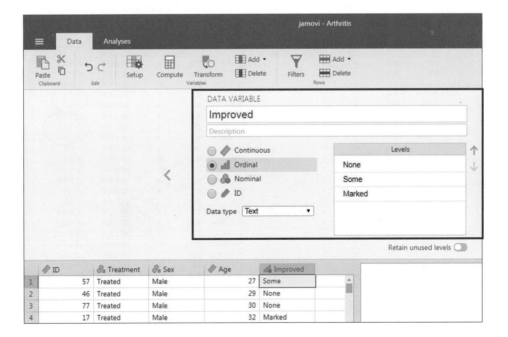

■ 연속변수(continuous variable)

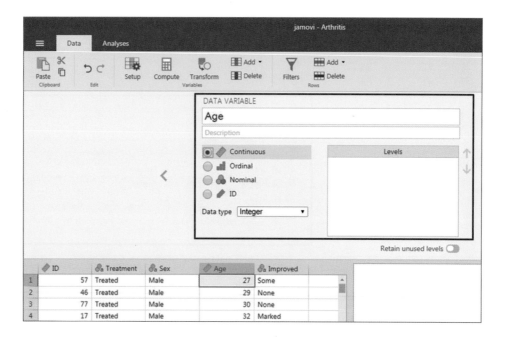

참고로 SPSS에서는 명목형, 순서형, 그리고 척도(연속형 변수)로 분류하고 있다.

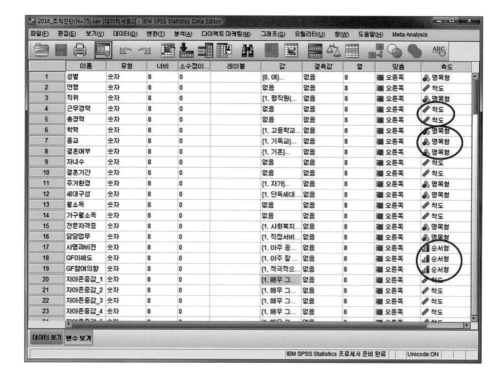

2　평균 계산

다음 데이터는 6개 변수(id, sex, age, q1, q2, q3)와 5개의 케이스로 구성된 간단한 데이터이므로 jamovi에 직접 입력한 후 mydata.csv로 저장한다.

jamovi에서 데이터 처리의 첫 기능으로 q1, q2, q3 변수에 대해 평균 계산(computing means)을 해 보자. 이를 위해 다음 그림처럼 데이터 창에서 커서를 빈칸에 두고서 Data > Setup을 클릭한다.

그러면 다음과 같이 새로운 변수를 선택할 옵션이 제시되는데, 이때 New Computed Variable을 선택한다.

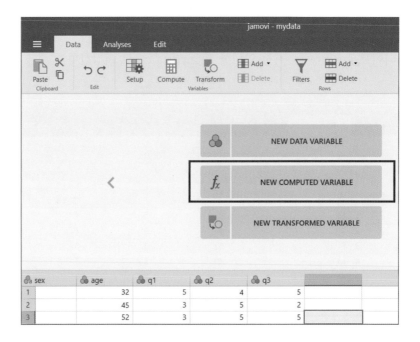

그러면 다음과 같이 새 변수를 계산할 대화상자가 나타난다.

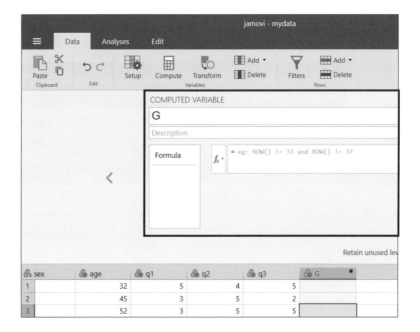

이어서 새 변수에 mean이라고 입력한 후 다음 대화 상자의 Functions에서 통계 (Statistical) 기능에서 평균을 계산하는 기능인 'MEAN'을 더블클릭한 후 Variables 에서 'q1', 'q2', 'q3'를 차례로 선택한다. 이때 q1, q2, q3는 콤마로 구분한다.

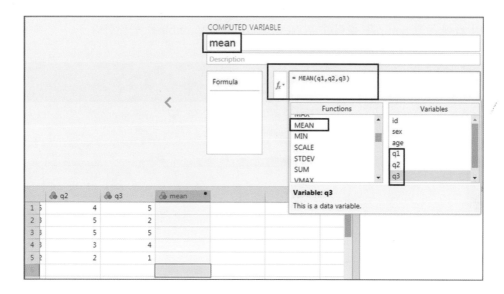

그러면 다음과 같이 q1, q2, q3의 평균을 보여 주는 새 변수 'mean'이 나타난다.

	q1	q2	q3	mean
1	5	4	5	4.667
2	3	5	2	3.333
3	3	5	5	4.333
4	3	3	4	3.333
5	2	2	1	1.667
6				
8				

3   표준화 점수

이어서 표준화 점수(z-scores)를 계산해 보자. 평균 계산과 마찬가지로 커서를 빈 칸에 두고 Setup을 클릭한 후 New Computed Variable을 클릭한다.

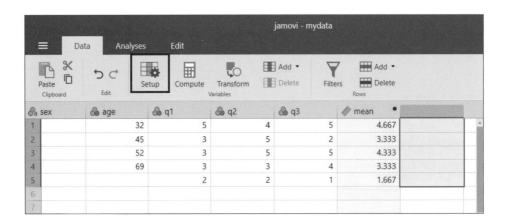

그리고 다음과 같이 Functions에서 'Z'를 더블클릭하고 오른쪽 Variables에서 'mean'을 더블클릭한다.

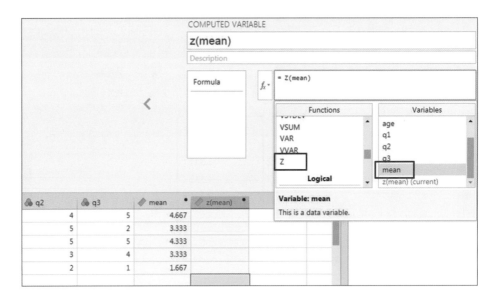

그러면 다음과 같이 평균 점수를 표준화한 Z(mean) 변수가 나타난다. 표준화 점수는 (개별값−평균)을 표준편차로 나누어 계산하며, 평균＝0, 표준편차＝1.0인 점수를 의미한다.

	mean	Z(mean)
Descriptives		
N	5	5
Missing	0	0
Mean	3.467	-0.000
Median	3.333	-0.114
Standard deviation	1.169	1.000
Minimum	1.667	-1.540
Maximum	4.667	1.026

4 코딩 변경

이번에는 코딩 변경(recoding), 즉 기존 (연속)변수를 범주화하는 연습을 해 보자. 여기서는 age를 범주화한다.

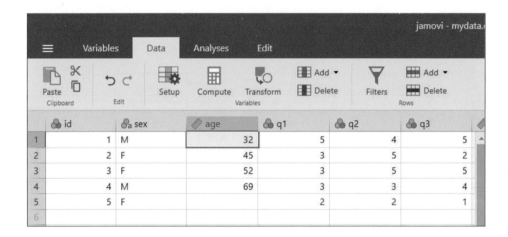

먼저, 커서를 빈 칸에 가져다 놓고 Setup을 클릭한다.

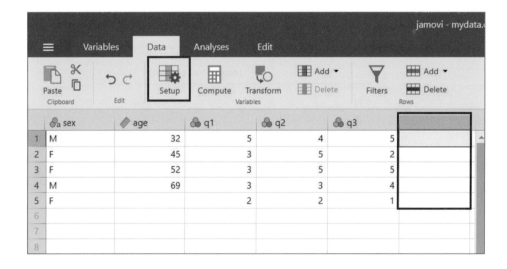

이후 다음 세 가지 새 변수 유형에서 'New Transformed Variable'을 클릭한다.

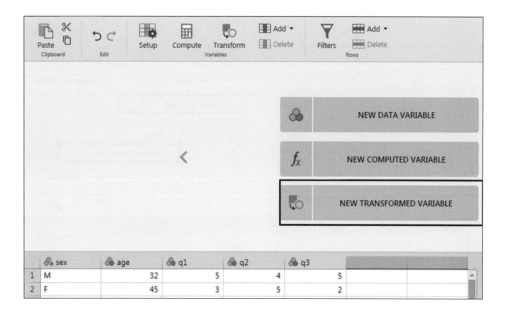

그러면 다음과 같은 대화상자가 나타난다.

여기서 새 변수 이름은 age(2), Source variable(원래 변수)는 'age'를 선택하고 using transform에서는 Create New Transform을 클릭한다.

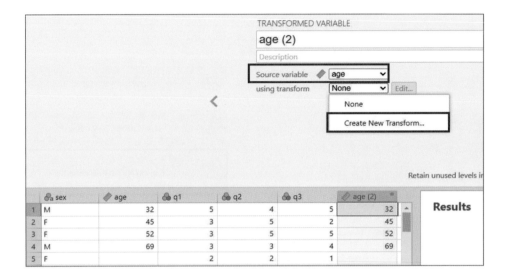

그러면 다음과 같이 Transform template을 의미하는 'Transform 1'이 생성된다. 여기서 'Add recode condition'을 클릭한다.

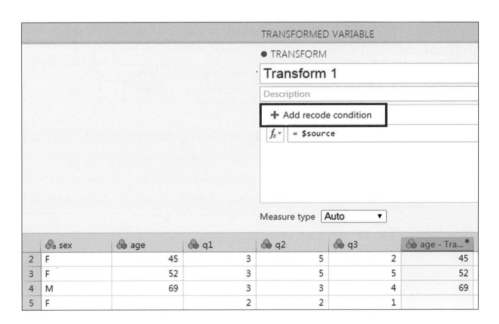

　Add recode condition을 클릭하면 다음과 같이 recode 형식이 나타나는데, 여기서 작은 탭을 우선 클릭한다.

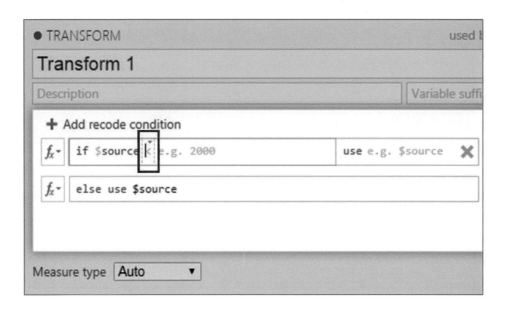

　작은 탭을 클릭하면 여러 유형의 부호(Operators)가 나타나고 그 의미를 제시한다.

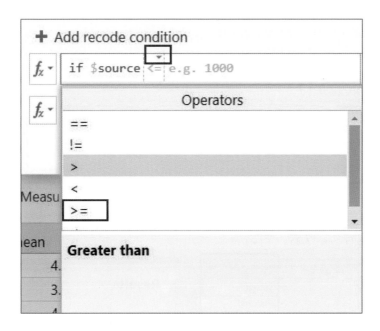

그러면 다음과 같이 recode 조건을 구체화할 수 있다. 예를 들면, source(여기서는 age)가 >= 65이면 'aged'로 명시하고, 이어서 Add recode condition을 다시 클릭한 후 source>=45이면 'matured'로, 그 외는 'young'으로 코딩하라고 명시한다.

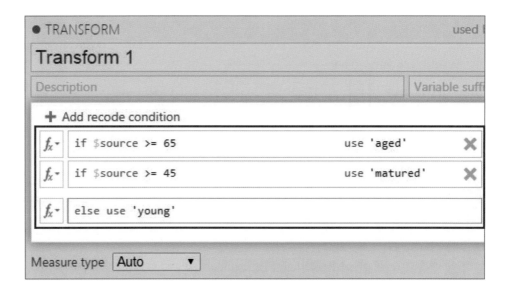

그러면 다음과 같이 코딩 변경된 새 변수가 나타난다.

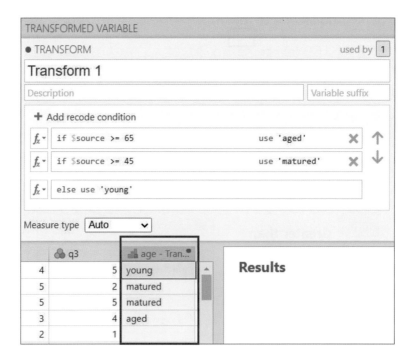

여기서 변형된(코딩 변경된) 변수 이름을 age(2)에서 ageCategory로 바꾼다.

그러면 다음과 같이 새로 변형된 ageCategory 변수가 나타난다.

새로 코딩된 변수를 확인하기 위해 age와 ageCatgory에 대해 빈도분석을 실시하면 다음과 같다.

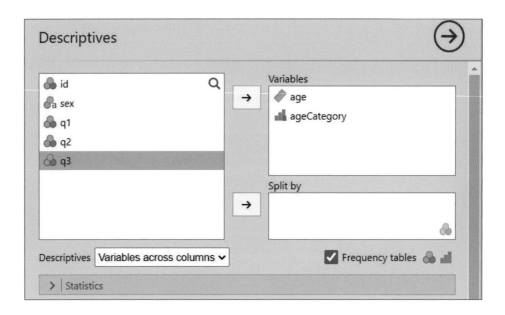

Descriptives

Descriptives

	age	ageCategory
N	4	4
Missing	1	1
Mean	49.50	
Median	48.50	
Standard deviation	15.42	
Minimum	32.00	
Maximum	69.00	

Frequencies

Frequencies of ageCategory

ageCategory	Counts	% of Total	Cumulative %
aged	1	25	25
matured	2	50	75
young	1	25	100

<h1>5   케이스 선택</h1>

케이스 선택(filtering cases)을 위해서는 다음과 같이 Data > Filters 아이콘을 클릭한다.

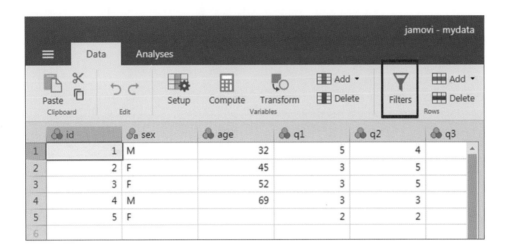

그러면 다음과 같이 Filter 대화상자가 나타난다.

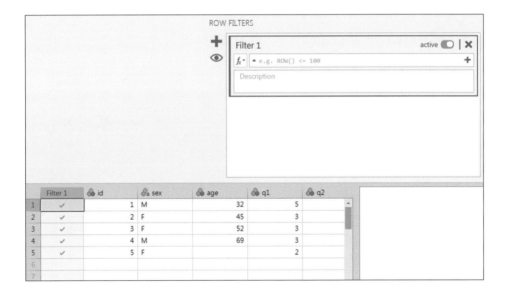

여기서 케이스 선택을 id<5로 설정하면 다음과 같이 id가 5미만인 케이스가 선택되어 나타난다.

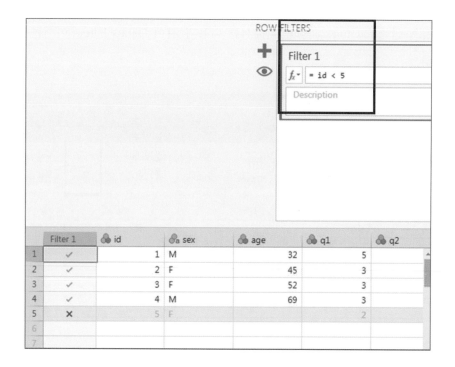

	Filter 1	id	sex	age	q1	q2
1	✓	1	M	32	5	
2	✓	2	F	45	3	
3	✓	3	F	52	3	
4	✓	4	M	69	3	
5	✗	5	F		2	
6						
7						

그리고 +를 클릭하면 두 번째 필터 창이 나타나는데, 여기에 sex=='M'을 명시하면 id가 5 이하이고 남성(M)인 케이스가 선택된다.

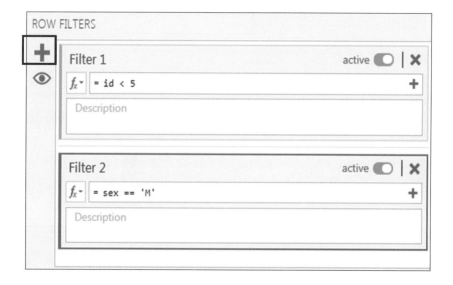

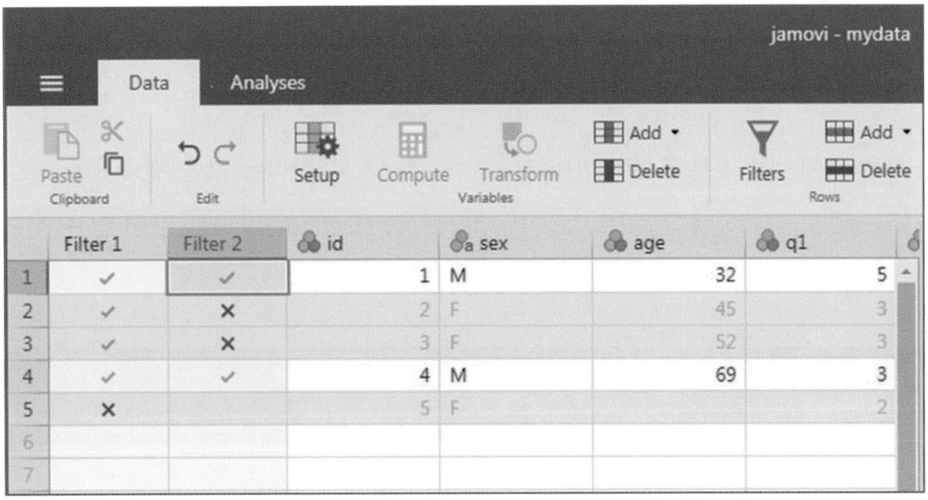
jamovi - mydata
Data
Analyses
Paste
Clipboard
Edit
Setup
Compute
Transform
Variables
Add
Delete
Filters
Add
Delete
Rows
Filter 1
Filter 2
id
sex
age
q1
1 M 32 5
2 F 45 3
3 F 52 3
4 M 69 3
5 F 2

6 결측값 처리

jamovi에서는 기본적으로 비어 있는, 즉 공란으로 처리된 값을 결측값(missing values)으로 인정한다. 그러므로 기본 세팅에서는 Default missing 값이 없는 것으로 나타난다.

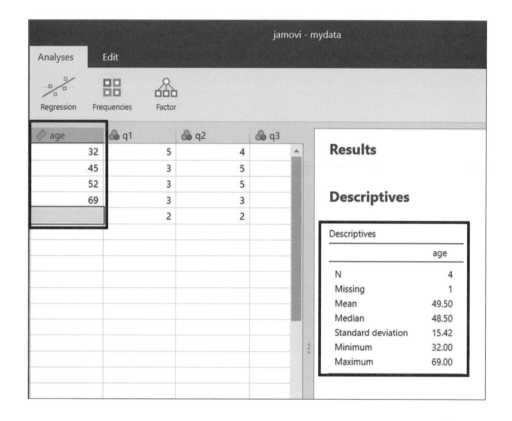

그런데 만약 합산이나 평균을 구하려는 변수에 다음과 같이 결측값이 있는 경우에는 평균을 계산할 때 계산식에 'ignore_missing=1'을 추가하면 결측값은 무시하고 계산을 수행하게 된다(설현수, 2019).

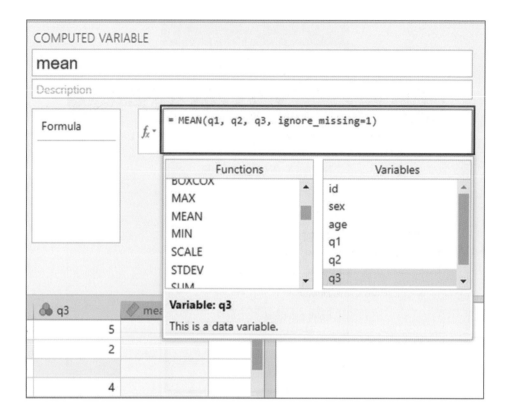

그러면 다음과 같이 결측값을 제외하고 평균을 계산해 준다.

03

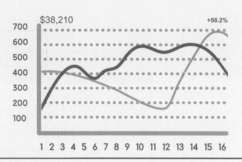

통계분석의
기본 개념

1 통계분석의 분류

1) 기술통계분석과 추론통계분석

통계분석은 우선 그림과 같이 기술통계분석과 추론통계분석으로 나눌 수 있다. 기술통계분석(descriptive statistics)은 표본으로부터 변수의 특성을 제시하거나 데이터를 요약하는 통계분석을 의미하며, 추론통계분석(inferential statistics)은 통계치로부터 모집단의 속성을 나타내는 모수를 추정하는 통계분석을 의미한다.

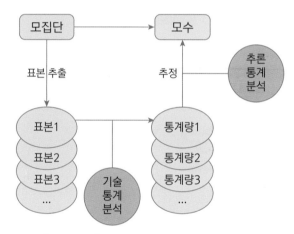

[그림 3-1] 기술통계분석과 추론통계분석

출처: 권재명(2017), p. 124에서 재구성.

Tip 주요 용어

- 모집단(population): 연구자의 관심 대상이 되는 모든 개체의 집합(전체)
- 표본(sample): 모집단을 대표하는 모집단에서 추출된 일부(전체의 일부분)
- 모수(parameter): 모집단의 속성을 나타내는 값
- 통계치/통계량(statistic): 표본의 속성을 나타내는 값

2) 일변량, 이변량 및 다변량 분석

분석하고자 하는 변수의 수에 따라 일원적 분석, 이원적 분석, 다변량 분석으로 구분할 수 있다. **일원적 분석**(univariate analysis)은 단일변수에 대한 기술 및 자료에 대한 요약을 의미하는 것으로, 빈도분석이 그 대표적 사례가 된다. **이원적 분석**(bivariate analysis)은 두 변수 간의 관련성에 대한 분석이나 설명에 활용되는 분석을 의미하는 것으로, 교차분석, 상관분석, t-검정 등이 여기에 속한다. **다변량 분석**(multivariate analysis)은 셋 이상의 변수 간의 관계를 설명하거나 두 변수 간의 관계에 대한 분석과정에서 제3의 변수의 영향력을 배제하는 경우 또는 하나의 변수에 작용하는 다양한 변수의 영향력을 설명하는 경우를 말한다. 특히 종속변수가 두 개 이상인 경우에 다변량 분석이란 용어를 즐겨 사용한다. 예를 들면, 부분상관관계 분석, 요인분석, 구조방정식모형 등이 여기에 해당된다.

3) 모수통계와 비모수통계

분석에 있어서 필요한 가정(assumption)에 따라 또는 표본의 특성에 따라 모수통계와 비모수통계로 구분할 수 있다. **모수통계**(parametrics)는 통계치로, 모수를 추정하는 것에 관한 통계 기법으로 분석에 대한 가정(예, 정규성)이 필요하고, 주로 등간변수, 비율변수의 분석에 활용된다. **비모수통계**(nonparametrics)는 모집단의 특성을 추정하지만 모수와 통계치의 관계를 다루지 않으며, 통계적 가정을 충족하지 못하는 경우 사용된다. 그리고 표본이 작거나 주로 명목변수, 서열변수의 분석에 활용된다. 예를 들면, Wilcoxon 부호순위 검정, Kendall's tau 검정이 여기에 해당된다(〈표 3-1〉 참조).

Tip
- 분산분석(ANOVA)의 통계적 가정: ① 종속변수의 정규성(정규분포), ② 분산의 동일성(equality of variance)
- 회귀분석의 가정: ① 종속변수의 정규분포, ② 종속변수의 상호독립성, ③ 종속변수와 독립변수의 선형성, ④ 분산의 동일성(homoscedasticity; constant variance)

〈표 3-1〉 모수통계와 비모수통계

기술통계 (descriptive statistics)	추론통계(inferential statistics)	
	모수통계	비모수통계
빈도분석	독립집단평균차이검정(t-검정) 대응집단차이검정(대응 t-검정)	카이스퀘어 독립성(independence) 검정
교차분석	분산분석(ANOVA) 공분산분석(ANCOVA) 다변량 분산분석(MANOVA)	Mann-Whitney U 검정/Wilcoxon Rank Sum 검정 Wilcoxon Singed-Rank 검정 Kruskal-Wallis 검정
신뢰도분석	상관관계분석 회귀분석 로지스틱 회귀분석	

2　통계분석의 기본 개념

　통계분석을 수행함에 있어서 기본적으로 이해해야 할 개념들로 다음과 같은 것들이 있다. 이러한 개념을 먼저 이해하도록 하자.

평균(mean)
중위수(median)
최빈값(mode)

정규분포(normal distribution)
왜도(skewness)
첨도(kurtosis)

분산(variance)
표준편차(standard deviation: SD)
표준오차(standard error: SE)

---

1) 중심/집중경향치(central tendency)

　중심경향치는 데이터에 대한 기본 설명 자료로서 데이터가 어디에 집중되어 있는가를 나타내는 정도를 말한다. 평균, 중위수, 최빈값이 있다.

- 평균(mean): 산술평균을 의미하며 극단 값에 민감하다. $\quad \overline{X} = \dfrac{\sum X_i}{n}$

- 중위수 또는 중간값(median): 데이터를 크기 순서로 배열해 놓았을 때 중앙에 위치하는 값(예, 소득)으로 특이 값 또는 이상치(outliers)가 존재하는 경우에 평균 대신 활용된다.

- 최빈값(mode): 빈도수가 가장 많은 변수 값을 말한다.

　다음 예시는 이상치가 있는 경우 평균이 얼마나 많은 영향을 받는지를 보여 준다. 1~21의 데이터에서는 평균과 중위수는 모두 11이었지만 1~20, 500으로 이루어진 데이터의 경우 중위수는 11이지만 평균은 33.8로 매우 다름을 알 수 있다.

```
> x <- c(1:21)
> x
 [1]  1  2  3  4  5  6  7  8  9 10 11 12 13 14 15 16 17 18 19 20 21
> quantile(x)
  0%  25%  50%  75% 100%
   1    6   11   16   21
> summary(x)
   Min. 1st Qu.  Median    Mean 3rd Qu.    Max.
      1       6      11      11      16      21
> y <- c(1:20, 500)
> y
 [1]  1  2  3  4  5  6  7  8  9 10 11 12 13 14 15 16 17 18
[19] 19 20 500
> quantile(y)
  0%  25%  50%  75% 100%
   1    6   11   16  500
> summary(y)
   Min. 1st Qu.  Median    Mean 3rd Qu.    Max.
   1.00    6.00   11.00   33.81   16.00  500.00
> |
```

2) 분포(distribution)

분포는 데이터가 위치하고 있는 모습을 의미하며, 우선 정규분포를 생각할 수 있다.

(1) 정규분포(normal distribution)

표본을 통한 통계적 추정 및 가설 검정의 기본이 되는 분포로서, 실제로 사회적·자연적 현상에서 접하는 여러 데이터의 분포가 정규분포와 비슷한 형태를 보인다. 정규분포의 속성을 살펴보면 다음과 같다.

- 연속변수(종 모양의 분포, bell-shaped curve)
- 좌우 대칭의 단봉 분포(unimodal distribution)
- 분포의 특성을 N(평균, 분산), 즉 $N(\mu, \sigma^2)$로 표현
- 왜도＝0
- 평균, 중앙값, 최빈값이 보통 일치
- 평균과 표준편차에 따라 정규분포의 모양이 달라진다.

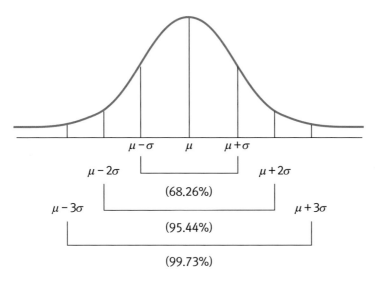

[그림 3-2] 정규분포 곡선

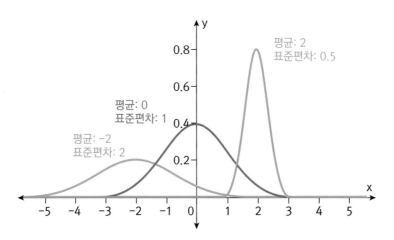

[그림 3-3] 정규분포 곡선 유형

> **Tip** 　**중심극한정리(Cental Limit Theorem: CLT)**
>
> 중심극한정리의 의미는 모집단의 분포가 무엇이든 간에 크기가 비교적 큰(예, n>25~ 30) 무작위 표본(random sample)의 평균 분포는 대체로 정규분포를 이룬다. 이 정리로 인해 비교적 큰 무작위 표본의 평균에 기초해서 통계적 추론이 가능하다. 즉, 통계적 추론에서는 확률변수의 분포에 대한 가정이 필요한데 중심극한정리를 이용하면 모집단의 분포에 대한 가정 없이도 정규분포를 이용할 수 있다(Adhikari & DeNero, 2018).

한편, 데이터의 분포가 얼마나 정규분포를 벗어났는가를 나타내는 수치로 왜도와 첨도가 있다.

(2) 왜도(skewness)

왜도는 데이터의 분포가 좌우대칭에서 벗어나 왼쪽으로 또는 오른쪽으로 치우친 정도를 말하는데, 정규분포보다 왼쪽으로 치우쳐 있다면 왜도는 +가 되며, 오른쪽으로 치우쳐 있다면 왜도는 -가 된다. 왜도가 0에 가까울수록 평균을 중심으로 하여 대칭으로 분포되며, 0에서 멀어질수록 이상치(outliers)를 포함할 가능성이 높아진다.

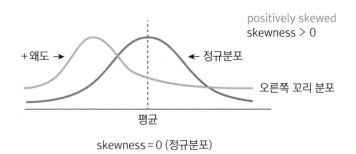

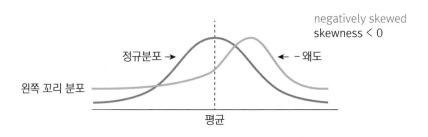

$$왜도 \quad \hat{\mu}_3 = \frac{\sum_{i=1}^{n}[(x_i - \bar{x})/s]^3}{n-1}$$

[그림 3-4] 정규분포와 왜도

(3) 첨도(kurtosis)

첨도는 분포의 폭이 넓고(wide), 좁은(narrow) 정도를 말하는데, 분포의 꼬리 집중도를 측정한다(measures the tail-heaviness of the distribution). 첨도가 0보다 큰 경우에는 정규분포보다 꼬리에 더 많은 가중치가 주어지며, 첨도가 0보다 작은 경우에는 꼬리에 가중치가 더 적게 주어진다.

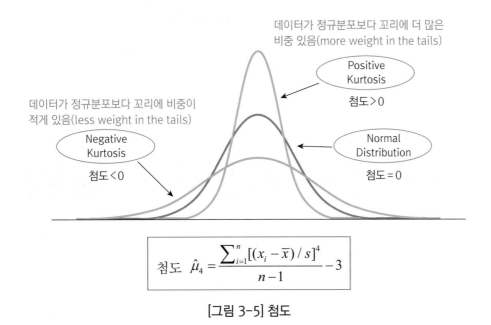

$$첨도 \quad \hat{\mu}_4 = \frac{\sum_{i=1}^{n}[(x_i - \overline{x})/s]^4}{n-1} - 3$$

[그림 3-5] 첨도

한편, 자료가 (표준)정규분포를 이루면 왜도=0, 첨도=0으로 나타난다. 그리고 분포에 꼬리(tail)가 있는 경우 평균은 꼬리 방향으로 이동하며, 중위수로부터 멀어진다.

(4) 표준점수(standardized score)

표준점수는 원점수와 평균의 차이를 표준편차로 나눈 것을 말한다. 이때 구해진 표준점수의 분포는 평균=0, 표준편차=1인 분포를 이룬다.

$$Z = \frac{X_i - \overline{X}}{s}$$

특히, 평균=0, 표준편차=1인 정규분포를 표준정규분포(standard normal distribution)
라고 부른다.

$$Z = \frac{X_i - \mu}{\sigma} \qquad Z \sim N(0,1)$$

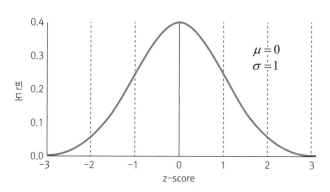

[그림 3-6] 표준정규분포

출처: https://www.scribbr.com/statistics/standard-normal-distribution/

만약, 대학수능시험에서 한국사의 분포와 세계사의 분포가 난이도의 차이로 인
해 다음과 같이 나왔다면 수험생들에게 선택한 과목으로 인해 불리함이 없도록
원점수가 아니라 이를 정규분포화 한 후 성적을 비교하는 것이 적합하다.

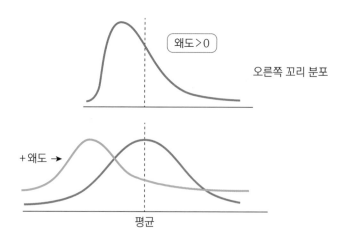

[그림 3-7] 한국사의 분포

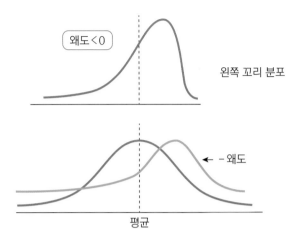

[그림 3-8] 세계사의 분포

3) 산포(dispersion or variation, variability or spread)

데이터가 평균을 중심으로 어느 정도 흩어져 있는가(spread out)를 나타내며, 산포를 나타내는 수치로는 분산(variance), 표준편차(standard deviation)가 있다. 한편, 표준오차(standard error: SE)는 모집단에 대한 추정치의 표준편차를 의미하는데, 예를 들어 표본평균들로 이루어진 분포의 표준편차를 의미한다.

- 분산

$$s^2 = \frac{\sum_{i=1}^{n}(x_i - \bar{x})^2}{n-1}$$

- 표준편차

$$s = \sqrt{s^2}$$

- 표준오차

$$se = \frac{s}{\sqrt{n}}$$

* 표본 데이터와 평균

	X	$\bar{X}$
X_1	17	
X_2	15	
X_3	23	
X_4	7	
X_5	9	
X_6	13	
$\sum$	84	14

예를 들어, 왼쪽에 있는 데이터를 대학생 6명을 무작위로 추출하여 이들이 1분 동안 윗몸일으키기를 한 횟수를 기록한 데이터라고 하자. 이때 표본평균은 다음과 같이 구한다.

표본평균 ($\bar{X}$)

$$\bar{X} = \frac{\sum X_i}{n}$$

$$\bar{X} = \frac{17+15+23+7+9+13}{6} = \frac{84}{6} = 14$$

(1) 편차의 제곱합(sum of squared deviations)

앞서 살펴본 표본 데이터 값(17, 15, 23, 7, 9, 13)과 이에 대한 평균(14)이 있을 때, 편차(deviations)는 데이터 값−평균(values−mean)을 말한다. 이때 편차는 양의 수도 있고 음의 수도 있기 때문에 편차의 합은 항상 0(sum of deviations=0)이 된다. 따라서 편차가 서로 상쇄(cancellation)되는 것을 방지하기 위해 편차에 제곱(squared deviations)을 하게 된다. 이렇게 제곱한 편차의 합을 **편차의 제곱합**(sum of squared deviations)이라고 한다.

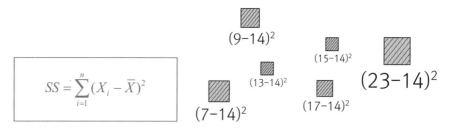

$$SS = \sum_{i=1}^{n}(X_i - \bar{X})^2$$

$(9-14)^2$

$(15-14)^2$

$(13-14)^2$

$(23-14)^2$

$(7-14)^2$

$(17-14)^2$

[그림 3-9] 편차의 제곱합

$$\sum (X_i - \overline{X})^2 = (X_1 - \overline{X})^2 + (X_2 - \overline{X})^2 + (X_3 - \overline{X})^2 + (X_4 - \overline{X})^2 + (X_5 - \overline{X})^2 + (X_6 - \overline{X})^2$$
$$= (17-14)^2 + (15-14)^2 + (23-14)^2 + (7-14)^2 + (9-14)^2 + (13-14)^2$$
$$= 9 + 1 + 81 + 49 + 25 + 1$$
$$= 166$$

	X	$\overline{X}$	$X_1 - \overline{X}$	$(X_1 - \overline{X})^2$
X_1	17		3	9
X_2	15		1	1
X_3	23		9	81
X_4	7		−7	49
X_5	9		−5	25
X_6	13		−1	1
$\sum$	84	84/6=14	0	166

(2) 분산(variance; average of the squared deviations)

분산(variance)은 편차의 제곱합(sum of squares)을 n−1로 나눈 값을 말한다. 즉, 편차의 제곱을 대표하는 값을 얻기 위해 편차의 제곱합을 n−1로 나누어서 편차의 제곱 중 이를 대표하는 값으로 평균값을 구한 것이다(the average of the squared deviations). 분산은 각 데이터의 값들이 평균과의 차이를 제곱하였기 때문에 평균적으로 평균으로부터 떨어진 면적을 의미한다.

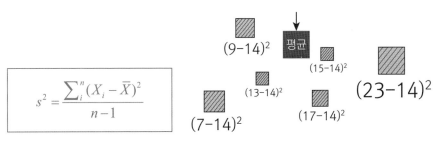

[그림 3-10] 분산

$$s^2 = \frac{\sum (X_i - \overline{X})^2}{n-1} = 166 / (6-1) = 33.2$$

(3) 표준편차(standard deviations: SD)

표준편차는 분산의 제곱근 값(the square root of the variance)으로 분산을 데이터와 같은 단위로 일치하기 위해(데이터와 동일한 단위로 나타내기 위해) 표준화한 값을 의미하며, 산포의 정도를 나타내는 가장 대표적인 값이다(the most common tool to show variability). 표준편차는 각 데이터의 값들이 평균으로부터 평균적으로 떨어진 거리를 의미한다.

분산의 제곱근 = variance^0.5

$$SD = s = \sqrt{\frac{\sum_i^n (X_i - \overline{X})^2}{n-1}}$$

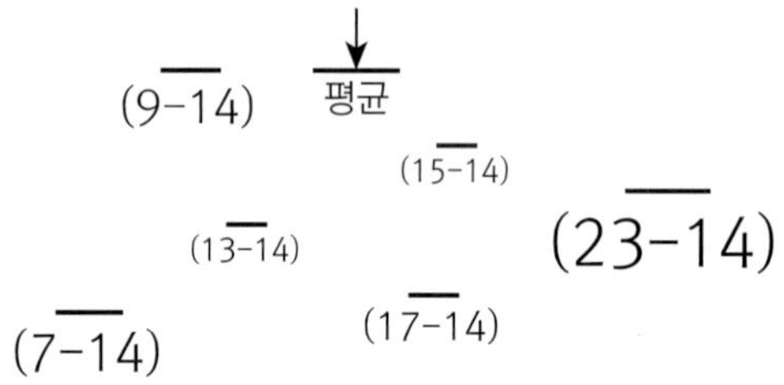

$(9-\overline{14})$　↓평균

$(15-\overline{14})$

$(13-\overline{14})$　　$(23-\overline{14})$

$(7-\overline{14})$　　$(17-\overline{14})$

[그림 3-11] 분산의 제곱근

$$s = \sqrt{\frac{\sum (X_i - \overline{X})^2}{n-1}} = \sqrt{33.2} = 5.76$$

04

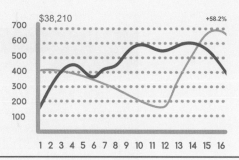

빈도분석과
기술통계량

1 빈도분석

먼저, 가장 기본적인 기술통계분석인 빈도분석을 위해 자동차의 연비 관련 데이터 mtcars.csv를 불러온다.

그리고 데이터의 기본 탐색적 분석을 위해 메뉴 Exploration > Descriptives를 클릭한다.

메뉴에서 분석할 변수(cyl, am)를 선택한 후 빈도표(Frequency tables)를 체크한
다. 이때 변수는 명목(nominal)변수 또는 서열(ordinal)변수이다. 그러면 분석 결과
창에 자동차의 실린더(cyl)와 변속기 유형(am)에 대한 빈도표가 제시된다.

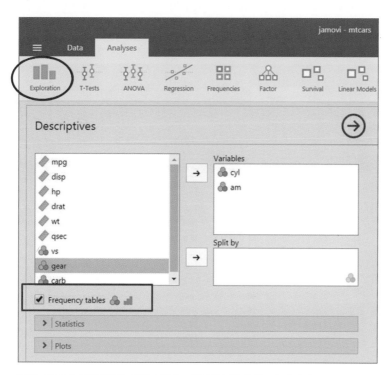

Frequencies of cyl

Levels	Counts	% of Total	Cumulative %
4	11	34.4 %	34.4 %
6	7	21.9 %	56.3 %
8	14	43.8 %	100.0 %

Frequencies of am

Levels	Counts	% of Total	Cumulative %
0	19	59 %	59 %
1	13	41 %	100 %

2 기술통계량

이번에는 기술통계량 분석을 위해 데이터 trees.csv를 불러온다. 이 데이터는 나무의 둘레(Girth), 높이(Height), 부피(Volume)에 관한 것이다.

그리고 빈도분석과 마찬가지로 메뉴 Exploration > Descriptives를 클릭한다.

이어서 기술통계량 분석을 위한 변수를 선택하면 다음과 같은 기본적인(디폴트) 분석 결과인 샘플(N), 결측값, 평균, 중위수, 최소값, 최대값이 나타나는데, 이때 변수 유형은 연속(continuous)변수이다.

Descriptives

	Girth	Height	Volume
N	31	31	31
Missing	0	0	0
Mean	13.25	76.00	30.17
Median	12.90	76	24.20
Minimum	8.30	63	10.20
Maximum	20.60	87	77.00

이어서 사분위수(Quartiles), 분산(Variance), 표준편차(Std. deviation), 왜도 (Skewness), 첨도(Kurtosis) 통계량을 체크하면 다음과 같은 보다 구체적인 기술통 계량이 제시된다.

Descriptives

Descriptives

	Girth	Height	Volume
N	31	31	31
Missing	0	0	0
Mean	13.25	76.00	30.17
Median	12.90	76	24.20
Standard deviation	3.14	6.37	16.44
Variance	9.85	40.60	270.20
Minimum	8.30	63	10.20
Maximum	20.60	87	77.00
Skewness	0.55	−0.39	1.12
Std. error skewness	0.42	0.42	0.42
Kurtosis	−0.44	−0.45	0.77
Std. error kurtosis	0.82	0.82	0.82
25th percentile	11.05	72.00	19.40
50th percentile	12.90	76.00	24.20
75th percentile	15.25	80.00	37.30

3　다양한 플롯 만들기

1) 막대그래프(bar plot)

이제 범주형 변수인 실린더(cyl; 4기통, 6기통, 8기통)와 변속기 유형(am; 0: 자동, 1: 수동)으로 막대그래프를 만들어 보자. mtcars 데이터를 불러온 후 다음과 같이 두 변수를 선택한 후 Bar plot을 체크한다.

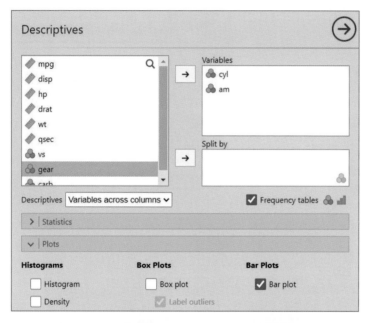

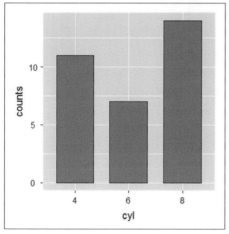
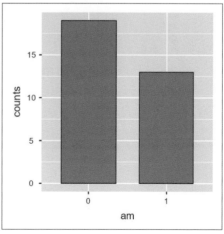

그리고 다음과 같이 두 범주형 변수로 변속기 유형을 실린더별로 이원화된 막대 그래프를 만들 수 있다.

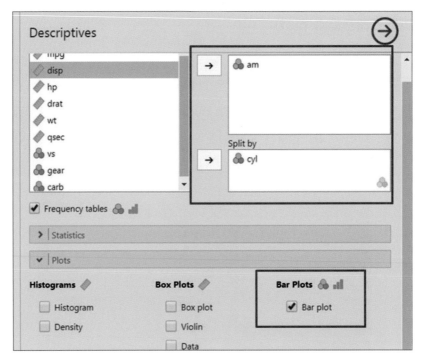

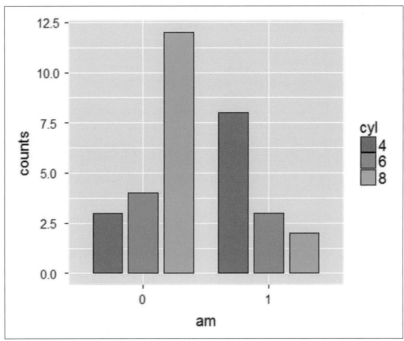

이번에는 자동차의 실린더를 변속기 유형별로 세분화해서 다음과 같이 제시할 수 있다.

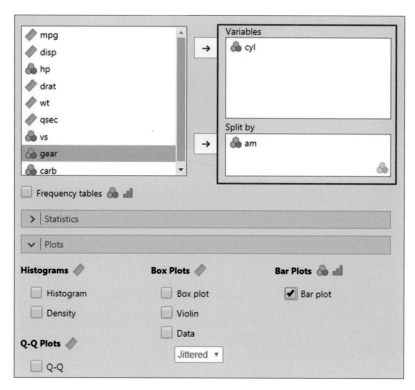

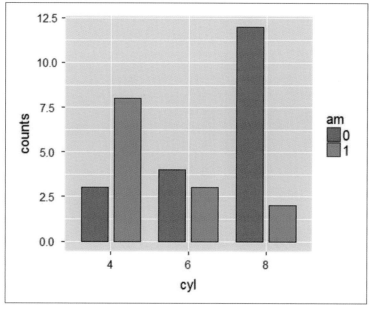

2) 히스토그램 및 밀도(density) 플롯

히스토그램(histogram)은 연속변수의 분포를 보여 주는 플롯으로 trees 데이터의 Volume에 대한 히스토그램을 다음과 같이 만들 수 있다.

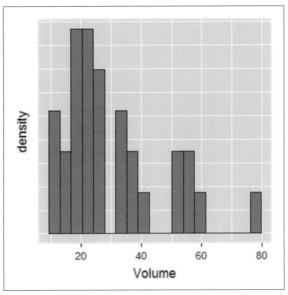

이어서 히스토그램과 같이 연속변수의 분포를 밀도(density)로 나타내는 밀도 플롯을 다음과 같이 만들 수 있다. Volume에 대한 밀도 플롯을 보면 봉우리가 두 개 있고 데이터가 왼쪽으로 치우쳐 있으므로 정규분포를 이룬다고 볼 수가 없다. 즉, Volume이 20~30 구간에 집중되어 있음을 알 수 있다.

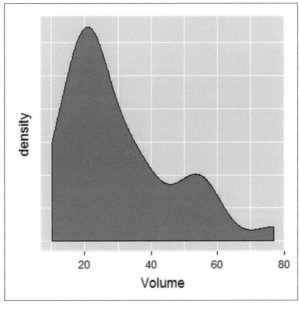

히스토그램과 밀도 플롯을 합한 플롯을 다음과 같이 만들 수 있다.

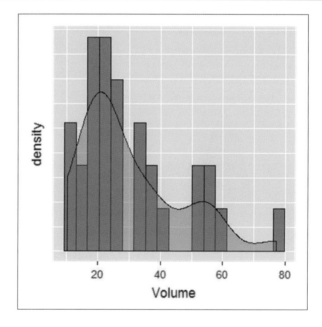

히스토그램을 집단별로 구분하는 것도 가능한데 다음과 같이 자동차의 연비를 실린더별로 제시할 수 있다. 다음 플롯에서 보는 것처럼 4기통의 연비가 6기통이나 8기통보다 더 높음을 알 수 있다.

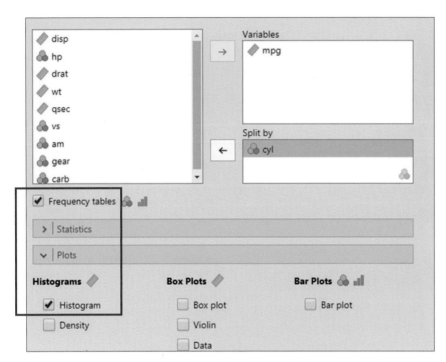

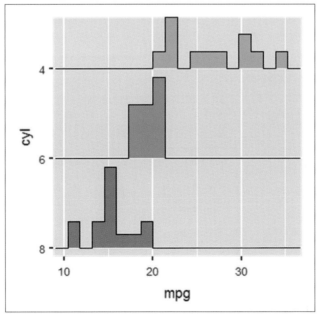

3) 박스 플롯

다음과 같이 trees 데이터의 Volume 변수에 대한 박스 플롯을 그릴 수 있다. 박스 플롯(원래 이름은 box-and-whiskers plot이며, 줄여서 box plot이라고 함)은 기본적으로 연속변수의 분포를 보여 주며, 특히 5가지 요약값(최소값, 25%값, 중위수, 75%값, 최대값)을 보여 준다. 그리고 IQR(inter-quartile range)은 75%값(Q3)−25%값(Q1)을 의미하며, 데이터가 Q1−(1.5*IQR) 또는 Q3+(1.5*IQR) 범위 밖의 값을 보이면 이를 이상치(outlier)라고 간주하며 다음 그림에서 보는 것처럼 점(.)으로 표시된다.

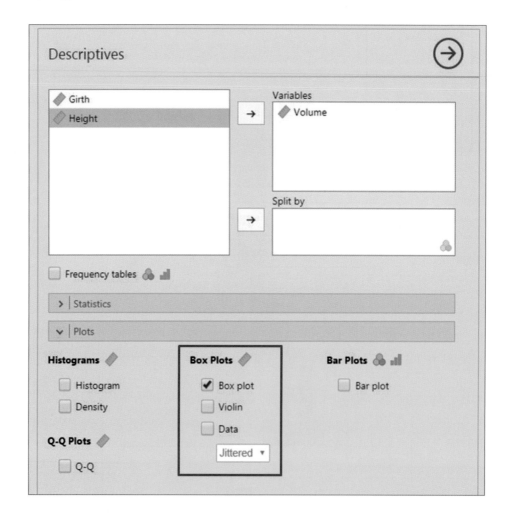

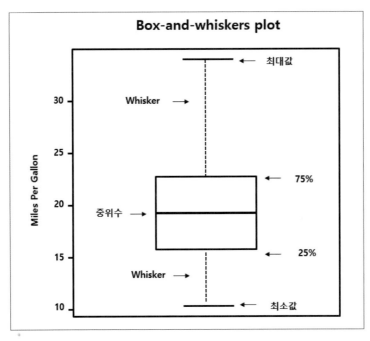

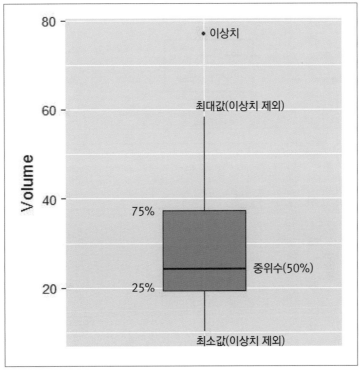

그리고 mtcars 데이터에서 연비(mpg) 박스 플롯을 실린더(cyl)별로 나타낼 수 있으며, 다음 그림에서 보듯이 4기통이 연비가 가장 높고 8기통이 가장 낮음을 알 수 있다.

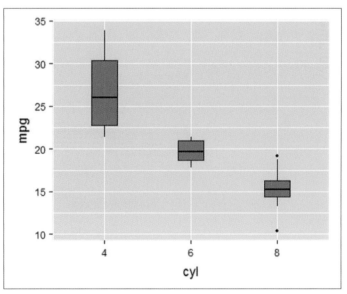

또한 다음과 같이 자동차 연비를 실린더와 변속기 유형에 따라 박스 플롯을 세
분화할 수 있다.

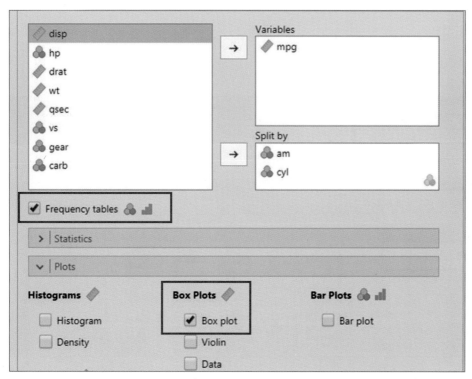

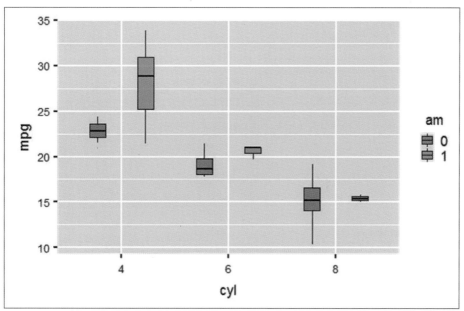

4) 산점도

이제 두 연속변수의 관계를 나타내는 산점도(scatter plot)를 그려 보자. tress 데이터를 불러온 후 Exploration > Scatterplot을 클릭하고 x축 변수(Girth)와 y축 변수(Volume)를 선택한다.

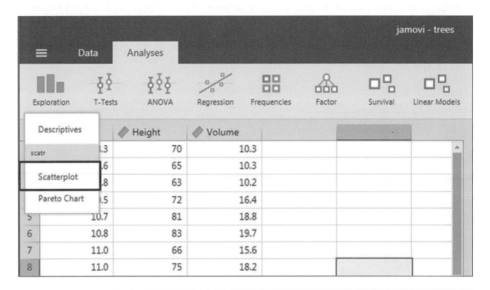

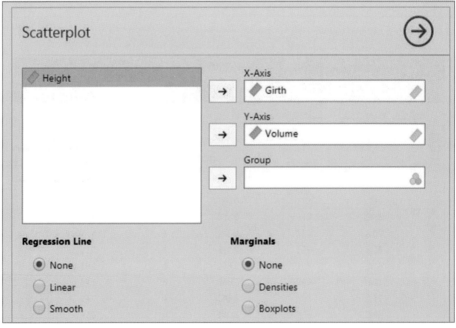

그러면 다음과 같이 나무의 Girth(둘레)와 Volume(부피)에 대한 산점도(scatter plot)를 얻게 된다.

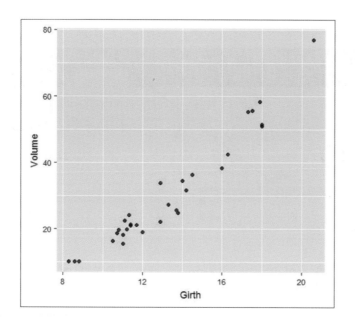

그리고 Girth와 Volume에 대한 산점도에 다음과 같이 선형회귀선(Linear Regressioin Line)을 포함할 수 있다.

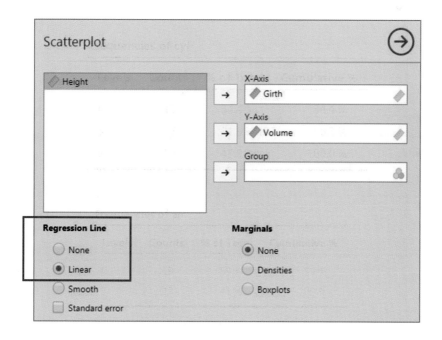

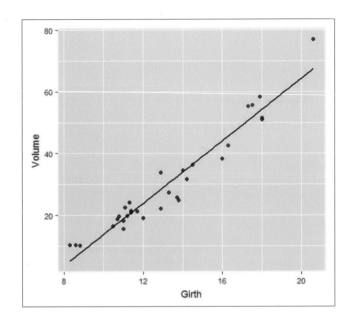

그리고 다음과 같이 연속변수 Volume에 대한 정규분포 여부를 확인하는 정규성 플롯(Q-Q Normality plot)을 만들 수 있다. 이때 만약 정규분포를 이룬다면 데이터가 직선 위에 또는 직선 가까이 위치해야 한다.

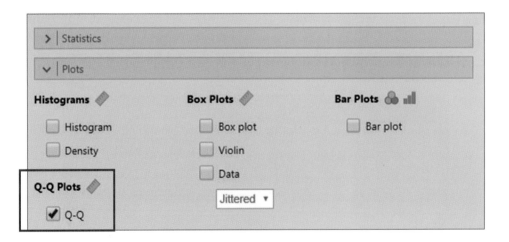

다음 그림에서는 데이터가 직선에서 벗어난 부분이 상당하기 때문에 정규분포를 이룬다고 보기가 어렵다고 하겠다.

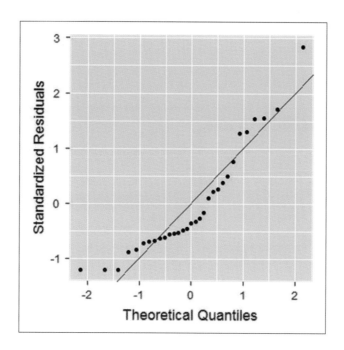

다음 기술통계량의 결과를 보면 정규성 검정(Shapiro-Wilk p-value) 결과 정규분포를 이루지 못함을 알 수 있다(p=0.004).

Descriptives	
	Volume
N	31
Missing	0
Mean	30.17
Median	24.20
Standard deviation	16.44
Minimum	10.20
Maximum	77.00
Shapiro-Wilk W	0.89
Shapiro-Wilk p	0.004

5) 바이올린 플롯

바이올린 플롯(violin plot)은 히스토그램이나 박스 플롯처럼 연속변수의 분포를 보여 주는 그림이며, 플롯의 모습이 바이올린을 닮았다고 해서 바이올린 플롯이라고 부른다.

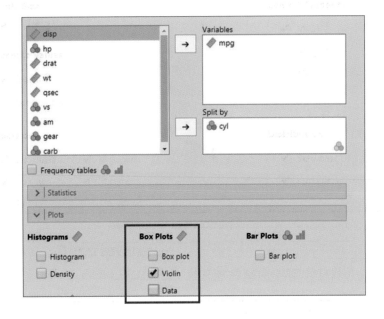

다음 바이올린 플롯은 자동차 연비(mpg)의 분포를 범주변수(cyl)별로 나타낸 것이다.

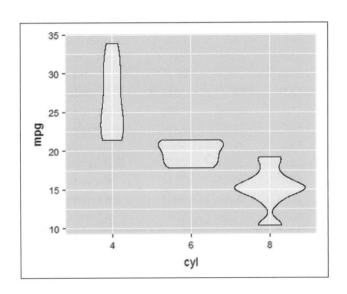

그리고 다음과 같이 바이올린 플롯에 데이터를 표시하면 데이터가 주로 어디에
위치하는지 알 수 있다.

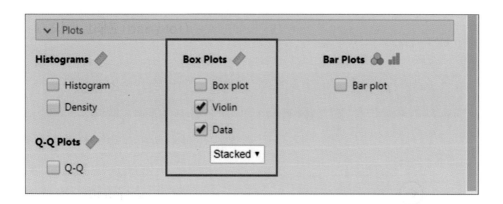

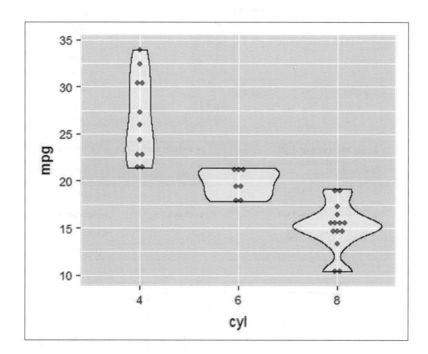

6) 파레토 차트

한편 파레토 차트(Pareto chart)는 막대그래프와 선그래프를 통합한 차트로서 다음과 같이 만들 수 있다.

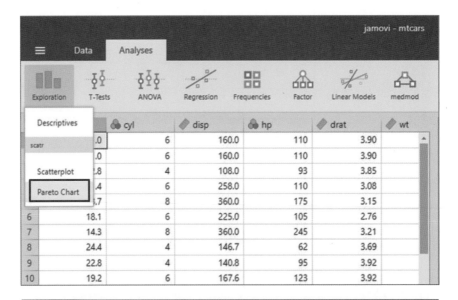

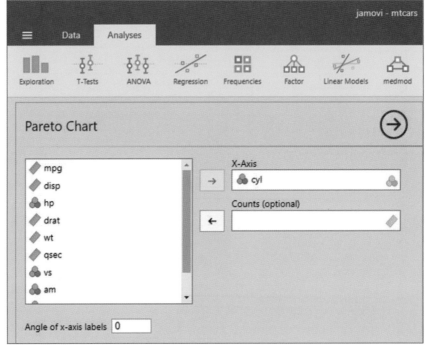

다음 차트를 보면 X축에 실린더 유형이 있고 왼쪽 Y축에 실린더의 카운트(빈도) 그리고 오른쪽 Y축에 누적 퍼센트가 제시된다. 그래서 각 실린더 유형별 카운트 (빈도)의 최종 합은 100%가 되도록 선그래프가 표시되어 있다.

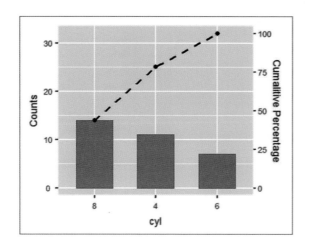

7) 서베이 플롯

최근 추가된 모듈로 서베이 플롯(Survey Plots)이 있는데 이는 주로 서베이 결과 를 쉽게 플롯으로 만들어 주는 기능을 함으로써 편리하게 이용할 수 있다.

먼저, jamovi library에서 surveymv 모듈을 설치한 후 다음 그림과 같이 mtcars. csv 데이터를 불러온 후 Exploration > Survey Plots를 클릭한다.

그리고 분석할 변수(cyl, vs, am)를 변수창에 옮겨 놓으면 다음과 같은 서베이 플롯이 나타난다.

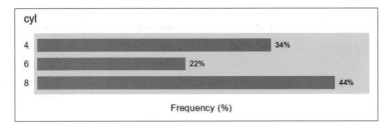

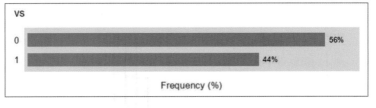

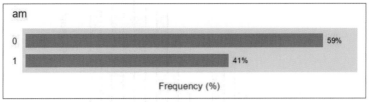

이어서 실린더를 변속기 유형으로 구분하도록 다음과 같이 변수를 옮겨 두면 그 룹화된 결과(Grouped bar)를 얻게 되어 실린더 별로 변속기 유형이 제시됨을 알 수 있다. 이때 레이블은 플롯 안에 퍼센트로 제시하도록 하였다.

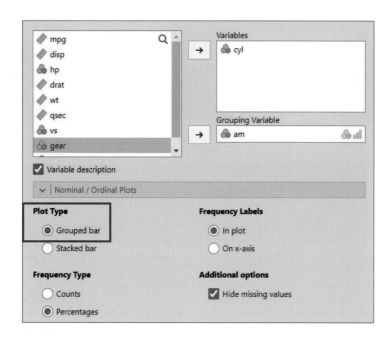

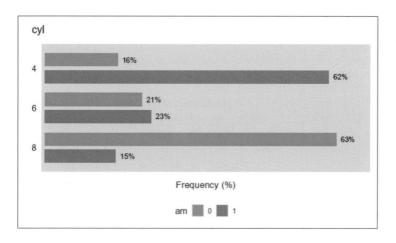

실린더 별로 변속기 유형을 누적된 형태로(Stacked bar)로 제시할 수 있는데, 다음 그림에서 보는 바와 같이 자동변속기(0)에는 8기통이, 수동변속기(1)에는 4기통이 가장 비율이 높음을 확인할 수 있다.

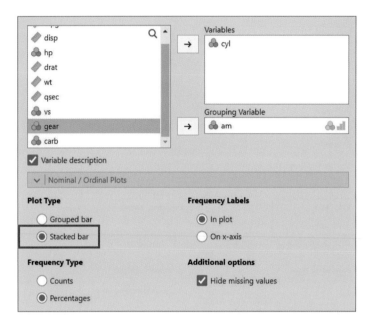

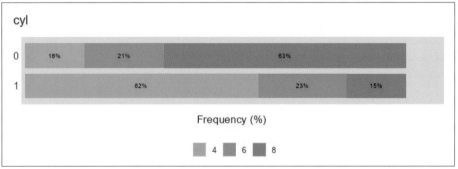

4　분할표

　　이제 명목변수 및 서열변수로 작성할 수 있는 분할표(contingency tables)(또는 교차표) 작성을 위해 데이터 Arthritis.csv를 불러오자. 이 데이터는 관절염 치료 데이터로 치료집단(Treatment), 성별(Sex), 연령(Age), 증상 개선(Improved) 변수로 구성되어 있다.

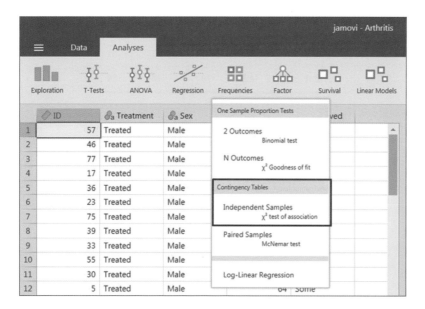

　　분할표 작성을 위해서는 메뉴 창에서 Frequencies > Contingency Tables: Independent Samples를 클릭한다.

분할표 작성을 위한 변수를 다음과 같이 선택한다. 행(Rows)의 Treatment는 치료집단 여부이며, 열(Columns)의 Improved는 증상 개선 정도에 대한 변수이다.

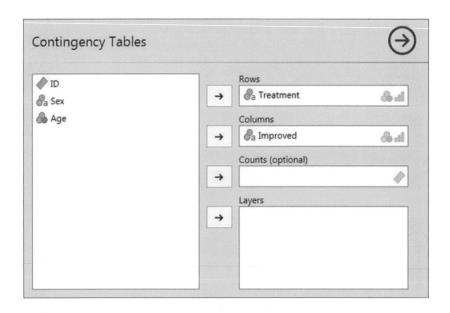

다음 분할표를 살펴보면 행에는 치료집단, 열에는 증상 개선 정도가 있으며, 이두 변수의 속성에 따른 분할된(세부) 값들이 제시되어 있음을 알 수 있다.

Contingency Tables

Treatment	Improved None	Some	Marked	Total
Placebo	29	7	7	43
Treated	13	7	21	41
Total	42	14	28	84

여기서 두 변수의 관련성을 막대그래프(bar plot)로 다음과 같이 제시할 수 있다.

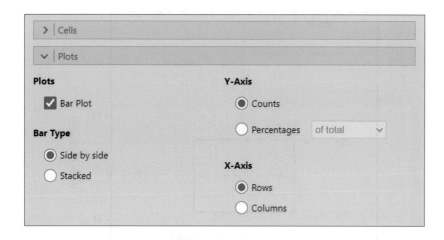

　왼쪽 그림은 막대그래프를 나란히(Side by side)로 제시하였으며, 오른쪽 그림은 누적(Stacked) 그래프로 제시한 것이다. Placebo 집단의 경우 증상이 전혀 개선되지 않은(None) 경우가 대부분을 차지하는 반면 Treated 집단의 경우 현저하게 증상이 개선된(Marked) 비율이 높음을 알 수 있다.

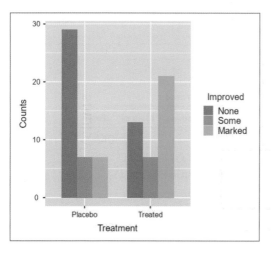
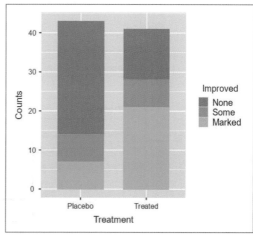

그리고 Cells에서 행, 열, 전체 퍼센트 표시를 체크하면 다음과 같이 퍼센트가 추가된 분할표가 작성된다.

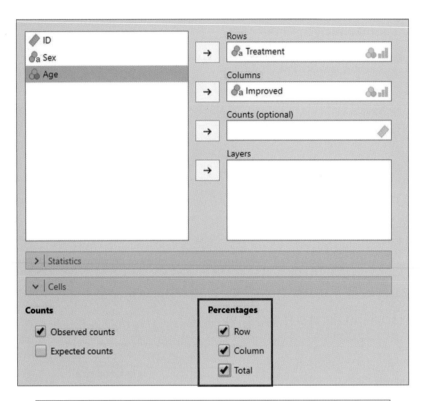

Contingency Tables

Treatment		Improved			Total
		None	**Some**	**Marked**	
Placebo	Observed	29	7	7	43
	% within row	67.4 %	16.3 %	16.3 %	
	% within column	69.0 %	50.0 %	25.0 %	
	% of total	34.5 %	8.3 %	8.3 %	
Treated	Observed	13	7	21	41
	% within row	31.7 %	17.1 %	51.2 %	
	% within column	31.0 %	50.0 %	75.0 %	
	% of total	15.5 %	8.3 %	25.0 %	
Total	Observed	42	14	28	84
	% within row	50.0 %	16.7 %	33.3 %	
	% within column	100.0 %	100.0 %	100.0 %	
	% of total	50.0 %	16.7 %	33.3 %	

또한 다음과 같이 세 변수로 분할표를 만들 수 있다. 즉, 치료집단(Treatment)과 증상 개선(Improved)의 관련성을 성별(Sex)에 차이가 있는지 확인할 수 있다. 즉, 치료집단과 증상 개선의 관련성이 남성과 여성에 따라 차이가 있음(여성이 남성보다 치료 효과가 현저하게 높음)을 알 수 있다.

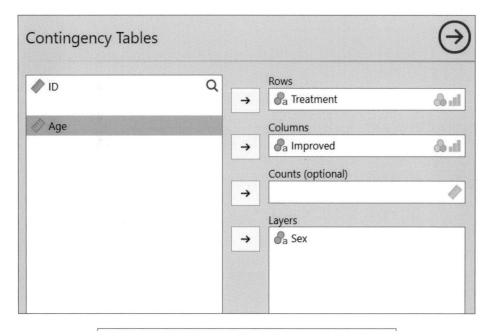

Sex	Treatment	Improved			Total
		None	Some	Marked	
Female	Placebo	19	7	6	32
	Treated	6	5	16	27
	Total	25	12	22	59
Male	Placebo	10	0	1	11
	Treated	7	2	5	14
	Total	17	2	6	25
Total	Placebo	29	7	7	43
	Treated	13	7	21	41
	Total	42	14	28	84

05

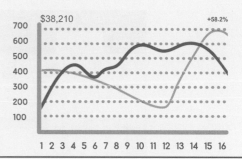

척도의 신뢰도 분석

척도의 신뢰도 분석을 위한 데이터 attitude.csv를 다음과 같이 먼저 불러온다. 이 데이터는 어떤 금융기관의 직원들을 대상으로 직장만족도를 조사한 것으로 7개 항목—rating, complaints, privileges, learning, raises, critical, advance—으로 구성되어 있으며, 점수가 높을수록 만족도가 높은 것으로 되어 있다.

척도의 신뢰도 분석을 위해 메뉴에서 Factor > Reliability Analysis를 클릭한다.

분석 창에서 신뢰도 분석을 위해 척도의 항목들을 선택하여 오른쪽으로 옮긴다.

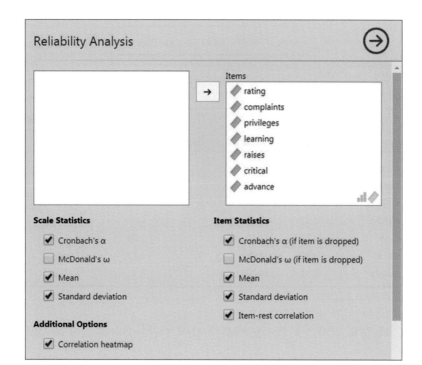

　그러면 다음과 같이 Cronbach's α와 아울러 각 항목을 제거하였을 때 Cronbach's α를 제시한다. 척도의 내적 일관성(internal consistency)을 나타내는 α 신뢰도는 0.84로 제시되어 좋은(good) 신뢰도가 확보되었음을 알 수 있다. 이와 더불어 각 항목과 나머지 전체 항목과의 상관계수, 그리고 각 항목의 평균, 표준편차 및 각 항목을 제외할 때 α 값을 제시한다.

Tip Cronbach's α

알파(alpha, α) 척도의 내적 일관성을 검정하는 몇 가지 방법 중 하나로 대부분의 통계분석 프로그램에 포함되어 있어 가장 흔히 보고되는 내적 일관성 측정방법이다. 하지만 요인이 하나인(unifactorial test) 경우 알파는 적합한 방법이지만 여러 개의 요인으로(microstructure) 구성된 경우에는 베타(beta, β) 및 오메가(omega_hierchical, Ω) 방법이 더 적합하다고 하겠다. 한편 거트만 람다 6(Guttman's Lambda 6)은 다른 모든 항목으로 구성된 회귀식으로 설명되는 각 항목의 분산, 즉 오차분산을 의미한다 (Revelle, 2018).

Scale Reliability Statistics

	Mean	SD	Cronbach's α
scale	60.44	8.25	0.84

Item Reliability Statistics

	Mean	SD	Item-rest correlation	If item dropped Cronbach's α
rating	64.63	12.17	0.67	0.81
complaints	66.60	13.31	0.74	0.80
privileges	53.13	12.24	0.56	0.83
learning	56.37	11.74	0.71	0.80
raises	64.63	10.40	0.79	0.80
critical	74.77	9.89	0.27	0.86
advance	42.93	10.29	0.46	0.84

그리고 각 항목 간의 상관계수도 다음과 같이 상관관계 map으로 제시하고 있으며, 각 항목들의 상관관계가 모두 정적(+) 관계로 나타났음을 알 수 있다.

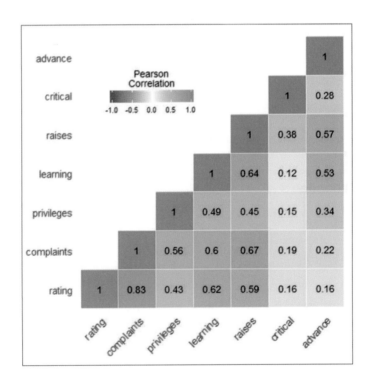

이번에는 jamovi에 있는 Big 5라는 데이터를 다음과 같이 불러오자. 이 데이터는 척도 관련 데이터는 아니지만 인간의 퍼스낼러티(personality)를 5가지 속성—Neurotism, Extraversion, Openness, Agreeableness, Consientiousness—으로 구분한 데이터로, 분석의 예시로 제시할 수 있다.

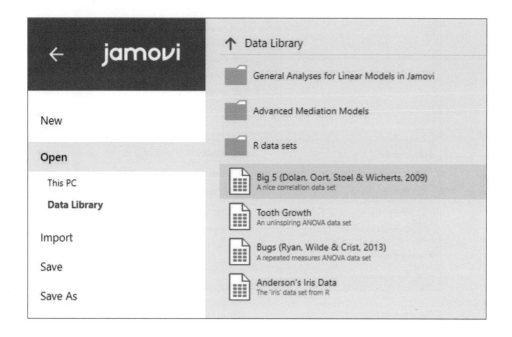

먼저, 왼쪽에 있는 변수들을 모두 오른쪽으로 옮겨 놓고 분석하면 다음과 같은 결과를 얻을 수 있다.

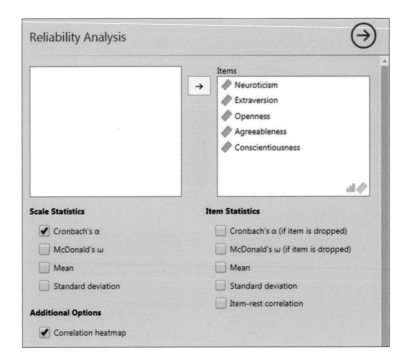

다음 결과를 보면 우선 Cronbach's α 값이 −0.24로 되어 있고, 5가지 변수 중에서 'Neuroticism'이 다른 변수들과 부적(−) 상관관계를 이루고 있어 역점(reverse) 코딩이 필요하다는 것을 제시하고 있다. 이는 오른쪽 Correlation heatmap에서도 마이너스 상관계수로 잘 나타나 있음을 알 수 있다.

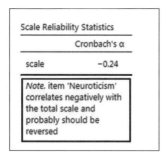

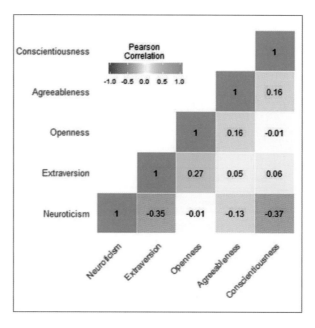

그래서 다음과 같이 'Neuroticism'을 역점 문항(Reverse Scaled Items)인 오른쪽으로 이동시킨다.

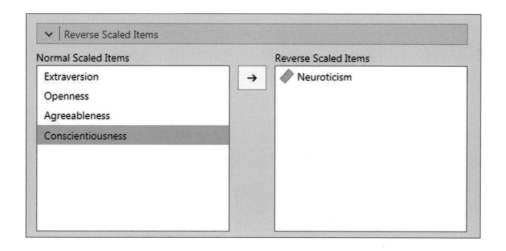

그러면 다음 결과에서 보듯이 Cronbach's α 값이 0.49로 정상적인 값이 나타나며 Correlation heatmap에서도 부적(−) 상관관계를 보이는 붉은색이 없음을 알 수 있다. 그리고 Neurotism이 역코딩되었음을 보여 주고 있다(reverse scaled item). 이렇듯이 jamovi에서는 척도의 신뢰도 분석에서 역코딩(reverse coding)을 쉽게 할 수 있다.

Scale Reliability Statistics

	mean	sd	Cronbach's α
scale	3.38	0.22	0.49

Item Reliability Statistics

	mean	sd	item-rest correlation	if item dropped Cronbach's α
Neuroticism [*]	3.19	0.45	0.38	0.34
Extraversion	3.49	0.36	0.32	0.40
Openness	3.59	0.34	0.15	0.50
Agreeableness	3.43	0.35	0.20	0.47
Conscientiousness	3.21	0.39	0.26	0.43

[*] reverse scaled item

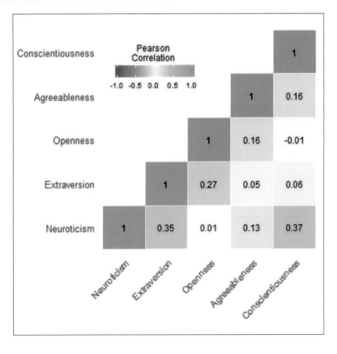

이번에는 복지기관 직원들의 조직헌신도에 대한 척도의 신뢰도를 분석해 보자. 먼저, 다음과 같이 데이터 diagnosis_scale.csv를 불러온다.

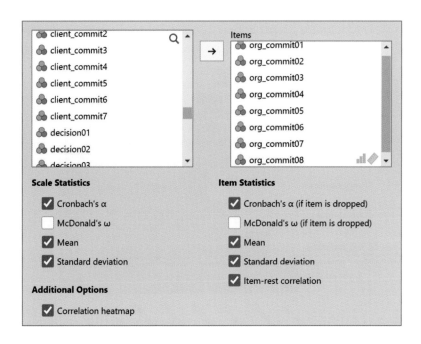

이어서 분석 창에서 조직헌신도 관련 변수인 org_commit01 ~ org_commit08 변수를 선정한 후 신뢰도 통계치와 항목 통계치를 다음과 같이 선택한다.

그러면 다음 분석 결과에서 보듯이 내적일관성 신뢰도 Cronbach's $\alpha = 0.90$으로 나타나 신뢰도가 상당히 높은 수준임을 알 수 있다. 그리고 척도의 각 항목을 제외할 경우에도 그다지 변화가 없으므로 모든 항목이 척도 구성에 필요한 항목임을 알 수 있다. 그리고 correlation heatmap을 보면 척도의 각 항목은 모두 서로 정적(+) 상관관계를(positive correlation) 보이고 있음을 확인할 수 있다.

Scale Reliability Statistics

	mean	sd	Cronbach's α
scale	3.76	0.54	0.90

Item Reliability Statistics

	mean	sd	item-rest correlation	if item dropped Cronbach's α
org_commit01	3.95	0.63	0.72	0.89
org_commit02	3.43	0.74	0.64	0.89
org_commit03	3.93	0.68	0.72	0.89
org_commit04	3.69	0.75	0.66	0.89
org_commit05	3.80	0.72	0.79	0.88
org_commit06	3.63	0.67	0.58	0.90
org_commit07	4.08	0.65	0.72	0.89
org_commit08	3.57	0.72	0.71	0.89

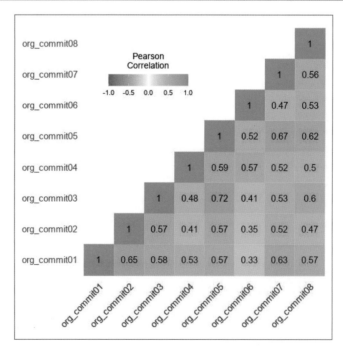

06

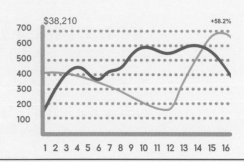

통계적 검정

통계적 추론(statistical inference)은 모집단에서 추출된 표본으로부터 추정된 값 (statistic)을 가지고 모집단의 특성인 모수(parameter)에 대한 정보를 얻으려는 일련의 과정을 의미한다. 이 과정에 활용되는 통계분석을 **추론통계분석**(inferential statistics)이라고 한다.

일반적으로 추정에는 추정값(point estimate)과 구간 추정(interval estimate)이 있다.

- 추정값의 사례: 모평균에 대한 추정값으로 표본평균($\overline{X}$)
- 구간 추정의 사례: 모평균에 대한 95% 신뢰구간(하한선, 상한선)

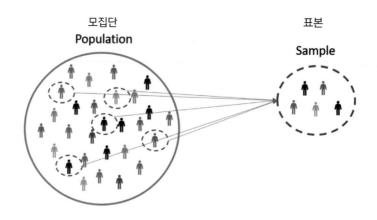

[그림 6-1] 모집단과 표본

출처: https://www.omniconvert.com/what-is/sample-size/

예를 들어, 대학생 6명을 무작위로 추출하여 이들이 30초 동안 윗몸일으키기를 한 횟수(X_i)를 다음과 같이 기록하였다고 하자.

	X	$\overline{X}$	$X_1 - \overline{X}$	$(X_1 - \overline{X})^2$
X_1	17		3	9
X_2	15		1	1
X_3	23		9	81
X_4	7		−7	49
X_5	9		−5	25
X_6	13		−1	1
Σ	84	84/6=14	0	166

먼저, 추정값(point estimate)에 해당되는 표본평균을 다음과 같이 구한다.

$$\text{표본평균: } \overline{X} = \frac{\sum X_i}{n} = \frac{84}{6} = 14$$

그리고 다음과 같이 표본 분산과 표준편차를 구한다.

$$s^2 = \frac{\sum(X_i - \overline{X})^2}{n-1} = 166/(6-1) = 33.2 \qquad s = \sqrt{\frac{\sum(X_i - \overline{X})^2}{n-1}} = \sqrt{33.2} = 5.76$$

이때 이 데이터가 정규분포를 따른다고 가정하고 모평균에 대한 95% 신뢰구간 (confidence interval: CI) 추정값(interval estimate)을 구하면 다음과 같다. 즉, 표본 수＝6, 표본평균＝14, 표준편차＝5.76이며, 자유도＝5, 신뢰구간＝95%이면 t값은 2.57이 된다. 따라서 다음 공식에 대입을 하면 모평균에 대한 95% 신뢰구간 추정값은 [7.96, 20.04]가 된다. 즉, 이 구간이 모수를 포함할 확률이 95%가 되는 구간을 의미한다.

$$n = 6, \ \overline{X} = 14, \ s = 5.76, \ t_{0.025}^{(6-1)} = 2.57$$

$$* t\text{값}: > qt(0.025, 5, lower.tail = F)$$

$$95\% \text{ 신뢰구간: } \overline{X} \pm t_{\alpha/2}^{df} \cdot \frac{s}{\sqrt{n}} = 14 \pm 2.57\frac{5.76}{\sqrt{6}} = (7.96, 20.04)$$

표본으로부터 산출된 통계치를 모집단에 적용하는 추론통계분석에서 활용하는 통계적 검정(statistical test)은 일반적으로 가설 검정과 신뢰구간 검정으로 구분할 수 있다.

통계적 검정방법으로 가설 검정을 전통적으로 사용해 왔으나 신뢰구간 검정은 영가설(예, 집단 간 평균 차이＝0)에 대한 구체적인 정보(예, 신뢰구간)를 가지고 있으므로 더 유용하다고 할 수 있다.

1 가설 검정

1) 가설 검정의 주요 용어

(1) 가설(hypothesis)

가설은 영가설과 대립가설로 구분할 수 있는데, **영가설**(null hypothesis)은 연구자의 주장과 상반된 것이며, **대립가설**(alternative hypothesis)은 연구자의 주장(검정하고 싶은 것)을 말한다. 가설 검정에서는 직접 대립가설을 검정하지 않고 영가설을 기각함으로써 대립가설을 지지하는 간접적인 방식을 취한다.

예) 어떤 표본(n=75)의 분석 결과가 다음과 같이 나타났다면, 이 분석 결과로 남녀 간의 월소득 차이(193.83 vs. 150.47)가 통계적으로 유의한 것인지(아니면 우연히 발생한 것인지) 검정하는 것이 필요하다.

Group Descriptives						
	Group	N	Mean	Median	SD	SE
m_income	0	30	193.83	185.00	73.03	13.33
	1	45	150.47	140.00	63.29	9.43

이를 검정하기 위해서는 우선 다음과 같은 가설을 설정하는 것이 필요하다.

- 영가설: (모집단에서) 두 집단(남녀) 간에 소득 차이가 없다.

  (표본에서 나온 통계치의 차이는 우연히 발생한 것이다.)

- 대립가설: (모집단에서) 두 집단(남녀) 간에 소득 차이가 있다.

영가설(남녀 소득 차이=0)		
	True(참)	False(허위)
기각하지 않음	바른 결정	2종 오류
기각함	1종 오류	바른 결정

가설을 검정하기 위해서는 우선 다음과 같은 용어의 의미를 이해해야 한다.

- 1종 오류: 영가설이 참(true)일 때 영가설을 기각하는 오류를 말한다.
- 검정통계량(test statistic): 관찰이나 실험의 결과로 나온 요약된 값(통계치)을 의미하며, 모수적 방법은 통계치(statistics)로 모수(parameters)를 추정하는데 반해 비모수적 방법은 모수와 통계치의 관계를 다루지 않으며 표본이 작거나 분석에 대한 가정(예, 정규분포)을 충족하지 못할 때 이용한다.

  보통 통계적 검정방법으로 t-검정, F-검정, 카이제곱 검정이 주로 이용되고 있는데, 이는 분석 결과로 구한 통계치가 특정 분포(t-분포, F-분포, χ^2분포)를 따르기 때문에 붙여진 이름이다. 그리고 각 방법으로 구한 통계치를 t값, F값, χ^2 값이라고 한다(김태근, 2006).

- 유의수준(α): 제1종 오류를 허용하는 기준을 의미하며(검정통계량이 영가설하에서 나올 확률 기준), 보통 $\alpha = 0.05$(5%)를 유의수준으로 결정한다. 즉, 검정통계량이 영가설하에서 발생할 확률이 5% 미만인 경우 영가설을 기각한다고 미리 결정하는 것이다.
- 유의확률(p-value): 영가설하에서 검정통계량(관찰된 통계량)만큼의 극단적인 값이 관찰될 확률, 즉 주어진 데이터가 얼마나 가능한지의 확률을 말한다(권재명, 2017). 또는 보다 단순하게 검정통계량이 영가설을 지지하는 정도를 말한다고 할 수 있다. 그리고 영가설이 참(true)임에도 영가설을 기각함으로써 1종 오류를 범할 확률을 의미하기도 한다. 유의확률(p-value)이 유의수준보다 작으면 '통계적으로 유의한 결과'(statistically significant)라고 해석하고 영가설을 기각한다. 즉, 영가설을 지지하는 정도가 유의수준보다 작으므로 영가설을 기각하게 된다.

이상을 정리하면 다음과 같다.

요약

- 1종 오류: 영가설이 참(True)임에도 이를 기각하는 것, 즉 결과가 유의하지 않은데 유의하다고 하는 경우를 말한다.
- 검정통계량: 실험이나 관찰의 결과로 나온 요약된 값, 즉 통계치를 의미한다. 예를 들어, t = 2.73, F = 11.26 등을 말한다.
- 유의수준 또는 알파(α): 1종 오류의 허용 기준/확률(일반적으로 알파 = 0.05를 기준으로 설정하며 이를 유의수준 5% 또는 신뢰수준 95%라고 한다)
- 유의확률(p-value): 영가설하에서 검정통계량이 발생할 확률을 의미한다. 즉, 표본의 결과가 우연히(due to chance) 발생할 확률을 의미하며, 영가설을 기각함으로써 1종 오류를 범할 확률을 말한다.

따라서 유의확률(p)이 알파(α)보다 작으면 영가설 기각에 확신을 갖게 된다. 즉, 대립가설을 지지하게 되고, 분석 결과는 통계적으로 유의(statistically significant)하다고 판단한다.

Tip　**Statistical chance**

"대부분의 연구에서는 어떤 결과(차이)가 우연히 일어날 확률(statistical chance)이 0.05보다 작으면, 우연히 일어날 가능성을 배제하게 된다. 즉, 통계적으로 유의하다고 판단한다." (Rubin, 2008, p. 73)

이때 유의확률은 분석 결과가 우연히(due to chance) 발생할 확률을 의미하므로 유의확률, 즉 우연히 일어날 확률이 낮을수록 그 결과는 통계적으로 유의하다고 본다.

2) 가설 검정의 절차 및 사례

- 영가설(H_0)과 대립가설(H_a)의 설정(예, 영가설: 남녀 간의 소득 차이 = 0)
- 통계분석방법 결정(t-검정, 카이스퀘어 검정 등, 연구목적과 데이터 속성에 따라 결정)
- 유의수준(α) 결정(1종 오류 허용 기준)
- 검정통계량 계산: 실험, 관찰 및 조사 후 그 결과를 통계적으로 요약한 값(t값, F값 등)

- 영가설 가정하에서 검정통계량만큼의 극단적인 값이 발생할 확률인 유의확률(p-value)이 유의수준(α) 보다 작은지 확인하여 영가설을 기각하거나 기각하지 않는다.
- 또는 영가설의 분포에서 검정통계량과 기각영역을 비교하여 영가설을 기각 또는 기각하지 않음을 결정(실험 및 관찰의 결과로 요약된 값이 영가설하에서 쉽게 발생할 수 있는 값인지 확인, [그림 6-2])

다음 결과는 어떤 조직에서 남녀 간의 월 소득의 차이를 검정한 결과이다.

Group Descriptives

	Group	N	Mean	Median	SD	SE
m_income	0	30	193.83	185.00	73.03	13.33
	1	45	150.47	140.00	63.29	9.43

Independent Samples T-Test

		Statistic	df	p
m_income	Student's t	2.73	73.00	0.008

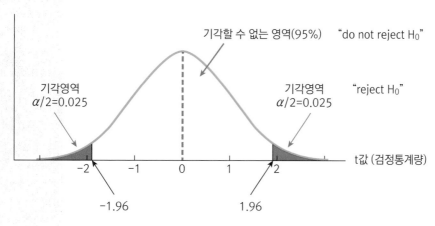

[그림 6-2] 유의수준 5%에서의 영가설의 분포

우선, 영가설은 남녀 간 소득 차이＝0($\mu_1=\mu_2$ 또는 $\mu_1-\mu_2=0$)으로 설정하였으며, 두 집단의 평균 차이에 대한 검정이므로 t-검정을 실시하였다. 유의수준은 일반적으로 5%, 즉 $\alpha=0.05$로 기준 값을 정하였으며, 분석 결과 검정통계량 t＝2.73으로 나타났다. 여기서 영가설을 기각하려면 분석 결과로 나타난 검정통계량이 발생할 확률(유의확률)이 유의수준 0.05보다 작아야 한다. 이 분석 결과에서 보듯이 유의확률 p＝0.008로 나타났으므로 유의수준보다 작으므로 영가설을 기각하게 된다. 또 [그림 6-2]의 영가설 분포를 보면 검정통계량 t＝2.73이 속할 영역은 영가설의 기각영역에 속하므로 영가설을 기각하게 된다. 따라서 표본 데이터의 분석 결과는 우연히 나타난 것이 아니므로 영가설을 기각하고 두 집단의 월소득 차이는 통계적으로 유의하다고 해석한다.

> **Tip**
>
> • **단측 검정(one-tailed test)**: 한쪽 방향만 고려하여 검정을 시행하는 것이 양측을 모두 고려하는 양측 검정(two-tailed test)에 비해 영가설을 기각할 가능성이 높아진다. 즉, 검정력이 높아진다.
> • **검정력과 표본수**: 두 집단의 평균이나 비율의 차이를 검정할 때 표본수(sample size)가 크면 작은 차이라도 영가설을 기각할 가능성이 많아지는데, 이를 영가설이 오류일 때(False) 기각할 수 있는 확률($1-\beta$), 즉 검정력(power)이 커진다고 한다.

2　신뢰구간 검정

　신뢰구간 검정은 전통적인 통계적 검정 방법인 가설 검정 방법을 사용하지 않고, 추정하고자 하는 모수가 포함되었을 것이라고 생각되는 신뢰구간을 제시하여 통계적 검정을 하는 방법을 의미한다.

1) 신뢰구간 검정의 주요 용어

　신뢰구간(confidence interval: CI)은 모수가 포함될 범위를 의미한다. 예를 들어, 95% 신뢰구간은 표본추출을 반복해서 만들어지는 신뢰구간 중 모수를 포함할 확률이 95%가 되는 구간을 말한다.

　모수의 신뢰구간을 추정하고자 할 때는 추정치의 표준편차, 예를 들면 표본 평균의 표준편차, 즉 표준오차(standard error: SE, $\sigma_{\bar{X}}$)를 이용한다.

$$\sigma_{\bar{X}} = SE = \frac{s}{\sqrt{n}}$$

　즉, 정규분포에서 95%의 신뢰수준에 모수의 신뢰구간은 평균±(표준화값×표준오차), 즉 $\bar{X} - (1.96 \times \frac{s}{\sqrt{n}}) \leq \mu \leq \bar{X} + (1.96 \times \frac{s}{\sqrt{n}})$이 된다. 이때 표본이 클수록 신뢰구간은 작아져서 더 정확한 추정(more precise)이 된다.

2) 신뢰구간 검정 사례

　예를 들어, 남녀 간 월소득 차이에 대한 검정 결과가 다음과 같이 나왔다면, 영가설 검정의 경우 검정통계량 t=2.73, 유의확률값=0.008이므로 영가설의 기각영역에 속한다. 따라서 남녀 간 월소득 차이가 없다는 영가설을 기각함으로써 남녀 간의 월소득의 차이는 통계적으로 유의하다(statistically significant)고 해석한다. 즉, 월소득 차이는 우연히 생긴 것이 아니라고 할 수 있다.

Group Descriptives

	Group	N	Mean	Median	SD	SE
m_income	0	30	193.83	185.00	73.03	13.33
	1	45	150.47	140.00	63.29	9.43

Independent Samples T-Test

		Statistic	df	p	Mean difference	SE difference	95% Confidence Interval	
							Lower	Upper
m_income	Student's t	2.73	73.00	0.008	43.37	15.87	11.74	74.99

하지만 신뢰구간 검정의 경우 다음과 같이 검정통계량 t값을 t-분포 표를 이용하여(〈표 6-1〉) t=1.993을 구한 다음 공식에 따라 상한선, 하한선 값을 구한다. 즉, 표본 데이터로부터 남녀 간의 월소득 차이는 약 43.37만 원이지만 모수의 추정값은 약 11.74만 원에서 74.99만 원의 범위에 있음을 알 수 있다.

$$t_{\alpha/2}^{df} = t_{0.025}^{73} = 1.993$$

신뢰구간을 구하는 공식이 (평균차이 ± t값×차이의 표준오차)이므로 다음과 같이 계산된다.

신뢰구간 하한선(Lower Limit: LL) = 43.37 − (1.993×15.87) = 11.74
신뢰구간 상한선(Upper Limit: UL) = 43.37 + (1.993×15.87) = 74.99

95% 신뢰구간(CI) = (11.74, 74.99)이며, 보통 다음과 같이 표기한다.

95% CI [11.74, 74.99]

따라서 95%의 신뢰구간이 영가설의 값(여기서는 0)을 포함하고 있지 않으므로 유의수준 5%에서 영가설을 기각하게 된다. 즉, 추정통계량은 통계적으로 유의하다고 결론을 내리며, 남녀 간의 월소득 차이는 통계적으로 유의하다고 판단한다. 그리고 신뢰구간이 영가설 값을 포함하지 않을 경우 유의확률은 0.05보다 작게 계산되어 어느 검정 방법을 사용하더라도 영가설 기각 결정은 동일하다고 하겠다.

> **Tip**
>
> 여기서 t값은 t−분포 표를 이용하지 않고 다음과 같이 R에서 바로 구할 수 있다.
>
> # qt($\alpha/2$, *df*, lower.tail=F)
> > qt(0.025, 73, lower.tail=F)
>
> 또는 엑셀 함수계산을 이용하여 TINV(0.05, 73)=1.993을 계산할 수 있다.

〈표 6-1〉 검정통계량 t−분포표

t Table

cum. prob	$t_{.50}$	$t_{.75}$	$t_{.80}$	$t_{.85}$	$t_{.90}$	$t_{.95}$	$t_{.975}$	$t_{.99}$	$t_{.995}$	$t_{.999}$	$t_{.9995}$
one-tail	0.50	0.25	0.20	0.15	0.10	0.05	0.025	0.01	0.005	0.001	0.0005
two-tails	1.00	0.50	0.40	0.30	0.20	0.10	0.05	0.02	0.01	0.002	0.001
df											
1	0.000	1.000	1.376	1.963	3.078	6.314	12.71	31.82	63.66	318.31	636.62
2	0.000	0.816	1.061	1.386	1.886	2.920	4.303	6.965	9.925	22.327	31.599
3	0.000	0.765	0.978	1.250	1.638	2.353	3.182	4.541	5.841	10.215	12.924
4	0.000	0.741	0.941	1.190	1.533	2.132	2.776	3.747	4.604	7.173	8.610
5	0.000	0.727	0.920	1.156	1.476	2.015	2.571	3.365	4.032	5.893	6.869
6	0.000	0.718	0.906	1.134	1.440	1.943	2.447	3.143	3.707	5.208	5.959
7	0.000	0.711	0.896	1.119	1.415	1.895	2.365	2.998	3.499	4.785	5.408
8	0.000	0.706	0.889	1.108	1.397	1.860	2.306	2.896	3.355	4.501	5.041
9	0.000	0.703	0.883	1.100	1.383	1.833	2.262	2.821	3.250	4.297	4.781
10	0.000	0.700	0.879	1.093	1.372	1.812	2.228	2.764	3.169	4.144	4.587
11	0.000	0.697	0.876	1.088	1.363	1.796	2.201	2.718	3.106	4.025	4.437
12	0.000	0.695	0.873	1.083	1.356	1.782	2.179	2.681	3.055	3.930	4.318
13	0.000	0.694	0.870	1.079	1.350	1.771	2.160	2.650	3.012	3.852	4.221
14	0.000	0.692	0.868	1.076	1.345	1.761	2.145	2.624	2.977	3.787	4.140
15	0.000	0.691	0.866	1.074	1.341	1.753	2.131	2.602	2.947	3.733	4.073
16	0.000	0.690	0.865	1.071	1.337	1.746	2.120	2.583	2.921	3.686	4.015
17	0.000	0.689	0.863	1.069	1.333	1.740	2.110	2.567	2.898	3.646	3.965
18	0.000	0.688	0.862	1.067	1.330	1.734	2.101	2.552	2.878	3.610	3.922
19	0.000	0.688	0.861	1.066	1.328	1.729	2.093	2.539	2.861	3.579	3.883
20	0.000	0.687	0.860	1.064	1.325	1.725	2.086	2.528	2.845	3.552	3.850
21	0.000	0.686	0.859	1.063	1.323	1.721	2.080	2.518	2.831	3.527	3.819
22	0.000	0.686	0.858	1.061	1.321	1.717	2.074	2.508	2.819	3.505	3.792
23	0.000	0.685	0.858	1.060	1.319	1.714	2.069	2.500	2.807	3.485	3.768
24	0.000	0.685	0.857	1.059	1.318	1.711	2.064	2.492	2.797	3.467	3.745
25	0.000	0.684	0.856	1.058	1.316	1.708	2.060	2.485	2.787	3.450	3.725
26	0.000	0.684	0.856	1.058	1.315	1.706	2.056	2.479	2.779	3.435	3.707
27	0.000	0.684	0.855	1.057	1.314	1.703	2.052	2.473	2.771	3.421	3.690
28	0.000	0.683	0.855	1.056	1.313	1.701	2.048	2.467	2.763	3.408	3.674
29	0.000	0.683	0.854	1.055	1.311	1.699	2.045	2.462	2.756	3.396	3.659
30	0.000	0.683	0.854	1.055	1.310	1.697	2.042	2.457	2.750	3.385	3.646
40	0.000	0.681	0.851	1.050	1.303	1.684	2.021	2.423	2.704	3.307	3.551
60	0.000	0.679	0.848	1.045	1.296	1.671	2.000	2.390	2.660	3.232	3.460
80	0.000	0.678	0.846	1.043	1.292	1.664	1.990	2.374	2.639	3.195	3.416
100	0.000	0.677	0.845	1.042	1.290	1.660	1.984	2.364	2.626	3.174	3.390
1000	0.000	0.675	0.842	1.037	1.282	1.646	1.962	2.330	2.581	3.098	3.300
z	0.000	0.674	0.842	1.036	1.282	1.645	1.960	2.326	2.576	3.090	3.291
	0%	50%	60%	70%	80%	90%	95%	98%	99%	99.8%	99.9%
					Confidence Level						

07

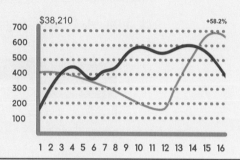

카이스퀘어 검정

1 카이스퀘어 검정

카이스퀘어 검정(χ^2 test)은 두 범주형 변수 간 관계의 독립성 검정(test of independence) 또는 연관성 검정(test of association)을 위한 추론통계분석 방법이다. 먼저, 카이스퀘어 검정을 위해 관절염 치료 데이터 Arthritis.csv를 불러온다.

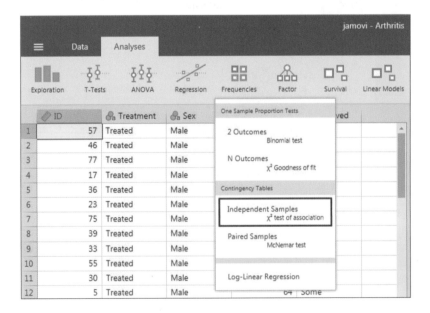

카이스퀘어 검정을 위해서는 메뉴에서 Frequencies > Independent Sample (χ^2 test of association)을 클릭한다.

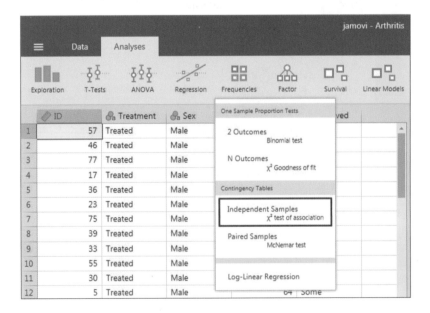

　　카이스퀘어 검정을 위해 행과 열에 각 범주형 변수, 즉 명목변수 또는 서열변수를 선택하면 다음과 같은 검정 결과를 얻을 수 있다. 즉, 치료집단과 증상 개선은 서로 독립적이라는 영가설을 기각하게 되므로($\chi^2=13.1$, p=0.001) 서로 연관성이 있다고 하겠다.

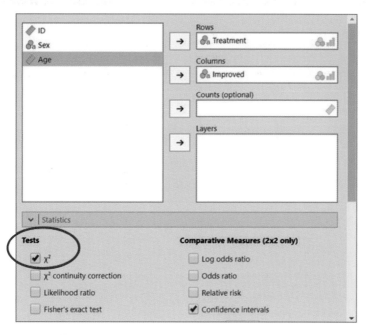

Contingency Tables

Treatment	Improved			Total
	None	**Some**	**Marked**	
Placebo	29	7	7	43
Treated	13	7	21	41
Total	42	14	28	84

χ^2 Tests

	Value	df	p
χ^2	13.1	2	0.001
N	84		

카이스퀘어 값은 다음 산출 공식에서처럼 관찰빈도와 기대빈도로서 계산되며, 자유도에 따라 그 분포가 매우 다르게 나타난다([그림 7-1] 참조). 참고로 **기대빈도**는 두 변수가 서로 독립적이라는 가정하에서 기대되는 빈도를 의미하는 것으로, (행 합계×열 합계)/총 합계로 계산한다. 예를 들어, Placebo 집단의 None(증상 개선이 전혀 없음)의 경우 (43×42)/84=21.5가 되며, 다음 페이지 분석 결과에서 확인할 수 있다.

$$\chi^2 = \sum \frac{(관찰빈도 - 기대빈도)^2}{기대빈도}$$

$$df(자유도) = (행의 수 - 1) \times (열의 수 - 1) = (r-1) \times (c-1)$$

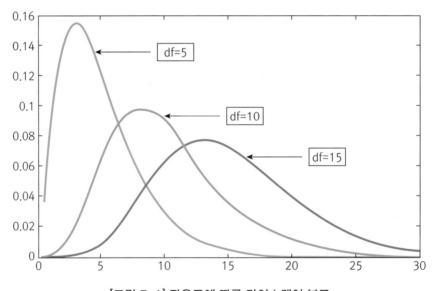

[그림 7-1] 자유도에 따른 카이스퀘어 분포

여기서 다음과 같이 대화상자에서 기댓값(Expected)을 선택하면 기댓값이 포함된 분할표를 구할 수 있다.

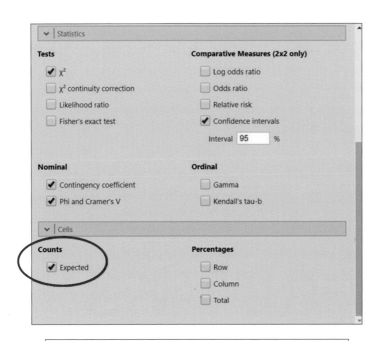

Contingency Tables

Contingency Tables

Treatment		Improved None	Some	Marked	Total
Placebo	Observed	29	7	7	43
	Expected	21.5	7.17	14.3	
Treated	Observed	13	7	21	41
	Expected	20.5	6.83	13.7	
Total	Observed	42	14	28	84
	Expected	42.0	14.00	28.0	

χ^2 Tests

	Value	df	p
χ^2	13.1	2	0.001
N	84		

이어서 두 변수 간의 연관성 정도(measures of association)를 다음과 같이 제시할 수 있다. 두 명목변수의 연관성은 주로 Cramer's V로 나타내며, 이 수치가 클수록 두 변수 간의 연관성은 크다고 하겠다. 여기서는 0.394로 나타나 두 변수의 연관성 정도는 비교적 높다고 할 수 있다. 참고로 Phi-coefficient는 2×2분할 표에서 제시된다.

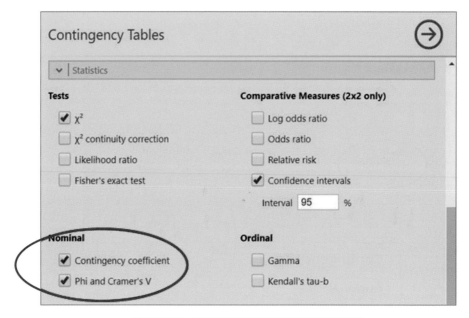

Nominal	
	Value
Contingency coefficient	0.367
Phi-coefficient	NaN
Cramer's V	0.394

　한편 카이스퀘어 검정에서 샘플이 작은 경우, 즉 기대빈도가 5 이하인 cell이 있는 경우 Fisher 정확 검정(Fisher's exact test)을 실시한다. 다음 사례에서 보는 것처럼 성별과 증상 개선의 관련성에서 남성(Male)이고 증상이 약간 개선(some)된 경우 기대빈도가 4.17로 나타났다. 이 경우 Fisher 정확 검정을 실시하면 카이스퀘어 검정보다 조금 더 정확한(엄격한) 검정값(p-value)을 얻을 수 있다.

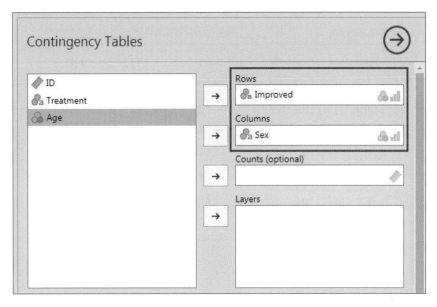

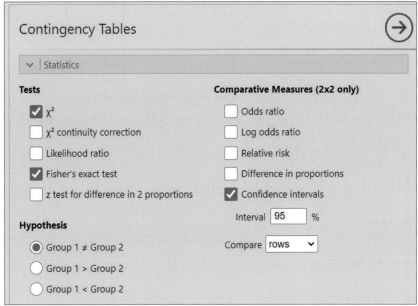

다음 분석 결과에서 보는 것처럼 카이스퀘어 검정에서는 검정값이 $\chi^2 = 4.84$, $p = 0.089$로 나타났지만 Fisher 정확 검정에서는 $p = 0.109$로 나타나 조금 더 엄격한 검정값, 즉 p-value가 좀 더 큰 값으로 나타났음을 알 수 있다.

Contingency Tables

Improved		Sex		Total
		Female	Male	
None	Observed	25	17	42
	Expected	29.50	12.50	42.0
Some	Observed	12	2	14
	Expected	9.83	4.17	14.0
Marked	Observed	22	6	28
	Expected	19.67	8.33	28.0
Total	Observed	59	25	84
	Expected	59.00	25.00	84.0

χ^2 Tests

	Value	df	p
χ^2	4.84	2	0.089
Fisher's exact test			0.109
N	84		

2　Cochran-Mantel-Haenszel 카이스퀘어 검정

　　Cochran-Mantel-Haenszel 카이스퀘어 검정은 집단변수가 하나 더 추가된 경우에 검정하는 방법으로 치료집단 여부(Treatment)와 증상 개선(Improved)의 관련성을 성별(Sex)로 차이가 있는지 분석할 때 사용한다.

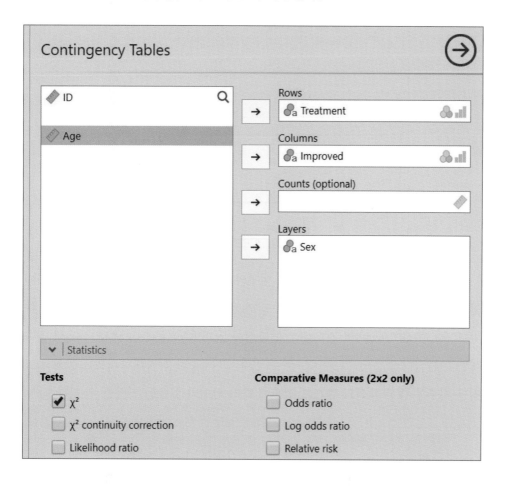

Contingency Tables

Sex	Treatment	Improved			Total
		None	Some	Marked	
Female	Placebo	19	7	6	32
	Treated	6	5	16	27
	Total	25	12	22	59
Male	Placebo	10	0	1	11
	Treated	7	2	5	14
	Total	17	2	6	25
Total	Placebo	29	7	7	43
	Treated	13	7	21	41
	Total	42	14	28	84

χ^2 Tests

Sex		Value	df	p
Female	χ^2	11.30	2	0.004
	N	59		
Male	χ^2	4.91	2	0.086
	N	25		
Total	χ^2	13.06	2	0.001
	N	84		

이 분석 결과에서 보듯이 치료집단 여부와 증상 개선의 연관성이 성별로 차이가 있는지 검정하면 치료집단 여부와 증상 개선의 관계는 성별에 따라 다름을 알 수 있다. 즉, 여성(Female)의 경우에는 연관성이 있지만(p=0.004), 남성(Male)의 경우에는 연관성이 없음(p=0.086)을 알 수 있다. 그리고 다음 막대그래프를 통해 치료집단 여부와 증상 개선의 관계가 성별에 따라 차이가 있음을 확인할 수 있다.

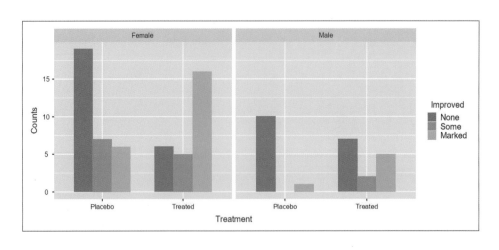

3   McNemar 검정

이 검정은 서로 연관된 두 이분형(binary) 변수의 일치도를 조사할 때 사용한다. 이 경우 측정된 이분형 변수의 값은 서로 연관된 (matched-pair) 값이다. 여기서는 L사와 S사의 제품 선호도에 대한 조사로서, BTS 그룹의 L사에 대한 광고 후 제품 선호도에 차이가 있는지를 검정하는 것이다.

먼저, 다음과 같이 데이터 McNemar.csv를 불러온다.

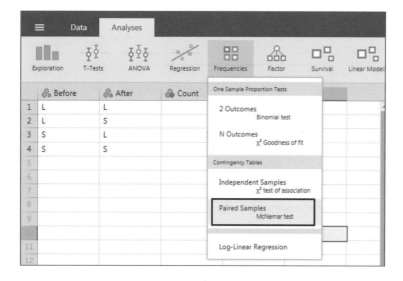

McNemar 검정을 위해 Frequencies > Paired Samples를 클릭한다.

분석을 위한 행과 열의 변수 그리고 Count 변수를 선택하면 다음과 같은 McNemar 검정 결과가 나타난다. 분석 결과 영가설, 즉 두 회사 제품의 선호도에 있어서 차이가 없다는 영가설을 기각하게 되므로($\chi^2 = 50$, $p < 0.001$), BTS그룹의 광고는 제품 선호도에 영향을 주었다고 할 수 있다.

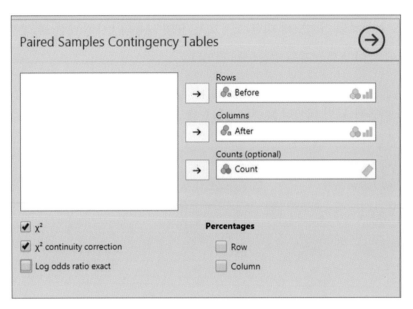

Contingency Tables

Before	After		Total
	L	S	
L	50	50	100
S	150	70	220
Total	200	120	320

McNemar Test

	Value	df	p
χ^2	50.00	1	< .001
χ^2 continuity correction	49.01	1	< .001
N	320		

08

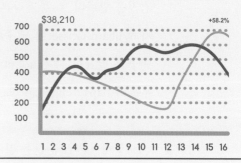

평균차이 검정

집단 간 평균차이 검정은 보통 집단이 2개 이하인 경우 t-검정(t-test)을 활용하게 된다. 그리고 t-검정은 모집단이 정규분포를 이룬다는 가정하에 수행되며, 집단 간 평균차이를 검정하는 일원분산분석(one-way ANOVA)의 특수한 형태라고 말할 수 있다. t-검정은 검정통계량이 스튜던트(Student) t-분포를 따르는 통계적 검정을 말한다. t-통계량은 1908년 아일랜드의 기네스 맥주회사에서 일하던 화학자 William Gosset이 맥주의 품질을 모니터링하기 위한 방법으로 개발하였으며, 연구를 발표할 때 Student란 이름으로 발표하였기 때문에 스튜던트 t-검정이라 부른다(https://en.wikipedia.org/wiki/Student%27s_t-test).

t-통계량은 모분산을 알지 못할 때 모분산 σ^2을 표본분산 s^2으로 추정한 통계량을 의미하며, t-분포는 자유도(df)가 커질수록 정규분포에 근접하지만 자유도가 작을수록 양쪽 꼬리는 두터워진다([그림 8-1] 참조).

정규분포: $X_i \sim_{iid} N(\mu, \sigma^2)$

표준정규분포: $Z = \dfrac{\overline{X} - \mu}{\sqrt{\sigma^2 / n}} \sim N(0, 1)$

t-분포: $t = \dfrac{\overline{X} - \mu}{\sqrt{s^2 / n}} \sim t_{df}$

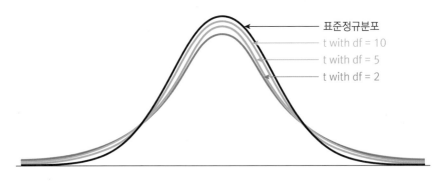

[그림 8-1] t-분포

일반적으로 평균차이 검정은 단일집단, 대응집단, 두(독립) 집단 평균차이 검정으로 구분할 수 있다.

1   단일집단 평균차이 검정

2007년 조사에 의하면 한국인의 1인 1일 평균 알코올(소주) 섭취량은 8.1cc였다. 하지만 10년이 지난 2017년에는 여성의 사회적 참여와 양성평등에 대한 사회적 인식 변화로 인해 알코올 섭취량이 2007년과 달라졌는지 조사하기 위해 10명을 무작위로 선정해서 다음과 같은 결과를 얻었다(안재형, 2011).

 8.27   3.66   14.27   3.11   5.05   5.76   3.75   9.48   8.36   2.87

이 데이터를 jamovi에 직접 입력하고 정규성 검정을 한 후 단일집단 t-검정을 해 보자.

먼저, jamovi에 직접 이 데이터를 입력한 후 one_sample.csv로 저장해 둔다.

단일집단 평균차이 검정을 위해서는 다음에서 보는 것처럼 메뉴에서 T–Tests > One Sample T–Test를 클릭한다.

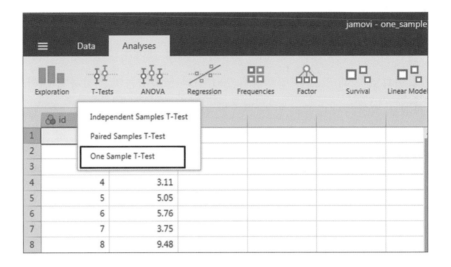

단일 검정 평균차이 검정 메뉴 창에서 검정값(Test value)에 2007년 평균 알코올 섭취량 8.1을 입력하고 가정 검정에서 Normality에 체크한다.

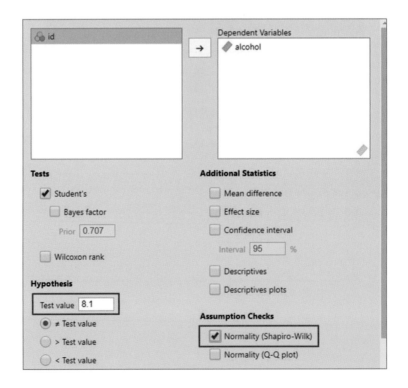

그러면 다음과 같은 결과를 얻을 수 있다. **정규성 검정**이란 어떤 모집단으로부터 표본을 추출했을 때 전체(모집단) 데이터가 정규분포의 특성을 가지고 있는지 파악하는 방법이다. 정규성 검정 결과(영가설＝정규분포) 영가설을 기각할 수 없으므로 정규분포 가정이 충족되었음을 알 수 있다(p＝0.132). 그리고 음주량이 8.1cc라는 영가설을 기각할 수 없게 되어(t＝-1.43, p＝0.187) 2017년에도 한국인의 평균 알코올 섭취는 2007년과 다르지 않음을 알 수 있다.

One Sample T-Test

		statistic	df	p
alcohol	Student's t	-1.43	9.00	0.187

Note. H_a population mean ≠ 8.1

Test of Normality (Shapiro-Wilk)

	W	p
alcohol	0.881	0.132

Note. A low p-value suggests a violation of the assumption of normality

2   대응집단 평균차이 검정

대응집단 검정은 쌍둥이, 부부 또는 부모−자녀 관계 등 서로 대응이 되는 (matched or paired) 집단의 평균차이 검정을 의미한다. 여기서는 영국의 통계학자 Francis Galton이 수집한 아버지와 아들의 키(단위: 인치)에 대한 데이터를 활용해서 아버지의 키와 아들의 키가 동일한지 검정해 보자(Lander, 2014, p. 206).

먼저, 다음과 같이 데이터 father.son.csv를 불러오자.

대응집단 평균차이 검정을 위해서는 다음에서 보는 것처럼 메뉴에서 T−Tests > Paired Samples T−Test를 클릭한다.

　분석 창에서 서로 대응이 되는 아들의 키(sheight)와 아버지의 키(fheight) 변수를 선택한다.

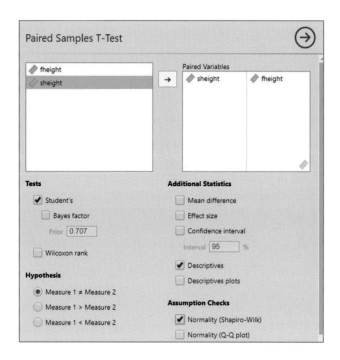

　다음 분석 결과를 보면 우선 정규성 검정 결과 정규성이 검증되었으며(p=0.509), 아버지의 키와 아들의 키가 동일하다는 영가설을 기각하게 되어(t=11.79, p<0.001) 아버지의 키와 아들의 키는 동일하지 않은 것으로 나타났음을 알 수 있다.

3 두 집단 평균차이 검정

한편, 두(독립) 집단의 평균차이 검정의 경우 두 집단은 서로 독립적인 집단으로
서 남성 및 여성 집단 또는 실험 및 통제집단의 경우에 해당된다. 여기서는 두 집
단의 평균차이 검정을 위해 실험집단과 통제집단의 자아존중감 향상 프로그램의
효과를 비교-검정해 보자. 사용할 데이터 repeated1.csv를 먼저 불러오면 다음과
같이 집단 변수(group), 사전 점수(pre), 사후 점수(post), 그리고 사전-사후 차이
점수(diff)가 있음을 알 수 있다.

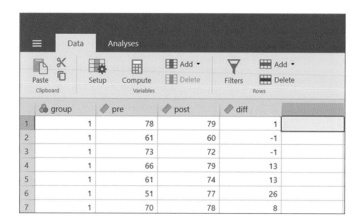

두 집단 평균차이 검정을 위해서는 다음에서 보는 것처럼 메뉴에서 T-Tests >
Independent Samples T-Test를 클릭한다.

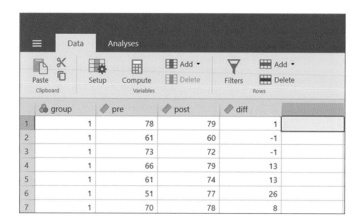

두 집단의 평균차이 검정의 경우 정규성(normality) 가정과 함께 두 집단의 분산의 동일성(equality of variances) 가정이 충족되어야 한다. 먼저, 기술통계량을 살펴보면 두 집단의 차이가 크게 다름을 알 수 있다(9.40 vs. −0.19).

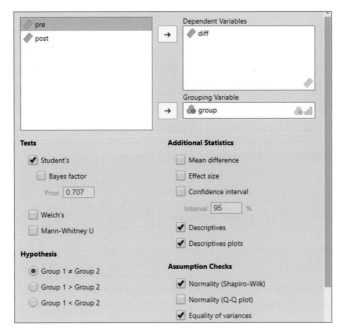

Group Descriptives						
	Group	N	Mean	Median	SD	SE
diff	1	15	9.40	9.00	8.02	2.07
	2	16	−0.19	0.50	5.22	1.30

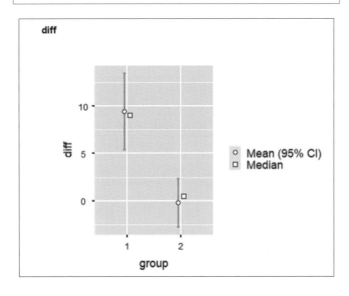

그리고 다음 결과를 보면 정규성 가정이 충족되었으며(W=0.964, p=0.361), 두 집단 간 분산의 동일성 가정 또한 충족되었음을 알 수 있다(F=2.29, p=0.141). 그리고 t-검정 결과 두 집단의 차이가 없다는 영가설을 기각하게 되어(t=3.97, p<0.001) 두 집단의 차이가 동일하지 않음을 알 수 있다. 즉, 실험집단의 효과가 통제집단과 유의하게 다름을 알 수 있다.

Test of Normality (Shapiro-Wilk)

	W	p
diff	0.964	0.361

Note. A low p-value suggests a violation of the assumption of normality

Test of Equality of Variances (Levene's)

	F	df	p
diff	2.29	1	0.141

Note. A low p-value suggests a violation of the assumption of equal variances

Independent Samples T-Test

		statistic	df	p
diff	Student's t	3.97	29.0	< .001

Tip **분산의 동일성 여부에 따른 t값 계산**

• 두 집단의 분산이 동일한 경우

$$t = \frac{(m_1 - m_2)}{\sqrt{s_p^2 \left(\frac{1}{n_1} + \frac{1}{n_2} \right)}}$$

$$s_p = \frac{\sqrt{(n_1 - 1)s_1^2 + (n_2 - 1)s_2^2}}{(n_1 + n_2 - 2)}$$

• 두 집단의 분산이 동일하지 않은 경우*

$$t = \frac{m_1 - m_2}{\sqrt{\frac{s_1^2}{n_1} + \frac{s_2^2}{n_2}}}$$

* 두 집단의 분산이 동일하지 않은 경우 Student's t-test 대신 Welch's t-test를 수행한다.

4 단일집단 비모수 검정

앞서 살펴본 바와 같이 평균차이 검정에는 모집단에 대한 정규분포 가정, 즉 종속변수의 정규성(normality) 가정이 요구되고 있다. 하지만 분석을 하다보면 데이터가 이 가정을 충족하지 못하는 경우가 더러 발생하는데 이 경우 비모수 검정 (nonparametric test)을 실시할 수 있다. **비모수 검정**은 데이터가 한쪽으로 치우쳐 정규분포를 보이지 않거나(skewed), 표본이 작을 때 또는 순서형(ordinal) 데이터인 경우 주로 실시하게 된다(안재형, 2011; Kabacoff, 2015).

단일집단 평균차이 검정(one-sample t-test)과 대응집단 평균차이 검정(paired t-test)에 해당되는 비모수 검정 방법은 Wilcoxon signed-rank test이며, 두 집단 평균차이 검정(two-sample t-test)에 해당되는 비모수 방법은 Wilcoxon rank-sum test인데, 이는 Mann-Whitney U test와 동일하다.

우선, 단일집단 비모수 검정을 위해 어떤 기관의 조직진단 데이터 diag3.csv를 다음과 같이 불러온다.

 그리고 비모수 검정에 앞서 기술통계분석 기능인 Exploration > Descriptives를 활용하여 정규성 검정을 실시하면 다음과 같이 age 변수의 분포가 오른쪽 꼬리가 길게 되어 있어 positively skewed, 즉 정(+)의 방향으로 치우쳐 있음을 알 수 있고(중위수=30), 정규성 검정 결과 정규분포를 이루지 못하고 있음을 알 수 있다 (p<0.001).

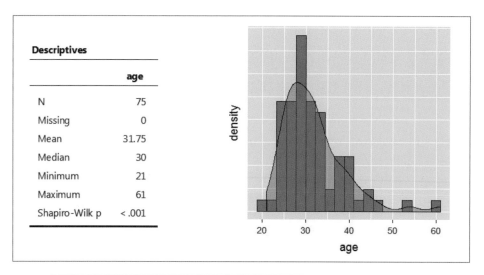

Descriptives

	age
N	75
Missing	0
Mean	31.75
Median	30
Minimum	21
Maximum	61
Shapiro-Wilk p	< .001

Test of Normality (Shapiro-Wilk)

	W	p
age	0.88	< .001

Note. A low p-value suggests a violation of the assumption of normality

 이어서 단일집단 비모수 검정을 다음과 같이 age(연령) 변수를 종속변수로 지정하고 Wilcoxon rank 검정을 선택한다. 그리고 age의 중위수가 30이므로 검정값 (test value)=30으로 입력한다. 그러면 다음에서 보는 바와 같이 모집단의 중위수 연령=30이라는 영가설을 기각하지 못하게 됨을 알 수 있다(p=0.194).

Wilcoxon signed-rank test는 평균의 차이가 0인지 검정하는 t-test와는 달리 자료의 순서를 사용하여 자료의 중위수(median)가 0인지를 검정한다. 즉, 중위수를 기준으로 양수(+)인 데이터와 음수(-)인 데이터의 수가 동일하다면 중위수가 0이 된다(안재형, 2011, p. 59).

5   대응집단 비모수 검정

대응집단 비모수 검정을 위해서는 미국 47개 주의 실업률과 범죄율 등을 다룬 데이터 UScrime.csv를 다음과 같이 불러온다.

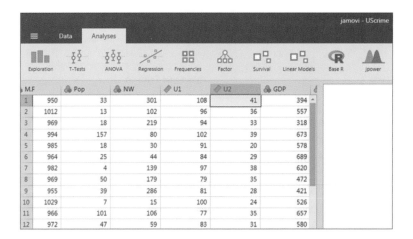

그리고 Paired Samples T-Test 메뉴에서 비교할 두 대응변수, 즉 도시 거주 남성의 실업률을 나타내는 U1(14~24세), U2(35~39세)를 선택한 후 검정에 Wilcoxon rank를 체크한다.

그리고 정규성 검정을 체크하면 다음과 같이 그 결과가 산출되는데, 우선 정규
분포를 이루지 못하고 있는 것으로 나타났다(W=0.94, p=0.020).

Descriptives

	N	Mean	Median	SD	SE
U1	47	95.47	92	18.03	2.63
U2	47	33.98	34	8.45	1.23

Test of Normality (Shapiro-Wilk)

			W	p
U1	-	U2	0.94	0.020

Note. A low p-value suggests a violation of the assumption of normality

이어서 대응집단 비모수 검정 결과 두 집단의 실업률은 서로 유의한 차이가 있
는 것으로 나타났다(p<0.001). 즉, 두 집단의 실업률이 동일하다는 영가설을 기각
하게 된다.

Paired Samples T-Test

			statistic	p	Mean difference	SE difference
U1	U2	Wilcoxon W	1128.00	< .001	60.50	1.90

6   두 집단 비모수 검정

이제 두 집단 비모수 검정을 실시하게 되는데, 여기서는 종속변수의 정규성 가정과 두 집단의 분산 동일성 가정이 충족되어야 한다. 앞서 사용한 분석 데이터 diag3.csv를 불러온다.

여기서는 남성과 여성의 월소득 차이가 유의하게 다른지를 검정하고자 한다. 먼저, 다음과 같이 정규성 검정과 집단 간 분산의 동일성을 검정하면 분석 결과에서 보듯이 집단 간 분산의 동일성은 기각할 수 없지만(p=0.152), 정규성 가정은 기각하게 되어(p<0.001) 정규분포 가정을 충족할 수 없음을 알 수 있다. 따라서 비모수 검정을 실시해야 하므로 분석 대화상자에서 Mann-Whitney U 검정을 체크한다.

Assumptions

Test of Normality (Shapiro-Wilk)

	W	p
m_income	0.82	< .001

Note. A low p-value suggests a violation of the assumption of normality

Test of Equality of Variances (Levene's)

	F	df	p
m_income	2.10	1	0.152

Note. A low p-value suggests a violation of the assumption of equal variances

두 집단 비모수 검정인 Mann−Whitney U 검정 결과 남녀 간 월소득이 동일하다는 영가설을 기각하게 되어(p=0.001) 남녀 간 월소득 차이가 유의하게 다르게 나타났음을 알 수 있다. 앞서 설명한대로 Mann−Whitney U 검정은 Wilcoxon rank−sum 검정과 동일한 분석 방법이다.

Group Descriptives

	Group	N	Mean	Median	SD	SE
m_income	Female	45	150.47	140.00	63.29	9.43
	Male	30	193.83	185.00	73.03	13.33

Independent Samples T-Test

		statistic	p
m_income	Mann-Whitney U	379.00	0.001

09

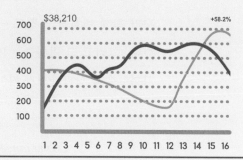

상관분석

1 상관분석

상관분석(correlation analysis)은 두 변수 간의 관계를 분석하는 방법으로 그 관계의 정도를 나타내는 상관계수(correlation coefficient)는 공분산(covariance)—두 변수가 함께 변화하는 정도—을 표준화한 값, 즉 표준편차로 나누어 준 값을 의미한다. 그리고 그 범위는 −1에서 +1이며, 1에 가까울수록 상관관계가 커지며 0에 가까울수록 상관관계가 작아진다고 하겠다.

$$Co\,var\,iance = Cov(X, Y) = \frac{\sum_i^n (X_i - \overline{X})(Y_i - \overline{Y})}{n-1}$$

$$Correlation\ coefficient = r_{xy} = \frac{\sum_i^n (X_i - \overline{X})(Y_i - \overline{Y})}{S_x S_y (n-1)}$$

한편, 상관분석의 유형은 크게 다음과 같이 분류할 수 있다.

- 두 연속변수 간 피어선 상관분석(Pearson product-moment correlation for two quantitative variables)
- 두 서열변수 간 스피어만 상관분석(Spearman correlation for two rank-ordered variables)
- 서열관계에 대한 캔달타우 비모수 검정(Kendall's tau for nonparametric measure of rank correlation)

먼저, 상관분석을 위한 데이터 states.csv를 불러오는데, 이 데이터는 미국 50개 주의 인구, 소득, 문맹률 등을 조사한 데이터이다.

상관분석을 위해서는 메뉴에서 Regression > Correlation Matrix를 클릭한다.

Correlation Matrix 분석 창에서 분석할 변수들을 선택한 후 유의한 상관관계를 표시하도록 체크하며(Flag significant correlations), 상관분석 매트릭스 플롯(Correlation matrix)도 함께 체크한다.

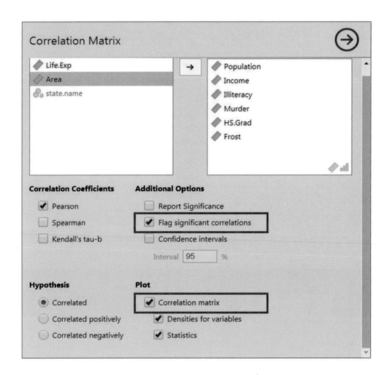

그러면 다음과 같이 상관분석 매트릭스가 만들어진다. 분석 결과 소득이 높을수록 문맹률은 낮아지며(r=−0.44), 문맹률이 높을수록 살인율은 높아지는 것으로 나타났다(r=0.70).

	Population	**Income**	**Illiteracy**	**Murder**	**HS.Grad**	**Frost**
Population	—					
Income	0.21	—				
Illiteracy	0.11	-0.44 **	—			
Murder	0.34 *	-0.23	0.70 ***	—		
HS.Grad	-0.10	0.62 ***	-0.66 ***	-0.49 ***	—	
Frost	-0.33 *	0.23	-0.67 ***	-0.54 ***	0.37 **	—

Correlation Matrix

Note. * p < .05, ** p < .01, *** p < .001

그리고 이어서 상관분석 매트릭스 플롯이 만들어져서 각 변수 간의 상관관계 플롯과 아울러 상관계수도 제시됨을 알 수 있다.

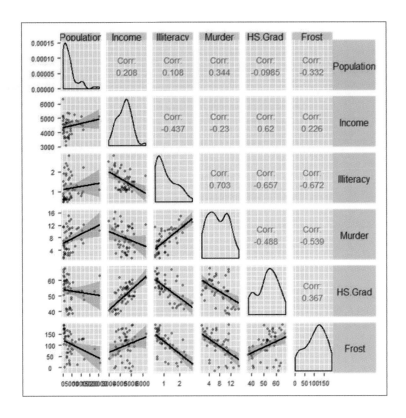

이번에는 attitude.csv 데이터를 활용하여 상관분석을 실시해 보자. 이 데이터는 대형 금융기관의 직원들을 대상으로 업무만족도를 조사한 것으로써 수치가 높을수록 긍정적 반응(퍼센트)을 보이고 있다.

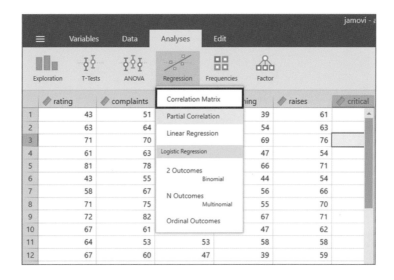

- rating: 전반적인 만족도
- complaints: 직원들의 불만 사항을 해결하는 정도
- privileges: 특별한 혜택을 제공하지 않음   · learning: 학습의 기회 제공
- raises: 성과에 기초한 급여 인상   · critical: 지나치게 엄격함
- advanced: 승진 기회

출처: http://127.0.0.1:24689/library/datasets/html/attitude.html

여기서는 다음 그림과 같이 rating, complaints, privileges, learning, raises, critical, advance를 피어선 상관분석을 실시한다. 그러면 분석 결과에서 보는 것처럼 rating(전반적인 만족도)과 가장 상관관계가 높은 변수는 complaints(불평 및 불만을 해결하는 정도)이며 critical 및 advance와는 가장 상관관계가 낮음을 알 수 있다. 그리고 Correlation matrix를 살펴보면 모든 변수가 서로 긍정적인 상관관계를 보이고 있음을 알 수 있다.

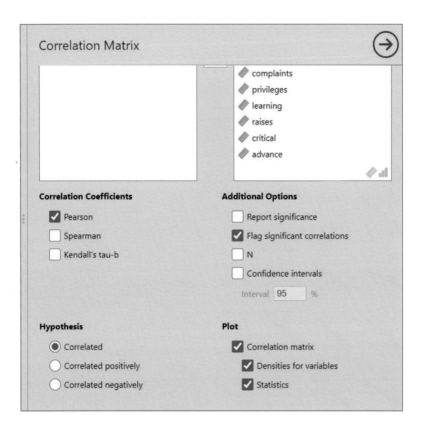

Correlation Matrix

	rating	complaints	privileges	learning	raises	critical	advance
rating	—						
complaints	0.83 ***	—					
privileges	0.43 *	0.56 **	—				
learning	0.62 ***	0.60 ***	0.49 **	—			
raises	0.59 ***	0.67 ***	0.45 *	0.64 ***	—		
critical	0.16	0.19	0.15	0.12	0.38 *	—	
advance	0.16	0.22	0.34	0.53 **	0.57 ***	0.28	—

Note. * p < .05, ** p < .01, *** p < .001

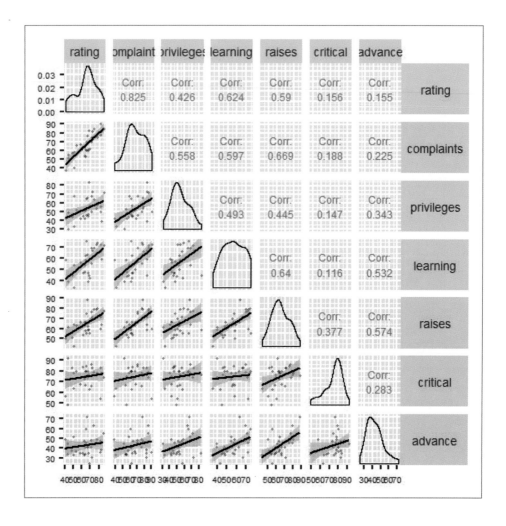

2　부분상관분석 및 준부분상관분석

이번에는 attitude.csv 데이터로 부분상관분석(partial correlation) 및 준부분상관분석(semipartial correlation)을 실시해 보자. 우선, 분석 대화상자에서 rating과 complaints를 변수란에 그리고 raises를 통제변수란에 설정한다. 그리고 상관분석 유형에 Partial(부분상관분석)을 체크한다.

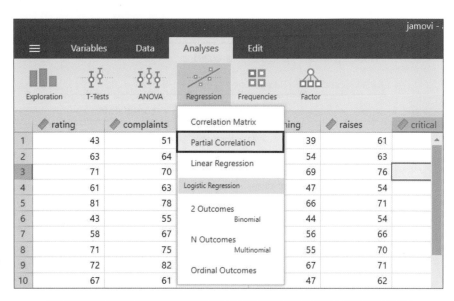

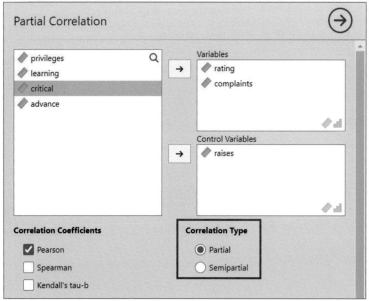

    그러면 다음과 같은 결과가 나타나는데 raises를 통제하지 않은 상태에서는 rating과 complaints의 상관계수가 0.83인 반면에 부분상관분석에서는 raises를 두 변수(rating, complaints)에 각각 통제한 상태—raises를 두 변수 모두에 동일하게 둔 상태—에서 rating과 complaints의 상관계수는 0.72로 나타난다.

Correlation - Pearson's r

	rating	complaints
rating	—	
complaints	0.83 ***	—

Note. * p < .05, ** p < .01, *** p < .001

Partial Correlation - Pearson's r

	rating	complaints
rating	—	
complaints	0.72 ***	—

Note. controlling for 'raises'

Note. * p < .05, ** p < .01, *** p < .001

    이번에는 준부분상관분석(Semipartial correlation)을 실시해 보자. 즉, 동일한 변수(rating, complaints)의 관계에 동일한 변수(raises)를 통제한다고 설정한다. 그러면 다음 결과가 나타나는데, 먼저 rating과 complaints의 상관계수가 0.53인 경우에는 raises가 rating에만 통제를 하는 반면에 rating과 complaints가 0.58인 경우에는 raises가 complaints에만 통제를 하는 경우에 나타나는 결과이다. 즉, 준부분상관분석은 통제변수가 두 변수 중 하나의 변수에만 통제를 하는, 즉 동일하게 두는 부분상관분석 방법이다.

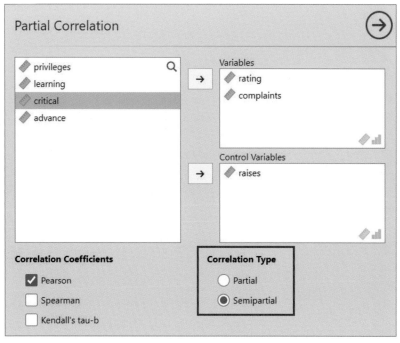

Partial Correlation

privileges
learning
critical
advance

Variables
rating
complaints

Control Variables
raises

Correlation Coefficients

☑ Pearson
☐ Spearman
☐ Kendall's tau-b

Correlation Type

○ Partial
◉ Semipartial

Partial Correlation - Pearson's r

	rating	complaints
rating	—	
complaints	0.72 ***	—

Note. controlling for 'raises'
Note. * p < .05, ** p < .01, *** p < .001

Semipartial Correlation - Pearson's r

	rating	complaints
rating	—	0.58 ***
complaints	0.53 **	—

Note. controlling for 'raises'
Note. * p < .05, ** p < .01, *** p < .001
Note. variation from the control variables is only removed from the variables in the columns

10

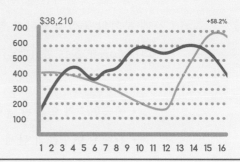

$38,210   +58.2%

700
600
500
400
300
200
100

1 2 3 4 5 6 7 8 9 10 11 12 13 14 15 16

회귀분석

1 | **회귀분석의 의미와 최소제곱회귀모형**

회귀분석(regression)은 하나 이상의 독립변수로부터 종속변수를 예측하는 방법을 일컫는 포괄적인 분석방법을 의미한다. 그리고 회귀분석은 여러 측면에서 통계 분석의 중심에 있다고 할 수 있으며, 일반적으로 다음과 같은 목적으로 활용된다(Kabacoff, 2015, p. 167).

- 종속변수와 연관된 독립변수를 발견
- 관련된 변수들의 관계 형태(the form of relationships)를 서술
- 독립변수로부터 종속변수를 예측하는 방정식(equation)을 제시

회귀분석모형의 유형

- 일반선형모형/최소제곱회귀모형[general linear regression or ordinary least squares(OLS) regression]
- 일반화 선형모형(예, 로지스틱 회귀분석, 포아송 회귀분석)
- 비선형회귀모형

Tip **독립변수에 대한 다른 이름**

예측변수(predictors) 또는 설명변수(explanatory variables)가 있으며, 종속변수는 반응변수(response variable), 준거변수(criterion variable), 또는 결과변수(outcome variable)라고도 부른다.

1) 최소제곱회귀모형(OLS regression)

회귀모형에서 종속변수는 가중치가 부여된 예측변수들(weighted sum of predictor variables)로부터 예측된다. 여기서 **가중치**란 데이터로부터 추정된 모수, 즉 추정계수(parameters)를 의미한다. 다음 회귀식에서 $\hat{\beta}_0$, $\hat{\beta}_j$ 등은 추정계수에 해당된다.

$$\hat{Y}_i = \hat{\beta}_0 + \hat{\beta}_1 X_{1i} + \cdots + \hat{\beta}_k X_{ki} \ (i = 1 \cdots n)$$

$\hat{Y}_i$: 관측치 i에 대한 종속변수 예측값(구체적으로 어떤 일련의 독립변수들의 예측치를 기준으로 종속변수 분포의 추정된 평균을 의미한다)

X_{ji}: 관측치 i에 대한 j번째 독립변수값

$\hat{\beta}_0$: 절편(intercept), 즉 모든 독립변수가 제로일 때 종속변수의 예측값

$\hat{\beta}_j$: 회귀계수(기울기), 즉 독립변수가 한 단위 변화할 때 변화되는 종속변수의 값(slope representing the change in Y for a unit change in X_i)

회귀식에서 우리가 구하고자 하는 것은 종속변수의 실제값(actual response values)과 회귀모형에 의한 추정(예측)값(those predicted by the model) 간의 차이를 최소화할 수 있는 모형의 계수(parameters), 즉 절편과 기울기를 구하는 것이다. 즉, 실제값과 예측값의 차이를 의미하는 오차[errors, 오차의 측정값(measurements of errors)을 잔차(residuals)라고 부른다.]의 제곱합(sum of squared residuals)을 최소화하도록(minimize) 모형의 계수를 구하는 것이다. 이것이 바로 최소제곱회귀모형(OLS regression)이다(Kabacoff, 2015, p. 171).

$$\sum_{i=1}^{n} (Y_i - \hat{Y}_i)^2 = \sum_{i=1}^{n} (Y_i - \{\hat{\beta}_0 + \hat{\beta}_1 X_{1i} + \cdots + \hat{\beta}_k X_{ki}\})^2 = \sum_{i=1}^{n} \varepsilon_i^2$$

다음 [그림 10-1]은 독립변수(speed)와 종속변수(dist)의 선형관계를 보여 주는 산점도이다. 이때 [그림 10-2]에서 보듯이 선형관계를 설명하려는 회귀선에 의해 설명되지 못하는 오차가 있음을 알 수 있으며, 이 회귀선은 독립변수와 종속변수의 평균을 통과하는 선이다. 한편, [그림 10-3]과 [그림 10-4]를 비교해 보면 독립변수와 종속변수의 관계를 설명하려는 선(lines) 중에서 [그림 10-4]의 회귀선(regression line)은 그 계수(절편과 기울기)가 최선의, 즉 최소의 오차제곱합(mean squared errors)을 제공하기 때문에 이를 'best fit line'이라고 부르기도 하고 'least squares line'이라고도 부른다. 요약하면 회귀선, 즉 최소제곱선(least squared line)은 데이터를 지나는 모든 선(all lines) 중에서 평균오차(root mean squared error: RMSE)를 최소화하는 선(line)이다.

Tip   **오차의 추정**

- 오차(error) = 실제값 − 예측값 = $(Y_i - \hat{Y}_i)$
- 오차는 긍정(+)의 값과 부정(−)의 값이 있다. 따라서
  - 오차가 서로 상쇄되지 않도록 제곱: $(Y_i - \hat{Y}_i)^2$
  - 제곱한 오차의 대표값(평균)을 구하기 위해: $\sum (Y_i - \hat{Y}_i)^2 / (n-2)$
  - 단위 문제를 해소하기 위해 제곱근을 하면: $\sqrt{\sum (Y_i - \hat{Y}_i)^2 / (n-2)}$
- 이를 평균오차(root mean squared error: RMSE)라고 부른다.

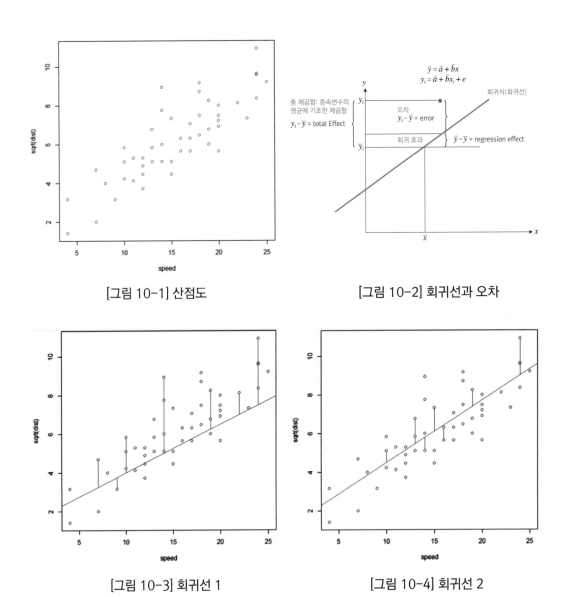

[그림 10-1] 산점도   [그림 10-2] 회귀선과 오차

[그림 10-3] 회귀선 1   [그림 10-4] 회귀선 2

2 회귀분석의 실행

앞에서 설명한 회귀분석의 의미를 생각하며 회귀분석을 실행해 보자. 먼저, 회 귀분석을 위한 데이터 cars.csv를 불러오는데, 이 데이터는 자동차의 속도(speed) 와 정지거리(dist)에 대한 데이터이다.

메뉴에서 Regression > Linear Regression을 선택한다.

회귀분석에 앞서 두 변수의 상관분석을 실시해 본다.

speed와 dist의 상관관계가 0.807로 매우 높은 정(+)의 관계를 보이고 있다.

Correlation Matrix

Correlation Matrix

		speed	dist
speed	Pearson's r	—	0.807
	p-value	—	< .001
dist	Pearson's r		—
	p-value		—

　이제 다음과 같이 독립변수(speed)와 종속변수(dist)를 설정하면 회귀분석 결과가 나타난다. 분석 결과에서 보듯이 전반적인 회귀모형의 통계적 유의성 검정(Overall Model Test) 결과 회귀모형은 유의한 것으로 나타났으므로(F=89.6, p<0.001) 회귀모형이 종속변수를 설명함에 있어 유의한(적합한) 모형임을 보여준다. 그리고 회귀모형의 설명력을 나타내는 결정계수, 즉 $R^2=0.651$로 회귀모형이 종속변수 분산의 65.1%를 설명하는 것으로 나타났다. 또한 독립변수(speed)의 회귀계수 B=3.93으로 통계적으로 유의하게 나타났으며(t=9.46, p<0.001), 속도(speed)가 한 단위(마일) 증가할수록 정지거리(dist)는 3.93(피트)만큼 증가하는 것으로 나타났다. 끝으로 평균잔차(RMSE)는 15.1로 나타나 회귀모형으로 종속변수를 추정함에 있어 평균적으로 15.1만큼 오차가 있음을 알 수 있다.

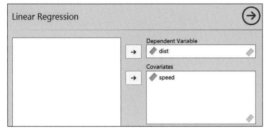
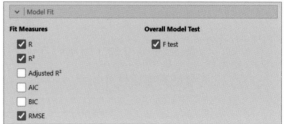

Linear Regression

Model Fit Measures

Model	R	R^2	RMSE	Overall Model Test			
				F	df1	df2	p
1	0.807	0.651	15.1	89.6	1	48	<.001

Model Specific Results Model 1

Model 1

Model Coefficients

Predictor	Estimate	SE	t	p
Intercept	-17.58	6.758	-2.60	0.012
speed	3.93	0.416	9.46	<.001

이제 모형이 회귀분석의 가정을 충족하고 있는지 살펴보자. 회귀모형은 우선적으로 종속변수가 정규분포를 이루어야 하며, 독립변수와 종속변수의 관계가 선형관계를 보여야 한다.

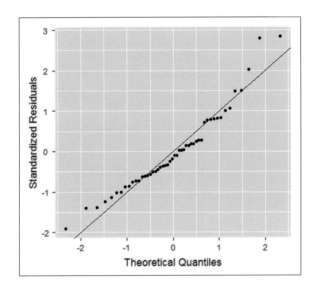

먼저, 종속변수의 정규성 검정을 위해 다음 결과에서 제시된 잔차의 정규성 검정(Q-Q Plot of residuals) 플롯을 보면 정규분포를 보인다고 하기가 어려워 보인다. 보다 구체적인 검정을 위해 Shapiro-Wilk 검정을 포함한 정규분포 검정 결과를 보면(p=0.022) 대체로 정규분포를 이루고 있지 못함을 알 수 있다. 참고로 정규분포에 대한 추가적인 검정은 'moretests' 모듈을 설치하면 된다.

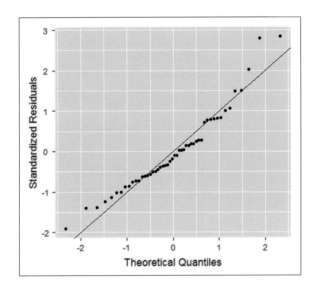

Assumption Checks

Normality Tests

	Statistic	p
Shapiro-Wilk	0.95	0.022
Kolmogorov-Smirnov	0.13	0.371
Anderson-Darling	0.79	0.037

Note. Additional results provided by *moretests*

그리고 선형관계 검정(test of linear relationship)을 위해 Residuals plot을 다음과 같이 만들어 보면 잔차(Residuals)와 예측치(Fitted) 간에 어떤 체계적인 관계를 보이지 않으므로 선형관계가 검증되었다고 할 수 있다.

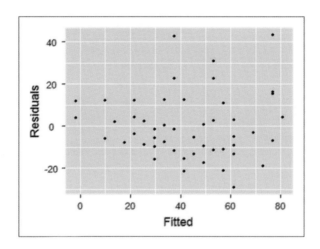

그리고 두 변수 간의 산점도와 회귀선을 다음과 같이 만들어 볼 수 있다.

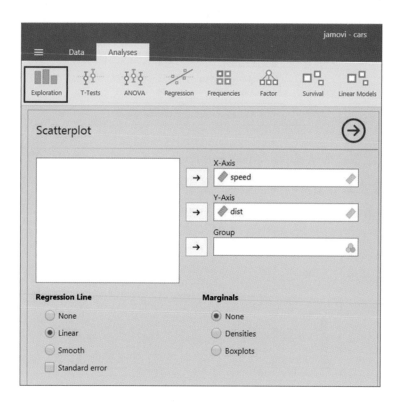

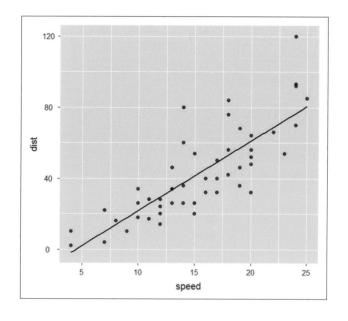

3 회귀모형의 진단

일반적으로 회귀모형의 분석 결과로 제시되는 통계치만으로는 그 분석모형이 적절한지 알 수 없다. 왜냐하면 분석 결과에 기초한 회귀모형으로부터의 추론에 대한 확신은 분석한 회귀모형, 즉 OLS 모형이 어느 정도 통계적 가정을 충족하고 있느냐에 달려 있기 때문이다(Kabacoff, 2015).

이것이 중요한 이유는 부적절한 데이터나 독립변수와 종속변수 간의 잘못된 관계 설정은 결과적으로 적합하지 못한 모형, 즉 오류가 있는 모형을 만들 수 있으며, 적합하지 않은 모형도 통계적으로 유의하게 나타날 수 있기 때문이다. 따라서 모형분석(fitting the model)은 회귀분석의 첫 단계에 해당된다고 하겠다.

그러므로 OLS 모형의 계수(coefficients)를 바르게 해석하기 위해서는 몇 가지 통계적 가정(statistical assumptions)을 충족해야 하는데, 이는 〈표 10-1〉과 같이 정리할 수 있다(Kabacoff, 2015, pp. 183-184). 만약 이러한 가정을 위배한다면 통계적 검정 결과와 추정된 신뢰구간은 정확하지 않을 수 있다.

〈표 10-1〉 회귀모형의 통계적 가정

통계적 가정	
정규성(normality)	종속변수가 정규분포를 이루면 잔차는 정규분포가 된다(평균=0).
독립성(independence)	종속변수는 서로 독립적이어야 하며, 수집된 데이터에 대한 이해가 필요하다.
선형성(linearity)	종속변수가 독립변수와 선형관계를 보이면 잔차와 예측치 간에 어떤 체계적인 관계를 보이지 않는다.
등분산성 (homoscedasticity)	종속변수의 분산이 독립변수의 수준에 따라 달라져서는 안 된다(constant variance).

앞서 설명한대로 오차의 측정값인 **잔차**(residuals)는 관측치(observed values)와 예측치(fitted values)의 차이이다. 적합한 모형에서 나온 잔차는 정규분포를

따라야 하고, 그 분산이 독립변수의 수준에 따라 다르지 않고 일정하며(constant variance), 선형관계를 위해 잔차와 예측치 간에는 어떤 특별한 패턴을 보이지 않아야 한다. 잔차는 관측치와 예측치의 차이로서 어떤 의미 있는 정보를 가져서는 곤란하며, 모형에 의해 설명되고 남은 것(residuals)에 해당된다. 만약 잔차가 어떤 특정한 추세를 보인다면 모형에 포함되어야 할 (중요한) 정보가 누락되었다는 증거라고 할 수 있으며, 좋은 모형이라고 할 수 없다(안재형, 2011, p. 96).

우선 R 프로그램을 이용해서 회귀진단을 위한 플롯을 만들어 보자.

```
> out <- lm(dist ~ speed, data=cars)
> par(mfrow=c(2,2))  # 화면 분할 기능
> plot(out)
```

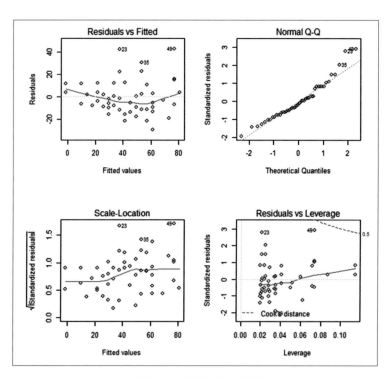

[그림 10-5] 회귀진단 플롯

이제 구체적으로 회귀분석의 통계적 가정을 하나씩 살펴보자.

1) 정규성(Normality)

종속변수가 독립변수에 대해 정규분포를 이룬다면 잔차의 값들은 평균이 0인 정규분포를 이루어야 한다. 정규 Q-Q 플롯은 정규분포하에서 기대되는 값에 대해 표준화된 잔차의 확률 플롯이다. 이 정규분포 가정을 충족하게 된다면 이 플롯의 데이터(점)들은 모두 45도 선위에 위치해야 한다. 여기서는 정규분포의 가정을 위반한 것으로 보인다.

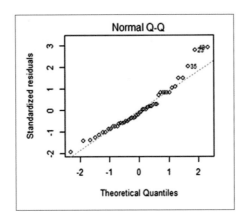

정규분포의 가정에 대한 검정을 위해 좀 더 구체적인 Normal Q-Q Plot을 만들어 보면 앞의 그림보다 잔차가 정규분포를 따른다고 보기 어렵다는 점이 좀 더 명확하게 나타난다.

```
> qqnorm(resid(out))
> qqline(resid(out))
```

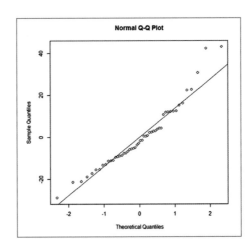

이번에는 구체적으로 잔차의 정규성 검정을 위해 Shapiro-Wilk 검정을 실시해 보자. 다음 분석 결과에서 보듯이 정규성 검정 결과 정규분포를 이룬다는 영가설을 기각하게 되어($p=0.021$) 잔차가 정규분포를 이루지 못함을 알 수 있다.

> shapiro.test(resid(out))

```
> shapiro.test(resid(out))  # 정확한 p-value 제시

        Shapiro-Wilk normality test

data:  resid(out)
W = 0.94509, p-value = 0.02152

> |
```

2) 독립성(Independence)

앞에서 본 [그림 10-5]에서는 종속변수의 값들이 서로 독립적인지 알 수 없다. 일반적으로 종속변수의 독립성을 알기 위해서는 데이터가 어떻게 수집되었는가를 이해해야 한다. 즉, 데이터가 어떻게 수집되었는가를 이해하는 것이 종속변수와 그 잔차(residuals)가 서로 독립적인지 이해할 수 있는 최선의 방법이 된다. 예를 들어, 어떤 자동차의 정지거리(stopping distance)가 또 다른 자동차의 정지거리에 영향을 준다는 사전적인 이유가 없다면 데이터는 독립적이라 할 수 있다. 하지만 동일한 회사의 동일한 모델로부터 수집된 데이터라면 독립성 가정을 조정할 필요가 있을 것이다(Kabacoff, 2015, p. 183).

Tip 　잔차의 독립성(independence of errors)

예를 들어, 시계열 데이터의 경우 종종 자기상관관계(autocorrelation)를 보인다. 즉, 시간적으로 인접한 관찰치들은 시간적으로 멀리 떨어져 있는 관찰치보다 서로 더 높은 상관관계를 보인다. R의 'car' 패키지에는 이러한 자기상관관계 오류를 발견하는 Durbin-Watson 검정 기능이 있다.

> library(car)
> durbinWatsonTest(out)

```
> library(car)
> durbinWatsonTest(out)
 lag Autocorrelation D-W Statistic p-value
   1       0.1604322      1.676225    0.184
 Alternative hypothesis: rho != 0
> |
```

통계적으로 유의하지 않은 p값(p=0.184)을 보면 자기상관관계가 없는, 즉 잔차의 독립성을 알 수 있다.

이 검정은 시간의존적인 데이터(time-dependent data)인 경우 적절하지만 그렇지 않은 데이터일 경우 적합하지 않다고 하겠다. durbinWatsonTest는 p값을 구하기 위해 부트스트래핑(bootstrapping) 방법을 사용하기 때문에 simulate=FALSE 옵션을 사용하지 않는 이상 검정할 때마다 약간씩 다른 값을 산출한다(Kabacoff, 2015, p. 190).

3) 선형관계(Linearity)

종속변수가 독립변수와 선형관계를 보인다면 잔차(residuals)와 예측치(fitted or predicted values) 간에는 어떤 체계적인 관계가 없어야 한다. 즉, 모형은 데이터의 모든 체계적인 분산을 포괄할 수 있어야 하며 남아 있는 것은 다만 랜덤분산이어야 하는 것이다. 다음 플롯에서는 별다른 체계적인 관계가 보이지 않는다.

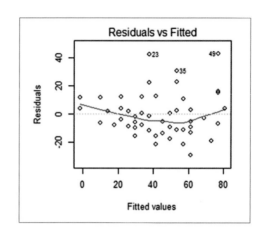

4) 등분산성(Homoscedasticity, constant variance of residuals)

잔차의 등분산성을 충족하려면 데이터의 값들은 수평선을 중심으로 (어떤 특정한 모형이 없는) 랜덤 형태(random band around a horizontal line)로 나타나야 하는데 이 가정은 대체로 충족된 것으로 보인다. 즉, 잔차의 분산이 독립변수의 수준에 따라 다르지 않고 동일해야 한다는 가정이 성립된 것으로 보인다.

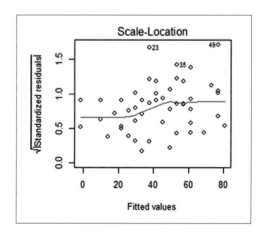

마지막으로 잔차와 레버리지 그래프는 주의 깊게 관찰해야 할 개별 데이터값들에 대한 정보를 제공한다. 이 그래프는 이상치, 높은 레버리지값 그리고 영향력 있는 관찰값들을 발견할 수 있도록 한다(Kabacoff, 2015, pp. 184–185).

> **요약**
>
> - **이상치**(outlier)는 회귀모형에 의해 잘 예측되지 않는 관찰값을 말하며 표준화 잔차(standardized residuals)가 큰 경우에 해당 된다(보통 ±2.0보다 큰 경우).
> - 높은 **레버리지값**(high leverage vlaue)을 가진 관찰값은 특이한 예측변수의 값(unusual combination of predictor values)으로 구성된다. 즉, 독립변수 측면에서 이상치를 말하며 레버리지를 계산하는데 종속변수는 사용되지 않는다. 레버리지는 hat값으로 나타내며 평균보다 2~3배 크면 높은 값이다.
> - **영향력 있는 관찰값**(influential observation)은 모형의 계수(model parameters)를 결정하는데 특이한 영향(disproportionate impact)을 주는 값을 말하며, Cook's distance 통계치로 파악될 수 있다(보통 ±1.0 이상).

다음 그림에서는 23번과 49번 케이스가 이상치에 해당되는 점을 제외하고는 특이사항이 없다고 하겠다.

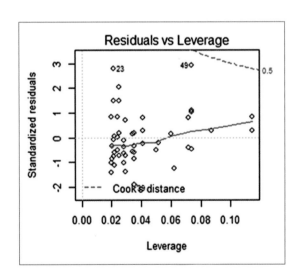

5) 선형모형의 가정에 대한 종합적 검정

R 패키지 'gvlma'를 활용하여 선형모형의 가정에 대한 전반적인 검정(global validation of linear model assumptions)을 실시할 수 있다.

```
> library(gvlma)

> gvmodel <- gvlma(out)

> summary(gvmodel)
```

```
ASSESSMENT OF THE LINEAR MODEL ASSUMPTIONS
USING THE GLOBAL TEST ON 4 DEGREES-OF-FREEDOM:
Level of Significance = 0.05

Call:
 gvlma(x = out)


                      Value  p-value                     Decision
Global Stat          15.801 0.003298 Assumptions NOT satisfied!
Skewness              6.528 0.010621 Assumptions NOT satisfied!
Kurtosis              1.661 0.197449  Assumptions acceptable.
Link Function         2.329 0.126998  Assumptions acceptable.
Heteroscedasticity    5.283 0.021530 Assumptions NOT satisfied!
>
```

gvlma 기능은 선형모형의 가정에 대한 종합적 검정 기능을 가지고 있으며, 또한 왜도, 첨도 및 등분산성에 대한 검정 기능도 갖추고 있다. 다시 말하면, 모형의 가정에 대한 단순화된 종합 검정 결과를 제시한다.

이 분석 결과 중 Global Stat을 보면 전반적으로 OLS 회귀모형의 통계적 가정을 충족하고 있지 않음을 알 수 있다(p=0.003). 구체적으로 왜도(skewness)와 등분산성에서 가정을 충족시키지 못하고 있음을(p=0.010, p=0.021) 보여 준다. 따라서 우선적으로 정규분포의 가정을 위반하고 있는 문제를 해결해 보자.

4　　종속변수의 변환

　일반적으로 종속변수가 정규분포를 이루지 못할 경우에는 종속변수를 로그(log)나 제곱근(sqrt)으로 변환하는(transform) 것이 일반적이다(안재형, 2011).

　다음 R을 이용하여 종속변수 변환 결과를 보면 Rounded Pwr=0.5로 나타나 종속변수를 제곱근으로, 즉 $dist^{0.5}$하는 것이 적절해 보인다. 왜냐하면 lambda=0(로그 변환)과 lambda=1(변환하지 않는 것) 가설이 각각 기각됨으로서(p=0.0006, p=0.004) 제곱근으로 변환하는 것을 강하게 뒷받침하고 있음을 알 수 있다(〈표 10-2〉 참조).

> library(car)
> summary(powerTransform(cars$dist))

```
> library(car)
필요한 패키지를 로딩중입니다: carData
> summary(powerTransform(cars$dist))
bcPower Transformation to Normality
          Est Power Rounded Pwr Wald Lwr Bnd Wald Upr Bnd
cars$dist    0.4951         0.5       0.1816       0.8085

Likelihood ratio test that transformation parameter is equal to 0
 (log transformation)
                          LRT df     pval
LR test, lambda = (0) 11.671  1 0.000635

Likelihood ratio test that no transformation is needed
                         LRT df    pval
LR test, lambda = (1) 8.2987  1 0.00397
> |
```

〈표 10-2〉 종속변수 변환의 유형

람다(λ)	-2	-1	-0.5	0	0.5	1	2
변환	$1/Y^2$	$1/Y$	$1/\sqrt{Y}$	$log(Y)$	$\sqrt{Y}$	None	Y^2

(Kabacoff, 2015, p. 199)

이러한 분석 결과를 바탕으로 종속변수인 dist를 다음과 같이 데이터 메뉴에서 제곱근으로 변환해서 분석해 보자.

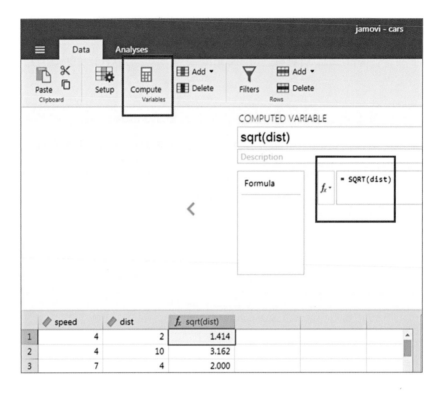

그러면 기존의 dist 변수 외 sqrt(dist)가 새로 만들어졌음을 알 수 있다.

	speed	dist	fx sqrt(dist)		
1	4	2	1.414		
2	4	10	3.162		
3	7	4	2.000		
4	7	22	4.690		
5	8	16	4.000		
6	9	10	3.162		
7	10	18	4.243		
8	10	26	5.099		
9	10	34	5.831		
10	11	17	4.123		

이제 변환된 종속변수로 회귀분석을 실행하면 다음과 같은 결과가 나타난다. $R^2=0.71$로 나타나 원 모형($R^2=0.65$)보다 설명력이 높아졌음을 알 수 있다. 독립변수(speed)의 회귀계수는 0.32로 통계적으로 유의하게 나타났으며($t=10.83$, $p<0.001$), 전반적인 회귀모형 역시 유의한 것으로 나타났다($F=117.18$, $p<0.001$). 그리고 평균오차(RMSE)는 현저하게(15.1에서 1.08로) 감소하였음을 알 수 있다.

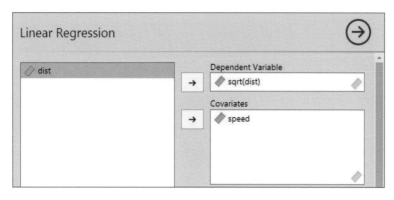

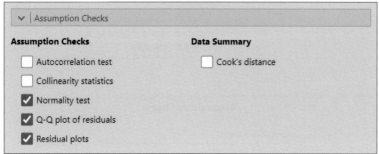

Linear Regression

Model Fit Measures

Model	R	R²	RMSE	Overall Model Test			
				F	df1	df2	p
1	0.84	0.71	1.08	117.18	1	48	< .001

Model Specific ResultsModel 1

Model 1

Model Coefficients

Predictor	Estimate	SE	t	p
Intercept	1.28	0.48	2.64	0.011
speed	0.32	0.03	10.83	< .001

그리고 다음 정규성 검정 결과 Q-Q Plot of residuals는 정규분포를 보이고 있으며, Shapiro-Wilk 검정 결과(p=0.314)를 포함한 정규분포 검정 결과 정규분포를 보이고 있음을 나타내고 있다. 그리고 잔차의 등분산성 검정 결과 역시 모두 등분산성을 보이고 있음을 알 수 있다(p>0.5). 여기서는 'moretests'라는 모듈을 설치하여 정규분포 검정과 등분산성 검정 결과를 추가로 제시할 수 있게 되었다.

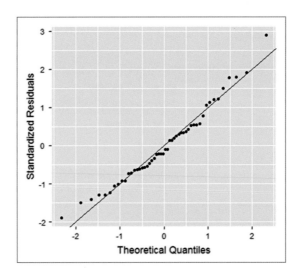

Assumption Checks

Normality Tests

	Statistic	p
Shapiro-Wilk	0.97	0.314
Kolmogorov-Smirnov	0.09	0.836
Anderson-Darling	0.40	0.355

Note. Additional results provided by *moretests*

Heteroskedasticity Tests

	Statistic	p
Breusch-Pagan	0.01	0.916
Goldfeld-Quandt	0.83	0.666
Harrison-McCabe	0.55	0.694

Note. Additional results provided by *moretests*

다음 산점도와 회귀선도 종속변수를 변환하기 이전의 원 모형(왼쪽 그림)보다 데이터의 분산이 작고 회귀선은 데이터를 보다 잘 설명하는 것으로 보인다.

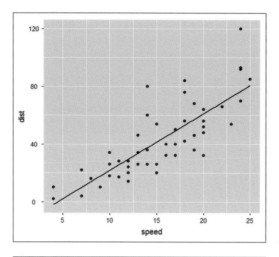

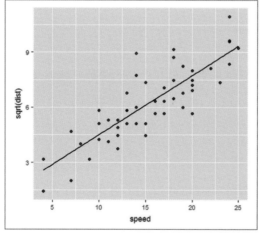

5   다중회귀분석

독립변수가 1개인 단순회귀분석에 비해 다중회귀분석(multiple regression) 또는
다변수회귀분석(multivariable regression)은 독립변수가 2개 이상인 경우의 회귀분
석을 의미한다. 어떤 사회현상이나 관계를 설명하거나 예측하고자 하는 경우에는
대체로 독립변수를 2개 이상 포함하는 것이 일반적이다.

> 다중회귀모형에 포함할 독립변수들을 선정할 때 일반적인 기준은 다음과 같다.
>
> • 각 독립변수는 종속변수와 상관관계가 높아야 한다.
> • 선택된 독립변수들 간에는 상관관계가 낮아야 한다.
> • 모형은 간명성의 원칙(parsimonious model)을 따른다.
>
> (안재형, 2011, pp. 109-110).

독립변수들 간의 상관관계가 높다는 것은 중복된 정보를 모형에 포함시키는 의
미로 변수의 낭비를 의미할 뿐만 아니라 다중공선성(multicollinearity)의 문제를 야
기할 수 있다.

여기에 사용할 데이터 states.csv는 미국의 50개 주의 인구, 소득, 문맹률, 살인
율 등에 대한 데이터이다.

- Population: 주 인구(단위, 1000명)
- Income: 인구 1인당 소득
- Illiteracy: 문맹률(인구대비 %)
- Murder: 인구 100,000명당 살인(치사)율
- Frost: 온도가 영하로 내려가는 연중 평균일 수(days)

먼저 관심 있는 변수들의 상관분석을 실시하면 다음과 같은 결과를 얻게 되는데 포함된 변수들의 상관관계가 비교적 높은 것으로 나타났다.

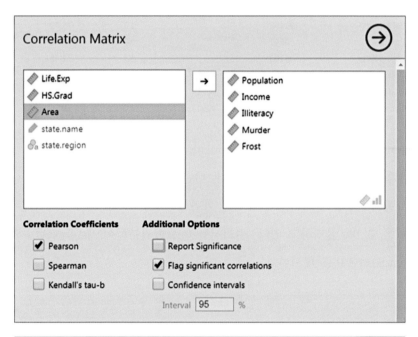

Correlation Matrix

Correlation Matrix

	Population	Income	Illiteracy	Murder	Frost
Population	—	0.208	0.108	0.344 *	-0.332 *
Income		—	-0.437 **	-0.230	0.226
Illiteracy			—	0.703 ***	-0.672 ***
Murder				—	-0.539 ***
Frost					—

Note. * p < .05, ** p < .01, *** p < .001

이제 다음과 같이 회귀분석을 실시해 보자.

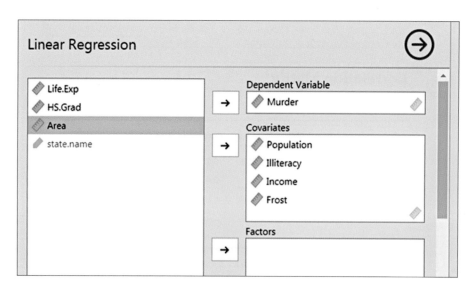

이제 Murder를 종속변수로 하고 Population, Illiteracy, Income, Frost를 독립변수로 투입하여 회귀분석을 실행해 보자. 다음 분석 결과를 보면 회귀모형은 전반적으로 종속변수를 설명하는데 유의한 회귀모형(F=14.7, p<0.001)이며 종속변수의 분산을 52.8% 설명하고 있다. 여기서는 다중회귀분석이므로 독립변수의 수를 고려한 adjusted R^2를 제시한다.

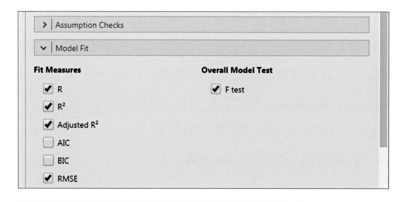

Linear Regression

Model Fit Measures

Model	R	R²	Adjusted R²	RMSE	Overall Model Test			
					F	df1	df2	p
1	0.753	0.567	0.528	2.405	14.729	4	45	< .001

이어서 모형의 계수를 살펴봄에 있어 표준화 계수를 포함하도록 체크한다.

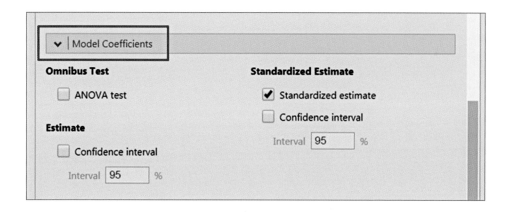

　　모형에 투입된 4개의 독립변수 중에서 Population과 Illiteracy만 통계적으로 유의하게 나타났다. 다른 변수들을 통제한 상태에서 인구가 많을수록 살인율은 증가하며, 마찬가지로 문맹률이 증가할수록 살인율은 증가하는 것으로 나타났다. 즉, 문맹률이 1% 증가할수록 살인율은 인구 100,000명당 4.1만큼 증가하는 것으로 나타났다. 그리고 표준화 계수를 비교할 때 Illiteracy(0.684)가 Population(0.271)보다 영향력이 더 큰 것으로 나타났다.

Model Coefficients

Predictor	Estimate	SE	t	p	Stand. Estimate
Intercept	1.235	3.866	0.319	0.751	
Population	2.237e-4	9.052e-5	2.471	0.017	0.271
Income	6.442e-5	6.837e-4	0.094	0.925	0.011
Illiteracy	4.143	0.874	4.738	< .001	0.684
Frost	5.813e-4	0.010	0.058	0.954	0.008

6 다중공선성 및 모형진단

　회귀분석의 통계적 가정과 직접 관련된 것은 아니지만 다중회귀분석 결과를 해석할 때 유의해야 할 내용이 바로 다중공선성(multicollinearity)이다. 예를 들어, 아동의 어휘력에 대한 연구에서 독립변수로 신발 크기와 나이를 포함하고 있다고 할 때 이 모형의 전반적인 설명력을 말해 주는 F–test의 결과는 p<0.001로 유의하게 나왔지만 신발 크기와 나이(age)의 개별 회귀계수는 유의하지 않음을 발견할 수 있다(즉, 어떤 독립변수도 종속변수와 통계적으로 유의하게 연관되지 않게 나온다).

　문제는 신발 크기와 나이는 거의 완벽하게 상관관계를 이루고 있다는 것이다. 각 회귀계수는 다른 모든 독립변수를 통제한(동일하게 둔) 상태에서 한 독립변수가 종속변수에 미치는 영향력을 측정하는 것이다. 즉, 나이를 통제한 상태에서 어휘력과 신발 크기의 관계를 본 것이다. 이 문제가 바로 다중공선성이며 이로 인해 계수의 신뢰구간이 커져서 각 회귀계수의 올바른 해석을 어렵게 만든다(Kabacoff, 2015).

　이제 R의 'car' 패키지 vif( ) 기능을 이용하여 모형의 다중공선성(multicollinearity)을 검정해 보자.

```
> library(car)
> fit <- lm(Murder ~ Population + Illiteracy + Income + Frost, data=states)
> vif(fit)
> sqrt(vif(fit))
```

```
> library(car)
> vif(fit)
Population Illiteracy      Income      Frost
  1.245282    2.165848    1.345822    2.082547
> sqrt(vif(fit)) > 2 # Problem?
Population Illiteracy      Income      Frost
     FALSE       FALSE       FALSE      FALSE
> sqrt(vif(fit))
Population Illiteracy      Income      Frost
  1.115922    1.471682    1.160096    1.443103
> |
```

다중공선성을 나타내는 통계치가 바로 분산팽창요인(variance inflation factor: VIF)이다. 각 독립변수의 VIF의 제곱근은 각 변수의 회귀계수 신뢰구간이 서로 상관이 없는 독립변수들로 구성된 모형에 비해서 팽창/확대(expanded)되는 정도를 나타낸다. 일반적으로 VIF의 제곱근의 값이 2보다 크게 되면($\sqrt{VIF} > 2$) 다중공선성의 문제가 있음을 나타낸다(Kabacoff, 2015, p. 194). 따라서 앞의 결과를 보면 독립변수들의 다중공선성 문제는 없음을 알 수 있다.

이제 jamovi에서 회귀모형의 가정을 충족하는지 살펴보자. 다음 결과를 보면 Q-Q plot of residuals를 통해 잔차의 정규성 가정을 크게 벗어나지 않은 것으로 보여 정규분포 가정을 충족한다고 할 수 있다. 이는 Shapiro-Wilk 검정(p=0.667)을 포함한 잔차의 정규성 검정 결과에서 확인할 수 있다. 그리고 등분산성 검정과 잔차의 독립성 검정 결과를 보면 대체로 p > 0.05로 나타나 가정이 충족된 것으로 나타났음을 알 수 있다.

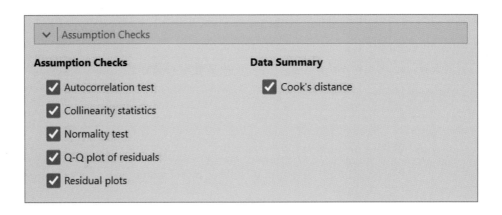

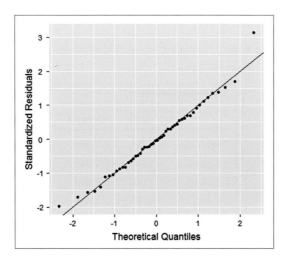

Normality Tests

	Statistic	p
Shapiro-Wilk	0.983	0.667
Kolmogorov-Smirnov	0.0438	1.000
Anderson-Darling	0.127	0.983

Note. Additional results provided by *moretests*

Heteroskedasticity Tests

	Statistic	p
Breusch-Pagan	10.6	0.031
Goldfeld-Quandt	0.970	0.526
Harrison-McCabe	0.513	0.531

Note. Additional results provided by *moretests*

Durbin–Watson Test for Autocorrelation

Autocorrelation	DW Statistic	p
-0.201	2.32	0.262

그리고 Collinearity statistics를 통해 독립변수 간의 다중공선성을 살펴보면 VIF의 제곱근이 모두 2.0 이하로 나타나 다중공선성에 문제가 없는 것으로 나타났다.

Collinearity Statistics

	VIF	Tolerance
Population	1.245	0.803
Income	1.346	0.743
Illiteracy	2.166	0.462
Frost	2.083	0.480

이어서 Residuals plots을 통해 종속변수와 독립변수 간의 선형관계를 살펴보면 다음 그림에서 보는 것처럼 예측값과 잔차 사이에 별다른 패턴을 보이지 않고 있어 선형관계 가정이 충족된 것으로 보인다.

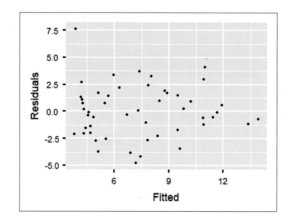

그리고 다음의 Cook's distance 값을 보면 모형의 계수(parameters)를 결정하는 데 특별한 영향을 주지는 않는 것으로 나타났다. 왜냐하면 평균값이 1.0보다 훨씬 작은 값으로 나타났으며, 그 범위(range)는 0.00002에서 0.448의 범위에 있기 때문이다.

Cook's Distance

			Range	
Mean	Median	SD	Min	Max
0.027	0.007	0.071	1.709e-5	0.448

이제 추가로 종속변수에 가장 영향력이 큰 Illiteracy(문맹률)의 값에 따라 종속변수 Murder가 어떻게 변하는지 살펴보면, 다음과 같이 Illiteracy가 높을수록 Murder 발생률도 정비례하고 있음을 알 수 있다.

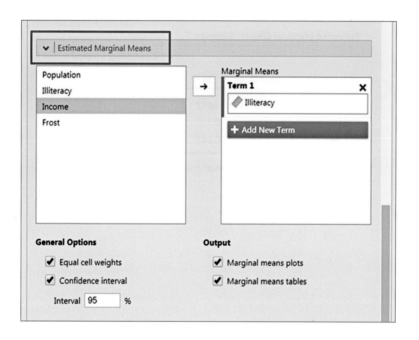

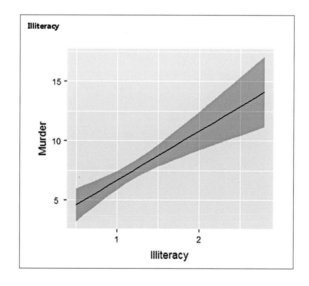

다음 결과는 문맹률(Illiteracy)이 평균(1.170), 평균 마이너스 1표준편차(0.560), 평균 플러스 1표준편차(1.780)일 때 살인율(Murder)의 평균을 보여 주고 있다. 즉, 문맹률이 높을수록 살인율 또한 증가하고 있음을 알 수 있다.

Estimated Marginal Means - Illiteracy

Illiteracy	Marginal Mean	SE	95% Confidence Interval	
			Lower	Upper
0.560 ˉ	4.853	0.642	3.559	6.146
1.170 μ	7.378	0.358	6.656	8.100
1.780 ⁺	9.903	0.642	8.610	11.197

Note. ˉ mean - 1SD, μ mean, ⁺ mean + 1SD

11

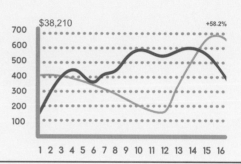

매개효과 및
조절효과

매개변수(mediator)는 독립변수와 종속변수 사이에 위치하며 독립변수의 영향이 매개변수를 거쳐 종속변수에 미치기 때문에 이 효과를 **매개효과**라고 하며, 간접효과(indirect effect)라고도 부른다.

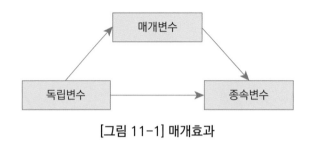

[그림 11-1] 매개효과

반면, **조절변수**(moderator)는 독립변수와 종속변수의 관계를 조절하는 변수로서 조절변수에 따라 독립변수와 종속변수의 관계가 달라진다. 조절변수가 범주형일 경우(예, 성별) 프로그램이 미치는 효과가 범주(성별)에 따라 달라진다. 만약 조절변수가 연속형일 경우 독립변수와 조절변수의 상호작용항(interaction term)이 유의하게 되면 조절효과가 있는 것으로 해석하게 된다.

[그림 11-2] 조절효과

매개효과 및 조절효과 분석을 위해서는 다음과 같이 medmod 모듈을 추가로 설치해야 한다.

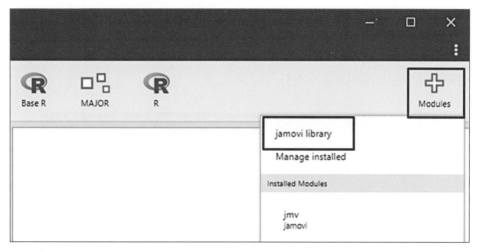

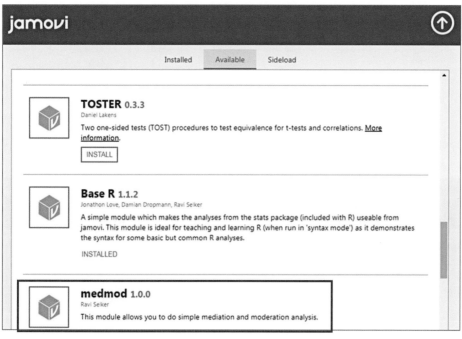

1   **매개효과**

먼저, 매개효과 분석을 위한 데이터 mfchildren.csv를 불러오자. 이 데이터는 다문화가정 아동의 학교적응에 관한 데이터로 학교적응에 미치는 부모태도 및 자아존중감의 영향을 살펴보고자 한다.

매개효과 분석을 위해서는 메뉴에서 medmod > Mediation을 클릭한다.

그리고 다음 분석 창에서 종속변수(학교적응), 매개변수(자아존중감), 독립변수(부모태도)를 지정하면 매개효과 분석 결과를 얻게 된다. 이때 표준오차 추정을 위해 표준방법(Standard), 경로추정(Path estimates)을 체크한다.

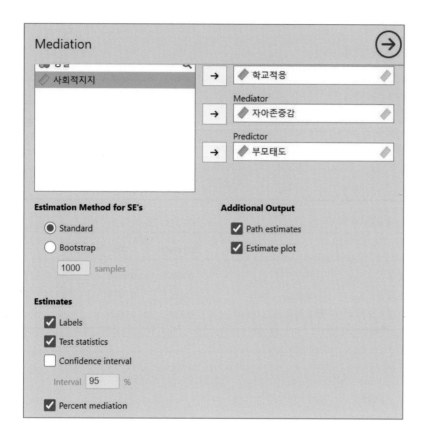

참고로 매개효과의 계수가 정규분포가 아닌 치우친 분포(skewed)를 보인다는 지적으로 인해(http://davidakenny.net/cm/mediate.htm) 기존 샘플 데이터를 복원해서 반복 샘플링(resampling with replacement)한 붓스트랩 샘플(bootstrapped samples)을 가지고 분석하는 Bootstrap 방법을 실시할 수 있다. 하지만 표준방법(Standard)과 그 결과는 크게 다르지 않게 나타난다.

다음 분석 결과를 살펴보면, 직접효과(c)＝0.334, 간접효과(a×b)＝0.204, 그리고 총효과(c＋a×b)＝0.537로 나타났음을 알 수 있다. 즉, 부모태도는 학교적응에 직접 유의한 긍정적 영향(B=0.334, p<0.001)을 주고 있으며, 동시에 자아존중감을 매개로 하여 학교적응에 간접적으로도 긍정적인 영향(B=0.204, p<0.001)을 주고 있음을 알 수 있다.

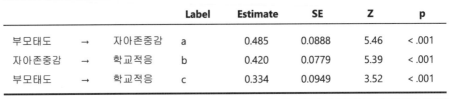

Mediation Estimates

Effect	Label	Estimate	SE	Z	p	% Mediation
Indirect	a × b	0.204	0.0531	3.84	< .001	37.9
Direct	c	0.334	0.0949	3.52	< .001	62.1
Total	c + a × b	0.537	0.0947	5.67	< .001	100.0

Path Estimates

			Label	Estimate	SE	Z	p
부모태도	→	자아존중감	a	0.485	0.0888	5.46	< .001
자아존중감	→	학교적응	b	0.420	0.0779	5.39	< .001
부모태도	→	학교적응	c	0.334	0.0949	3.52	< .001

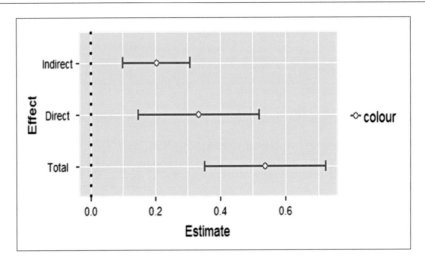

한편 R 프로그램 'psych' 패키지를 이용하면 다음과 같이 간단하게 분석 결과와 모형에 대한 그림을 얻을 수 있다. R에서는 매개모형의 그림을 제시해 주는 장점이 있으며, 분석 결과는 jamovi 결과와 동일하다. 그리고 R은 자연어를 인식하기 때문에 한글도 지원되는 특성이 있다.

```
> mfchildren <- read.csv("C:/mfchildren.csv")
> library(psych)
> out1 <- mediate(학교적응 ~ 부모태도 + (자아존중감),
    data=mfchildren)
```

1	성별	부모태도	사회적지지	자아존중감	학교적응	
2	1	2.9	3.5	3.8	3.0833333	
3	1	3.6	3.3	4.3	3.0833333	
4	1	3.5	2.3	3.8	3.4166667	
5	0	3.4	3.5	3.5	3.5833333	
6	0	3.3	2.3	3.4	1.8333333	
7	0	3	3.3	3	3.25	

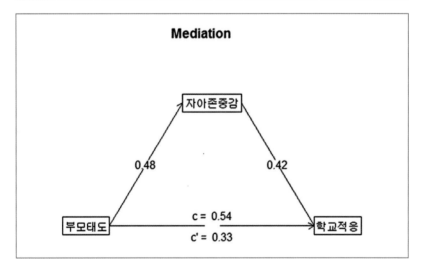

> summary(out1)

```
> summary(out1)
Call: mediate(y = "학교적응", x = "부모태도", m = "자아존중감",
    data = mfchildren)

 Total effect estimates (c)
          학교적응  se    t    df    Prob
부모태도      0.54 0.1 5.64  155 7.91e-08

Direct effect estimates     (c')
          학교적응  se    t    df    Prob
부모태도       0.33 0.10 3.48  155 6.45e-04
자아존중감     0.42 0.08 5.34  155 3.27e-07

R = 0.55 R2 = 0.3   F = 32.95 on 2 and 155 DF   p-value:  1.19e-12

 'a'  effect estimates
          자아존중감  se    t    df    Prob
부모태도       0.48 0.09 5.42  156 2.18e-07

 'b'  effect estimates
          학교적응   se    t    df    Prob
자아존중감     0.42 0.08 5.34  155 3.27e-07

 'ab'  effect estimates
          학교적응 boot   sd lower upper
부모태도       0.2  0.2 0.06   0.1  0.34
>
```

2　조절효과

먼저, 조절효과 분석을 위해 자동차 연비 관련 데이터 mtcars.csv를 다음과 같이 불러온다.

이어서 조절효과 분석을 위해 메뉴 창에서 medmod > Moderation을 클릭한다.

그리고 조절효과 분석 창에서 종속변수(mpg), 독립변수(hp), 조절변수(wt)를 선택한다.

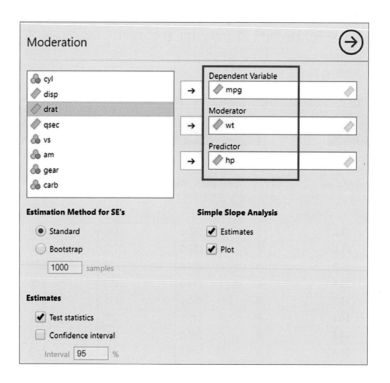

다음 결과에서 보듯이 hp*wt의 조절효과는 유의한 것으로 나타났다[p<0.001, 조절효과 분석에는 변수들을 평균 중심화(centering)한 후 분석을 한다]. 그리고 다음 그림에서 보듯이 무게(wt)가 평균보다 1표준편차 낮으면 평균(기울기=-0.031)보다 마력이 커질수록 연비가 더 가파르게 감소하지만(기울기=-0.057) 평균보다 1표준편차가 높을 경우에는 마력에 따라 연비가 거의 차이가 없는 것으로(기울기=-0.004) 나타났다.

Moderation

Moderation Estimates

	Estimate	SE	Z	p
hp	-0.031	0.005	-5.775	< .001
wt	-4.132	0.370	-11.178	< .001
hp * wt	0.028	0.007	4.046	< .001

Simple Slope Analysis

Simple Slope Estimates

	Estimate	SE	Z	p
Average	-0.031	0.007	-4.298	< .001
Low (-1SD)	-0.057	0.010	-5.485	< .001
High (+1SD)	-0.004	0.010	-0.365	0.715

Note. shows the effect of the predictor (hp) on the dependent variable (mpg) at different levels of the moderator (wt)

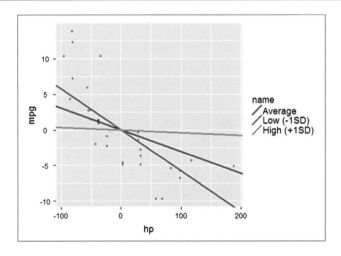

앞서 본 조절효과 모형을 R 프로그램을 활용하면 다음과 같이 보다 상세한 (회귀식이 포함된) 그림을 얻을 수 있다.

```
> library(ggiraphExtra)
> library(predict3d)
> library(rgl)
> cmtcars <- scale(mtcars, scale=FALSE)
> cmtcars <- data.frame(cmtcars)
> fit3=lm(mpg~hp*wt, data=cmtcars)
> ggPredict(fit3, digits=3)
```

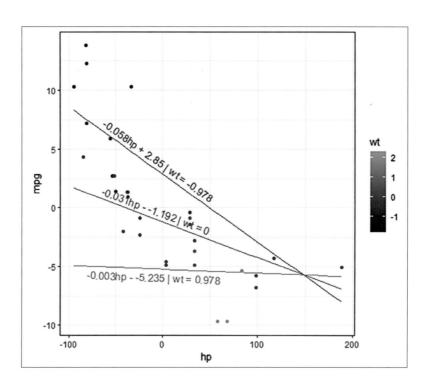

3   조절된 매개효과

조절된 매개모형(moderated mediation)은 매개효과(간접효과)가 조절변수에 따라 달라지는가를 검정하는 것으로 독립변수에서 매개변수를 거쳐 종속변수로 연결되는 매개효과 과정이 조절변수에 따라 다르게 나타난다는 것을 의미한다. 즉, Hayes(2017)가 말하는 conditional process로서 conditional indirect effects를 검정하는 것이다.

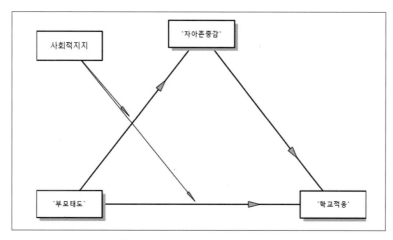

[그림 11-3] 조절된 매개효과

조절된 매개효과 분석을 위해서는 다음과 같이 medmod > GLM Mediation Model을 클릭한다.

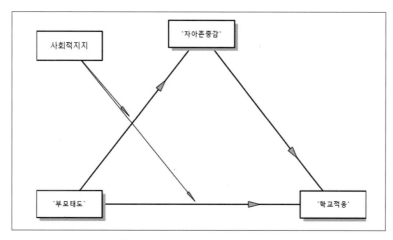

GLM Mediation Model을 이용하려면 Jamovi 모듈인 jAMM−Advanced Mediation Models 모듈을 다음과 같이 먼저 설치해야 한다.

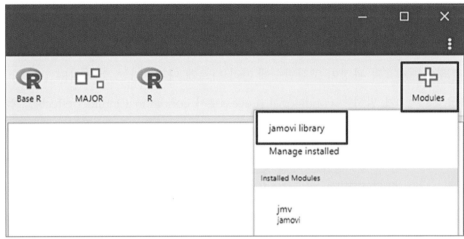

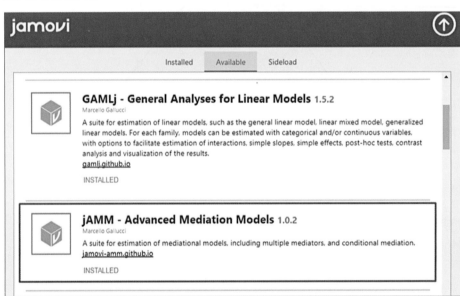

그리고 다음과 같이 종속변수에 학교적응, 매개변수에 자아존중감, 그리고 Covarites에 독립변수(부모태도) 및 조절변수(사회적지지)를 투입한다.

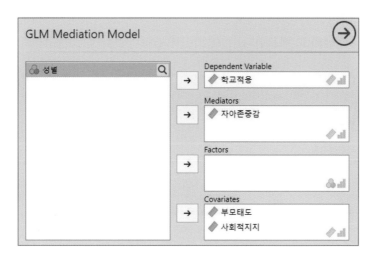

그리고 Full Model 대화상자에서 부모태도*사회적지지를 포함시키며, 조절변수에 사회적지지를 포함시킨다.

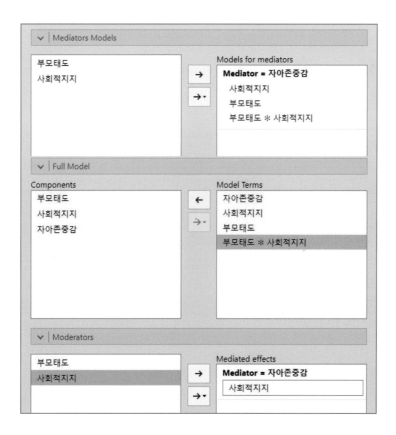

이때 Covariates Scaling에서 Covariates에 포함된 두 변수 부모태도와 사회적 지지는 모두 중심화(centered)하며, Mediation options에서는 신뢰구간 추정은 Standard, Display in tables에서는 베타(표준화 계수), 그리고 Path model에서는 경로를 제시해 달라고 체크한다.

그리고 나서 다음 분석 결과를 살펴보면, 우선 조절효과(Moderation effects)에서는 부모태도＊사회적지지의 조절효과가 자아존중감과 학교적응에 모두 유의하지 않은 것으로 나타났다(z=−1.38, p=0.166; z=0.57, p=0.570).

Moderation effects (interactions)								
Moderator	Interaction	Estimate	SE	Lower	Upper	β	z	p
사회적지지	`부모태도`:`사회적지지` ⇒ 자아존중감	-0.141	0.102	-0.340	0.059	-0.095	-1.384	0.166
	`부모태도`:`사회적지지` ⇒ 학교적응	0.049	0.086	-0.120	0.218	0.031	0.568	0.570

이어서 조건부 매개효과(Conditional Mediation) 분석 결과를 살펴보면, 조절변수인 사회적지지가 평균(Mean)일 때만 간접효과(z=2.16, p=0.031)와 총효과(z=2.00, p=0.045)가 유의한 것으로 나타났으며, 직접효과(z=1.28, p=0.199)가 유의하지 않은 것으로 나타나 완전매개효과가 있는 것으로 나타났다.

Conditional Mediation					95% C.I. (a)				
사회적지지	Type	Effect	Estimate	SE	Lower	Upper	β	z	p
Mean-1·SD	Indirect	부모태도 ⇒ 자아존중감 ⇒ 학교적응	0.078	0.035	0.009	0.146	0.059	2.208	0.027
Mean-1·SD	Direct	부모태도 ⇒ 학교적응	0.066	0.103	-0.135	0.267	0.051	0.646	0.518
Mean-1·SD	Total	부모태도 ⇒ 학교적응	0.144	0.102	-0.056	0.344	0.110	1.408	0.159
Mean	Indirect	부모태도 ⇒ 자아존중감 ⇒ 학교적응	0.057	0.027	0.005	0.109	0.044	2.156	0.031
Mean	Direct	부모태도 ⇒ 학교적응	0.102	0.080	-0.054	0.258	0.078	1.283	0.199
Mean	Total	부모태도 ⇒ 학교적응	0.159	0.079	0.004	0.315	0.122	2.004	0.045
Mean+1·SD	Indirect	부모태도 ⇒ 자아존중감 ⇒ 학교적응	0.037	0.027	-0.015	0.089	0.028	1.391	0.164
Mean+1·SD	Direct	부모태도 ⇒ 학교적응	0.138	0.101	-0.059	0.335	0.106	1.371	0.170
Mean+1·SD	Total	부모태도 ⇒ 학교적응	0.175	0.103	-0.027	0.376	0.134	1.700	0.089

Note. Confidence intervals computed with method: Standard (Delta method)
Note. Betas are completely standardized effect sizes

4   매개된 조절효과

   매개된 조절모형(mediated moderation)은 조절효과가 매개효과 과정을 거친
다. 즉, 조절효과가 매개변수를 통해 전달되는(the moderating effect is transmitted
through the mediator) 경우이다. 다음 그림에서 보듯이 사회적지지라는 조절변수
의 효과가 자아존중감을 매개변수로 하는 매개효과 모형을 통해 종속변수(학교적
응)로 전달되는 모형이다. 즉, 독립변수(X)와 조절변수(W)의 상호작용인 XW가 매
개변수(M)를 통해 종속변수(Y)에 영향을 미치는 과정을 의미한다.

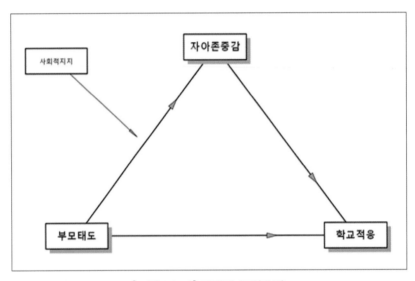

[그림 11-4] 매개된 조절효과

매개된 조절효과 분석을 위해서는 다음과 같이 medmod > GLM Mediation Model을 클릭한다.

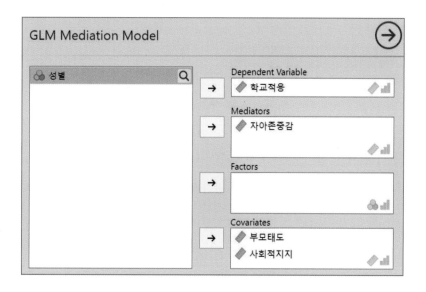

다음과 같이 종속변수에 학교적응, 매개변수에 자아존중감, 그리고 Covarites에 독립변수(부모태도) 및 조절변수(사회적지지)를 투입한다.

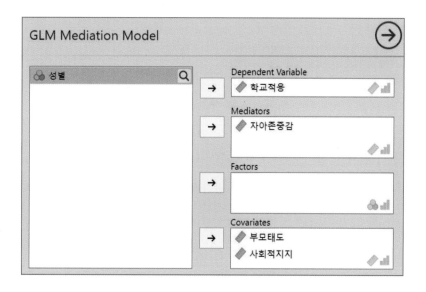

Mediators Models 대화상자에서 부모태도＊사회적지지를 포함하고 Moderators 대화상자에서 사회적지지를 추가한다.

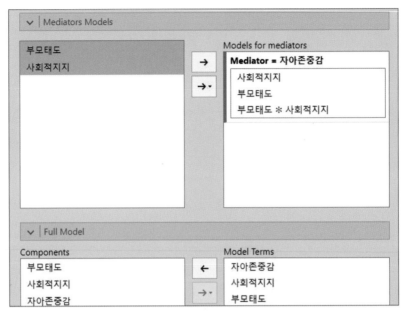

다음 분석 결과를 살펴보면, 조절효과(Moderation effects)에서는 부모태도＊사회적지지의 조절효과가 자아존중감에 유의하지 않은 것으로 나타났다(z＝-1.38, p＝0.166).

Moderation effects (interactions)								
Moderator	Interaction	Estimate	SE	Lower	Upper	β	z	p
사회적지지	`사회적지지`:`부모태도` ⇒ 자아존중감	-0.14	0.10	-0.34	0.06	-0.10	-1.38	0.166

이어서 조건부 매개효과(Conditional Mediation) 분석 결과를 살펴보면 조절변수인 사회적지지가 평균(Mean)일 때 간접효과(z＝2.14, p＝0.033)와 총효과(z＝2.00, p＝0.045)가 유의한 것으로 나타났지만, 직접효과(z＝1.29, p＝0.196)는 유의하지

않은 것으로 나타나 완전매개효과가 있는 것으로 나타났다. 아울러 사회적지지가 평균−1표준편차(Mean−1SD)인 경우에도 마찬가지로 간접효과(z=2.19, p=0.029)와 총효과(z=2.00, p=0.045)만 유의한 것으로 나타나 완전매개효과가 있는 것으로 나타났다.

Conditional Mediation

| Moderator levels | | | | | 95% C.I. (a) | | | | |
사회적지지	Type	Effect	Estimate	SE	Lower	Upper	β	z	p
Mean-1·SD	Indirect	부모태도 ⇒ 자아존중감 ⇒ 학교적응	0.08	0.03	0.01	0.14	0.06	2.19	0.029
Mean-1·SD	Component	부모태도 ⇒ 자아존중감	0.39	0.12	0.16	0.62	0.32	3.34	<.001
Mean-1·SD		자아존중감 ⇒ 학교적응	0.19	0.07	0.06	0.32	0.18	2.89	0.004
Mean-1·SD	Direct	부모태도 ⇒ 학교적응	0.10	0.08	−0.05	0.26	0.08	1.29	0.196
Mean-1·SD	Total	부모태도 ⇒ 학교적응	0.16	0.08	0.00	0.31	0.12	2.00	0.045
Mean	Indirect	부모태도 ⇒ 자아존중감 ⇒ 학교적응	0.06	0.03	0.00	0.11	0.04	2.14	0.033
Mean	Component	부모태도 ⇒ 자아존중감	0.29	0.09	0.11	0.47	0.24	3.17	0.002
Mean		자아존중감 ⇒ 학교적응	0.19	0.07	0.06	0.32	0.18	2.89	0.004
Mean	Direct	부모태도 ⇒ 학교적응	0.10	0.08	−0.05	0.26	0.08	1.29	0.196
Mean	Total	부모태도 ⇒ 학교적응	0.16	0.08	0.00	0.31	0.12	2.00	0.045
Mean+1·SD	Indirect	부모태도 ⇒ 자아존중감 ⇒ 학교적응	0.04	0.03	−0.01	0.09	0.03	1.39	0.166
Mean+1·SD	Component	부모태도 ⇒ 자아존중감	0.19	0.12	−0.05	0.42	0.15	1.58	0.114
Mean+1·SD		자아존중감 ⇒ 학교적응	0.19	0.07	0.06	0.32	0.18	2.89	0.004
Mean+1·SD	Direct	부모태도 ⇒ 학교적응	0.10	0.08	−0.05	0.26	0.08	1.29	0.196
Mean+1·SD	Total	부모태도 ⇒ 학교적응	0.16	0.08	0.00	0.31	0.12	2.00	0.045

Note. Confidence intervals computed with method: Standard (Delta method)
Note. Betas are completely standardized effect sizes

5   다중 매개효과

한편, 다중 매개효과(multiple mediation)는 [그림 11-5]처럼 매개변수가 두 개(이상)인 경우를 말한다. 여기서는 자아존중감과 사회적지지가 모두 매개변수로 사용되었다.

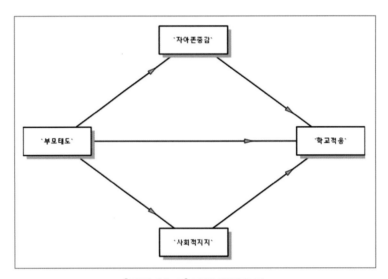

[그림 11-5] 다중 매개효과

분석을 위해서 앞서 본 바와 같이 jAMM > GLM Mediation Models를 클릭하며, 데이터는 동일한 mfchildren.csv를 불러온다.

이어서 분석 대화상자에서 종속변수로 학교적응, 독립변수(Covariates)로 부모태도, 그리고 매개변수로 두 변수, 즉 자아존중감과 사회적지지를 선택한다.

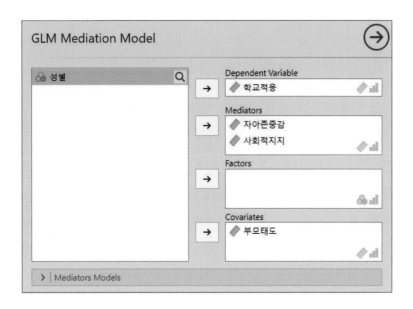

그러면 매개효과모형에서 다음과 같이 두 개의 매개변수가 포함되어 있음을 확인할 수 있다.

그리고 매개효과모형 옵션에서 다음과 같이 신뢰구간 계산 방법(Standard)과 결과표에 제시될 통계치 그리고 모형 경로를 제시하도록 체크한다.

이어서 분석 결과가 제시되는데 이를 해석하면 다음과 같다.

먼저, 매개변수인 자아존중감(B=0.09)과 사회적지지(B=0.34) 둘 다 각 매개효과가 통계적으로 유의한 것으로 나타나(z=2.70, p=0.007; z=5.21, p<0.001) 부모태도는 자아존중감과 사회적지지를 통해 학교적응에 긍정적인 영향을 미치는 것으로 해석할 수 있다. 그리고 부모태도가 학교적응에 미치는 총 효과(B=0.54) 역시 통계적으로 유의하게 나타났다(z=5.66, p<0.001). 하지만 부모태도가 학교적응에 미치는 직접효과(B=0.10)는 유의하지 않은 것으로 나타났다(z=1.24, p=0.214). 따라서 두 매개변수의 효과는 모두 유의하지만 직접효과가 유의하지 않으므로 완전매개효과(full mediating effect)가 있는 것으로 해석할 수 있다. 총효과의 추정값은 두 간접효과와 직접효과의 합으로 계산된다. 즉,

$$총효과(0.54)=자아존중감 \ 간접효과(0.09)+$$
$$사회적지지 \ 간접효과(0.34)+직접효과(0.10)$$

Indirect and Total Effects

Type	Effect	Estimate	SE	95% C.I. (a) Lower	95% C.I. (a) Upper	β	z	p
Indirect	부모태도 ⇒ 자아존중감 ⇒ 학교적응	0.09	0.03	0.03	0.16	0.07	2.70	0.007
	부모태도 ⇒ 사회적지지 ⇒ 학교적응	0.34	0.07	0.21	0.47	0.27	5.21	< .001
Component	부모태도 ⇒ 자아존중감	0.48	0.09	0.31	0.66	0.40	5.46	< .001
	자아존중감 ⇒ 학교적응	0.19	0.06	0.07	0.32	0.19	3.10	0.002
	부모태도 ⇒ 사회적지지	0.58	0.10	0.39	0.77	0.44	6.07	< .001
	사회적지지 ⇒ 학교적응	0.59	0.06	0.47	0.70	0.62	10.15	< .001
Direct	부모태도 ⇒ 학교적응	0.10	0.08	-0.06	0.27	0.08	1.24	0.214
Total	부모태도 ⇒ 학교적응	0.54	0.10	0.35	0.72	0.41	5.66	< .001

Note. Confidence intervals computed with method: Standard (Delta method)
Note. Betas are completely standardized effect sizes

12

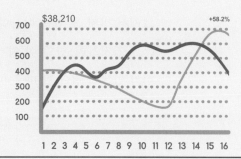

일원분산분석

1 일원분산분석

일원분산분석(one-way analysis of variance: one-way ANOVA)은 두 집단 t-검정의 확장으로 세 집단 이상의 집단 평균이 동일한지를 검정한다(〈표 12-1〉 참조). 그래서 먼저 세 집단 이상의 집단 평균이 모두 동일하다는 영가설을 기각할 수 있는지 검정하며, 만약 이 영가설을 기각하게 되면 사후 검정으로 어느 집단 간에 차이가 있는지 집단 간 다중비교(multiple comparisons)를 실시한다.

〈표 12-1〉 일원분산분석의 구조

Treatment		
drugA	drugB	drugC
s1	s6	s11
s2	s7	s12
s3	s8	s13
s4	s9	s14
s5	s10	s15

t-검정과 일원분산분석의 가장 큰 차이는 집단 간 평균 차이를 구할 때 t-검정에서는 t값을 t=(집단1 평균-집단2 평균)/(통합)표준편차라는 공식으로 계산하는 반면, 일원분산분석에서는 별다른 공식 없이 F=집단 간 평균제곱(Mean Square Between)/집단 내 평균제곱(Mean Square Within)으로 F값을 계산하는 것이다. 만약 집단 간 차이가 전혀 없는 경우, 즉 집단 간 평균제곱과 집단 내 평균제곱이 동일할 때를 '1'로 한다. 그런데 보통은 집단 간 평균제곱이 집단 내 평균제곱보다 크기 때문에 F값이 클수록 집단 간 평균제곱이 집단 내 평균제곱보다 크며, 이 경우 집단 간 평균 차이가 우연히 발생한 것이 아니라는 것을 의미하게 된다(김태근, 2006).

	제곱합	df	평균 제곱	F	유의확률
집단-간	1.968	2	.984	3.652	.031
집단-내	19.399	72	.269		
합계	21.368	74			

기본적으로 일원분산분석은 독립변수가 연속형이 아닌 범주형(factor) 회귀분석이라고 볼 수 있으며, 회귀분석과 마찬가지로 R 프로그램의 lm( ) 기능을 활용하고 데이터의 정규성과 집단 간 분산의 동일성 가정이 필요하다(안재형, 2011).

먼저, 일원분산분석을 위한 데이터 cholesterol.csv를 불러오자. 이 데이터는 콜레스테롤 치료제(drugA, drugB, drugC)의 효과를 검정한 데이터로 치료 후 콜레스테롤 수치의 변화량, 즉 감소량(response)을 수집한 것이다. 이 수치가 클수록 콜레스테롤 수치가 낮아져서 치료 효과는 크다고 하겠다.

일원분산분석을 위해 메뉴 창에서 ANOVA > One-Way ANOVA를 클릭한다.

　　일원분산분석 대화상자에서 종속변수(response)와 집단변수(trt)를 지정한 후 먼저 기술통계량을 살펴보면 drugA, drugB, drugC 중에서 drugC의 평균이 가장 큰 것으로, 즉 가장 효과가 큰 것으로 나타났다.

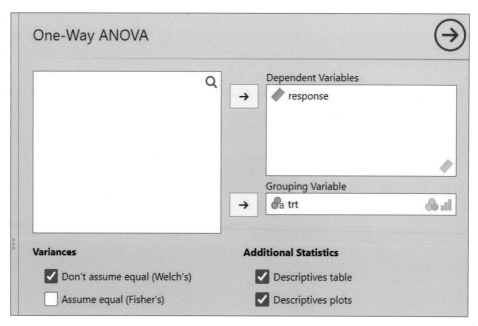

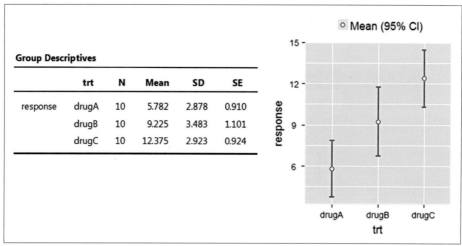

Group Descriptives

	trt	N	Mean	SD	SE
response	drugA	10	5.782	2.878	0.910
	drugB	10	9.225	3.483	1.101
	drugC	10	12.375	2.923	0.924

　이어서 일원분산분석의 가정인 잔차의 정규성 검정과 집단 간 분산의 동일성 검정을 실시해 보자.

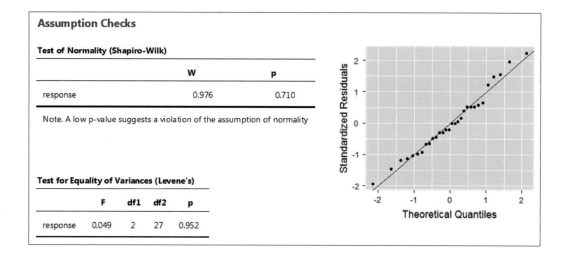

Variances	Additional Statistics
☐ Don't assume equal (Welch's)	☐ Descriptives table
☐ Assume equal (Fisher's)	☐ Descriptives plots

Missing Values	Assumption Checks
◉ Exclude cases analysis by analysis	☑ Homogeneity test
○ Exclude cases listwise	☑ Normality test
	☑ Q-Q Plot

　그러면 다음 결과에서 보듯이 정규성 검정이 확인되었고($p=0.710$), 분산의 동일성 역시 확인되었다($p=0.952$). 따라서 분산이 동일한 경우에 해당하는 Fisher's 검정을 체크한다.

Assumption Checks

Test of Normality (Shapiro-Wilk)

	W	p
response	0.976	0.710

Note. A low p-value suggests a violation of the assumption of normality

Test for Equality of Variances (Levene's)

	F	df1	df2	p
response	0.049	2	27	0.952

이제 일원분산분석 결과를 보면, 다음에서 보는 것처럼 세 집단의 평균이 동일하다는, 즉 치료효과가 동일하다는 영가설하에서 검정통계량(F=11.264)이 발생할 확률이 0.001보다 작으므로 영가설을 기각한다. 따라서 세 집단 간 치료효과 차이는 통계적으로 유의하게 나타났음을 알 수 있다(F=11.264, p<0.001).

$$H_0 : \mu_1 = \mu_2 = \mu_3 (= \mu)$$

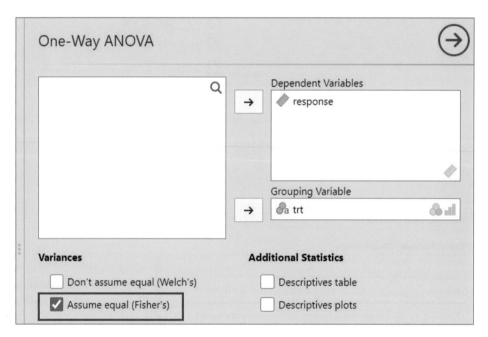

One-Way ANOVA (Fisher's)

	F	df1	df2	p
response	11.264	2	27	< .001

만약 여기서 일원분산분석이 아니라 ANOVA 검정을 해도 다음과 같이 동일한
결과를 얻을 수 있다.

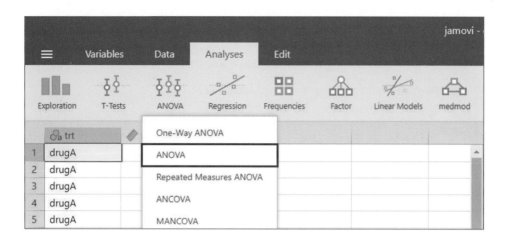

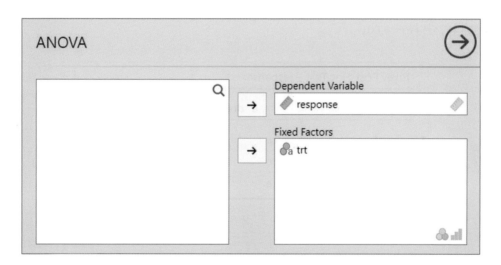

ANOVA - response

	Sum of Squares	df	Mean Square	F	p
trt	217.47	2	108.73	11.26	< .001
Residuals	260.64	27	9.65		

분석 결과 세 집단 간 콜레스테롤 치료 효과가 동일하다는 영가설을 기각하였으므로 이제 어느 집단 간에 차이가 있는지 사후 분석을 실시해 보자. 여기에서는 집단 간 분산의 동질성이 확보되었으므로 사후 검정으로 Tukey검정을 체크한다.

그러면 다음 사후 분석 결과에서 보듯이 drugA와 drugC가 유의하게 다른 것으로 나타났다(p<0.001).

Tukey Post-Hoc Test – response		drugA	drugB	drugC
drugA	Mean difference	—	-3.44	-6.59 ***
drugB	Mean difference		—	-3.15
drugC	Mean difference			—

Note. * p < .05, ** p < .01, *** p < .001

2 Kruskal-Wallis 검정

    세 집단 이상의 차이를 검정함에 있어서 일원분산분석의 가정이 충족되지 않을 경우에는 비모수 검정인 Kruskal-Wallis 검정을 실시할 수 있다. 이 경우에는 데이터가 정규분포를 이루지 못하거나 분산의 동일성이 확보되지 않은 경우에 주로 활용된다.

    여기에 사용할 데이터는 states.csv로 미국의 지역(state.region)에 따라 문맹률 (Illiteracy)의 차이가 있는지 검정하고자 한다.

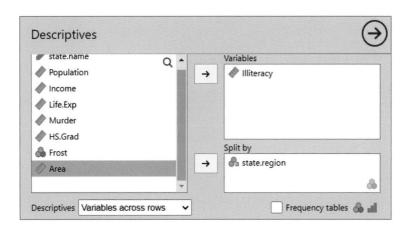

    비모수 검정에 앞서 지역에 따른 문맹률의 차이를 기술통계량을 통해 살펴보면 다음과 같다. 즉, 네 지역 중 남부(South)의 문맹률이 가장 높은 것으로 나타났다 (mean=1.74).

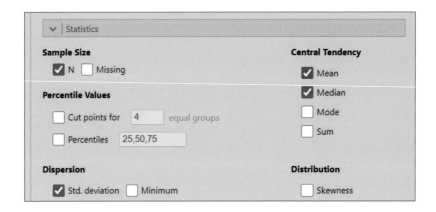

Descriptives	state.region	N	Mean	Median	SD
Illiteracy	North Central	12	0.70	0.70	0.14
	Northeast	9	1.00	1.10	0.28
	South	16	1.74	1.75	0.55
	West	13	1.02	0.60	0.61

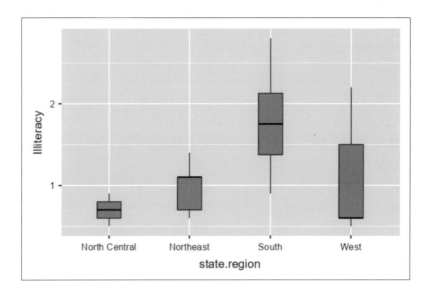

이어서 일원분산분석을 위한 가정을 충족하는지 검정하면 다음 결과에서 보듯이 정규성은 충족하지만(p=0.137) 집단 간 분산의 동일성 가정이 충족되지 못함을 알 수 있다(p<0.001).

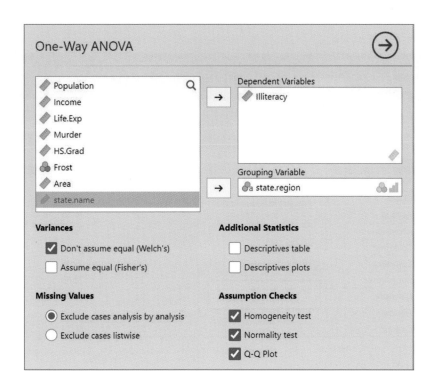

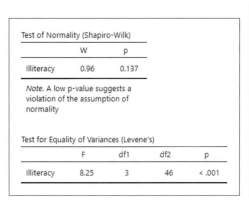

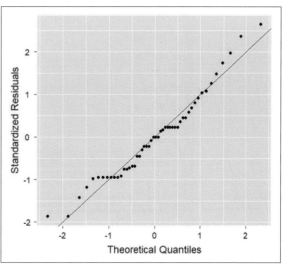

이제 다음과 같이 비모수 검정인 Kruskal-Wallis 검정을 실시해 보자. Kruskal-Wallis 검정은 Wilcoxon rank-sum 검정의 확장으로 볼 수 있으며, 모든 값에 순위를 매기고 집단별로 순위의 합을 구해 검정통계량을 계산한다(https://mansoostat.tistory.com/52).

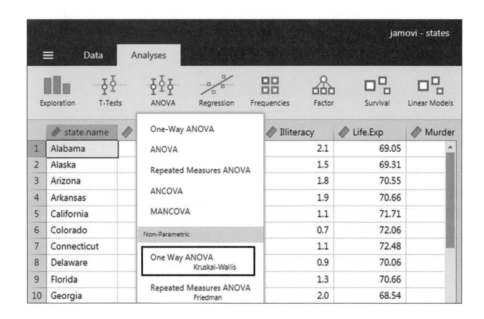

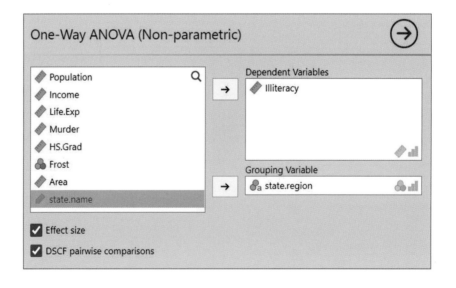

분석 결과 네 지역 간 문맹률은 동일하지 않은 것으로 나타났으며($\chi^2=22.67$, p < 0.001), 사후 검정으로 DSCF 집단 간 검정을 실시하면 North Central-South (p < 0.001), Northeast-South(p=0.012), South-West(p=0.022) 지역 간에는 문맹률이 통계적으로 유의하게 차이가 나는 것으로 나타났다.

One-Way ANOVA (Non-parametric)

Kruskal-Wallis

	χ^2	df	p	ε^2
Illiteracy	22.67	3	< .001	0.46

Dwass-Steel-Critchlow-Fligner pairwise comparisons

Pairwise comparisons - Illiteracy

		W	p
North Central	Northeast	3.40	0.076
North Central	South	6.19	< .001
North Central	West	0.79	0.944
Northeast	South	4.34	0.012
Northeast	West	-1.16	0.846
South	West	-4.05	0.022

13

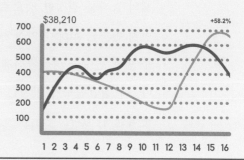

이원분산분석

　이원분산분석(two-way ANOVA)은 일원분산분석의 확장으로 두 개의 집단변수가 있으며, 각 집단변수의 주 효과(main effect)뿐만 아니라 두 집단변수의 상호작용(interaction) 효과도 분석할 수 있는 장점이 있다. 여기서 사용할 데이터 ToothGrowth.csv는 실험용 동물 기니피그(guinea pig)를 대상으로 치아성장촉진제의 효과를 검정한 것으로서 두 집단변수를 포함하고 있다([그림 13-1] 참조). 첫 번째 변수는 supp(치아성장촉진제) 종류로 오렌지 주스(OJ)와 비타민C(VC)가 있고, 두 번째 변수는 성장촉진제의 용량(dose)으로 0.5mg, 1.0mg, 2.0mg 세 종류가 있다. 각 집단변수가 미치는 주 요인 효과와 함께 supp와 dose의 상호작용 효과도 분석할 수 있다.

		용량		
		0.5mg	1.0mg	2.0mg
성장촉진제	Orange juice	s1	s11	s21
		s2	s12	s22
		s3	s13	s23
		s4	s14	s24
		s5	s15	s25
	Vitamin C	s6	s16	s26
		s7	s17	s27
		s8	s18	s28
		s9	s19	s29
		s10	s20	s30

[그림 13-1] 이원분산분석의 구조

먼저, ToothGrowth.csv 데이터를 불러오면 다음과 같다.

이원분산분석에 앞서 먼저 기술통계분석을 실시해 보자.

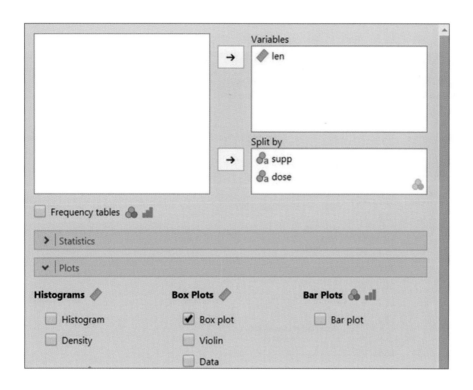

다음 그림에서 보듯이 용량(dose)이 높을수록 치아 성장이 높음을 알 수 있다. 그리고 2.0mg의 경우를 제외하고는 OJ가 VC보다 평균이 높음을 알 수 있다.

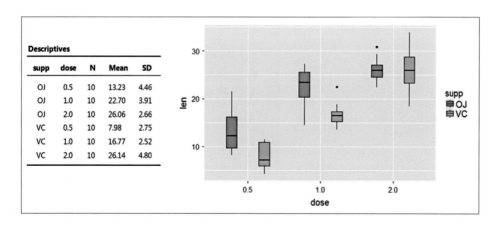

이제 이원분산분석을 위해 메뉴 ANOVA > ANOVA를 클릭한다. 이어서 다음과
같이 종속변수와 집단변수를 선정한다.

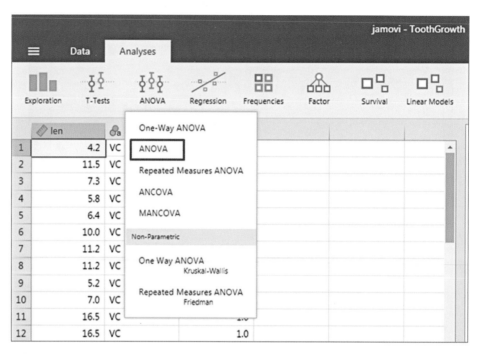

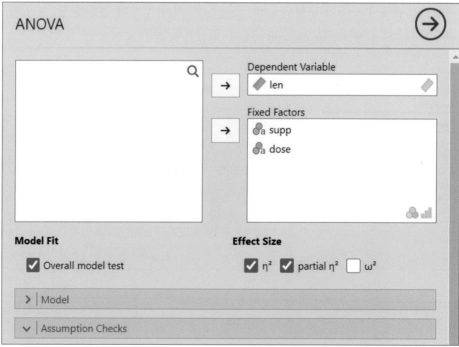

다음 분석 결과를 보면, 우선 전반적인 모형은 통계적으로 유의한 것으로 나타났다(F=41.56, p<0.001). 그리고 구체적으로 치아성장촉진제(supp)와 용량(dose)에 따라 집단 간 차이가 유의함을 알 수 있으며(F=15.57, p<0.001; F=92.00, p<0.001), 치아성장촉진제와 용량의 상호작용 역시 통계적으로 유의한 것으로 나타났다(F=4.11, p=0.022).

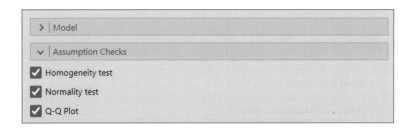

ANOVA - len							
	Sum of Squares	df	Mean Square	F	p	η²	η²p
Overall model	2740.10	5	548.02	41.56	< .001		
supp	205.35	1	205.35	15.57	< .001	0.06	0.22
dose	2426.43	2	1213.22	92.00	< .001	0.70	0.77
supp * dose	108.32	2	54.16	4.11	0.022	0.03	0.13
Residuals	712.11	54	13.19				

이제 분산분석의 가정을 검정해 보자. 다음과 같이 잔차의 정규성과 집단 간 분산의 동일성을 검정한 결과 정규성 가정을 위반하지 않았으며(p=0.669), 집단 간 분산도 동일한 것으로 나타났다(p=0.103).

> | Model

∨ | Assumption Checks

☑ Homogeneity test

☑ Normality test

☑ Q-Q Plot

Assumption Checks

Homogeneity of Variances Test (Levene's)

F	df1	df2	p
1.94	5	54	0.103

[3]

Normality Test (Shapiro-Wilk)

Statistic	p
0.98	0.669

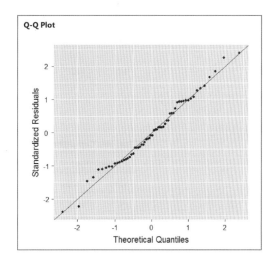

Q-Q Plot

이제 집단 간 차이에 대한 사후 검정을 실시해 보자. 다음 결과에서 보듯이 용량에서 보면 0.5mg-1.0mg, 0.5mg-2.0mg, 1.0mg-2.0mg 각 집단 간 모두 유의하게 다른 것으로 나타났다(각각 p < 0.001). 성장촉진제에 있어서도 VC와 OJ 간에 차이가 유의한 것으로 나타났다(p < 0.001). 여기서 p-value 조정은 집단 간 크기가 동일하므로 Tukey 검정을 선택하였다.

Post Hoc Tests

Post Hoc Comparisons - dose

Comparison						
dose	dose	Mean Difference	SE	df	t	ptukey
0.5 -	1.0	-9.13	1.15	54.0	-7.95	< .001
-	2.0	-15.50	1.15	54.0	-13.49	< .001
1.0 -	2.0	-6.37	1.15	54.0	-5.54	< .001

Post Hoc Comparisons - supp

Comparison						
supp	supp	Mean Difference	SE	df	t	ptukey
OJ -	VC	3.70	0.938	54.0	3.95	< .001

마지막으로 집단 간 용량 간 차이를 그림과 표로 나타내면 다음과 같다.

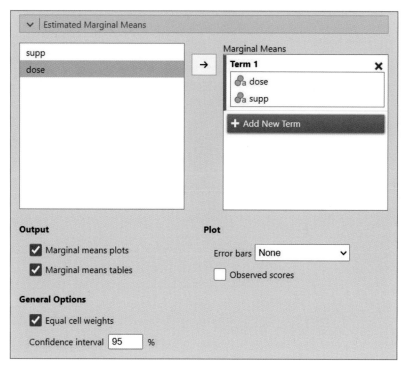

다음 그림은 상호작용(interaction)이 존재하는지 보여 주는 interaction plot으로 두 선이 평행을 유지하게 되면 상호작용이 없지만 서로 만나게 되면 상호작용이 있다. 분석 결과 다음 그림을 보면 supp와 dose 간에 상호작용이 있음을 알 수 있다. 즉, 앞에서 본 ANOVA 분석표에 나타난 상호작용(supp*dose) 결과와 일치하고 있다(F=4.11, p=0.022).

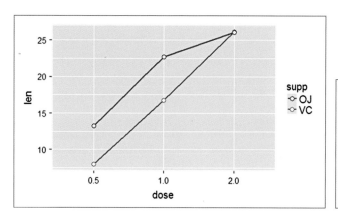

				95% Confidence Interval	
supp	dose	Mean	SE	Lower	Upper
OJ	0.5	13.23	1.15	10.93	15.53
	1.0	22.70	1.15	20.40	25.00
	2.0	26.06	1.15	23.76	28.36
VC	0.5	7.98	1.15	5.68	10.28
	1.0	16.77	1.15	14.47	19.07
	2.0	26.14	1.15	23.84	28.44

Estimated Marginal Means - dose * supp

14

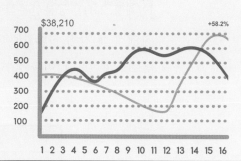

공분산분석

공분산분석(Analysis of Covariance: ANCOVA)은 분산분석에서 연속형 변수 (covariate)를 추가한 것으로(〈표 14-1〉 참조), 각 집단 간 평균의 차이가 통계적으로 유의한지를 검정하지만 여기에 통제가 안 되는 연속형 변수(예, 사전점수)를 추가하여 분산분석모형에서 오차를 줄이고 검정력을 높이고자 하는 분석방법이다 (안재형, 2011). 공분산분석에 사용할 데이터 PTSD.csv는 외상후 스트레스장애 환자에게 세 가지 치료법(control, CBT, EMDR)을 적용한 사전, 사후 불안감(anxiety)을 조사한 데이터이다(점수가 높을수록 불안감이 낮다).

〈표 14-1〉 공분산분석의 구조

Treatment								
Control			CBT			EMDR		
id	pre	post	id	pre	post	id	pre	post
s1	79	77	s6	61	60	s11	57	67
s2	85	77	s7	73	72	s12	56	65
s3	52	58	s8	66	79	s13	79	85
s4	72	76	s9	61	74	s14	83	85
s5	55	58	s10	51	77	s15	72	71

Control: 통제집단, CBT: 인지행동치료, EMDR: 눈동자둔감화치료

공분산분석을 위한 데이터 PTSD.csv를 먼저 다음과 같이 불러온다.

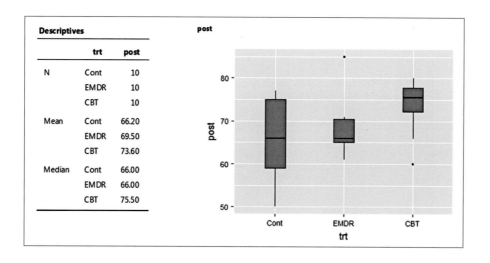

공분산분석에 앞서 사후검사에 대한 기술통계량과 박스 플롯을 살펴보면, 통제 집단(66.2) 보다 EMDR(69.5), CBT(73.6) 집단의 평균이 더 높은 것으로 나타났음을 알 수 있다.

공분산분석을 위해 분석 메뉴에서 ANOVA > ANCOVA를 클릭한 다음 종속변수
와 집단변수 그리고 공변수(covariates)를 설정한다. 여기서는 사전점수(pre)를 공
분산으로 모형에 포함하여 분석하는 점이 일원분산분석과 다르다.

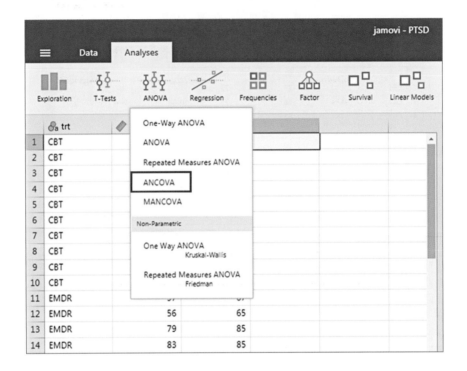

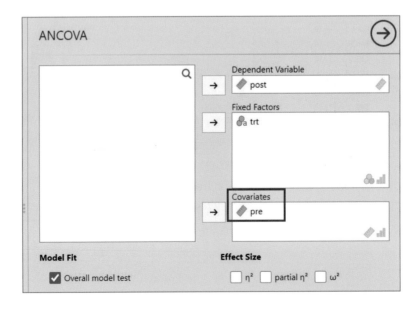

그러면 다음과 같은 분석 결과가 나타나는데, 먼저 전체 공분산분석모형이 통계적으로 유의한 것으로 나타났다(F=14.24, p<0.001). 그리고 치료집단(trt)에 따라 불안감의 사후점수(post)가 유의하게 다르며(F=8.54, p=0.001), 사전점수(pre) 또한 사후점수에 유의한 영향을 미치는 것으로(F=33.75, p<0.001) 나타났다.

ANCOVA - post	Sum of Squares	df	Mean Square	F	p
Overall model	1559.15	3	519.72	14.24	< .001
trt	524.00	2	262.00	8.54	0.001
pre	1035.15	1	1035.15	33.75	< .001
Residuals	797.35	26	30.67		

여기서 공분산분석의 가정을 검정하면 다음과 같이 잔차의 정규성에 이상이 없으며(p=0.677) 집단 간 분산의 동일성 가정 또한 충족하는 것으로 나타났다(F=0.91, p=0.416).

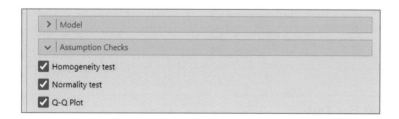

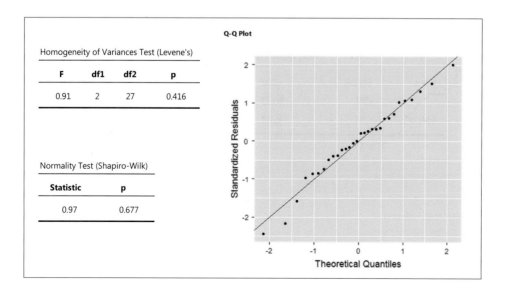

Homogeneity of Variances Test (Levene's)

F	df1	df2	p
0.91	2	27	0.416

Normality Test (Shapiro-Wilk)

Statistic	p
0.97	0.677

이제 치료집단 간 사후검사를 실시하면, 다음 결과에서 보듯이 통제집단과 CBT 집단 간(t=−4.10, p=0.001), 그리고 EMDR 집단과 CBT 집단 간(t=−2.55, p= 0.043) 평균에 있어서 유의한 차이가 있는 것으로 나타났다. 여기서도 집단의 크기(N=10)가 동일하므로 Tukey 검정을 하였다.

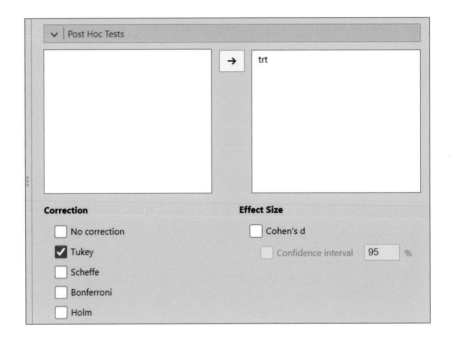

Post Hoc Tests

Post Hoc Comparisons - trt

Comparison						
trt	trt	Mean Difference	SE	df	t	ptukey
Cont	- EMDR	-3.97	2.48	26.00	-1.60	0.263
	- CBT	-10.37	2.53	26.00	-4.10	0.001
EMDR	- CBT	-6.41	2.51	26.00	-2.55	0.043

끝으로 각 집단의 조정된 평균을 살펴보자.

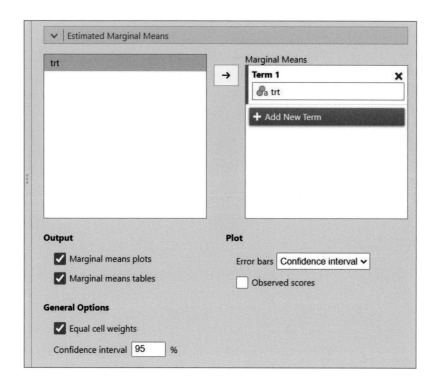

다음 결과는 사전점수(pre)를 통제한 후, 즉 사전점수를 동일하게(constant) 한 다음 각 집단의 조정된 사후점수 평균(adjusted means)을 보여 주고 있다.

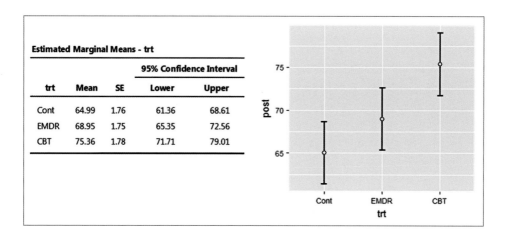

15

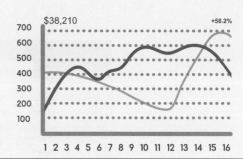

반복측정 분산분석

반복측정 분산분석(repeated measures ANOVA)은 측정이 여러 번(주로 3회 이상) 있는 경우로써 각 집단별 반복측정의 결과를 분석하는 것이 목적이다. 반복측정 분산분석을 위해 다음과 같이 데이터 repeated2.csv를 불러오는데, 이 데이터는 청소년들의 자아존중감 향상 프로그램의 효과를 검정하기 위해 사전, 사후, 추후 점수를 기록한 것이다.

반복측정 분산분석을 실행하기 위해 다음과 같이 메뉴에서 ANOVA > Repeated Measures ANOVA를 클릭한다.

그리고 다음과 같이 반복측정 분산분석 메뉴 창에서 반복측정 요인(Repeated Measures Factors)과 각 수준(Level 1, Level 2…)의 이름을 입력한 후 왼쪽 변수 목록에서 각 해당되는 변수를 선택하여 Repeated Measures Cells로 옮긴다. 따라서 RM Factor 1을 Time으로 변경한 후 Level 1, Level 2, Level 3를 pre, post, followup으로 변경한다.

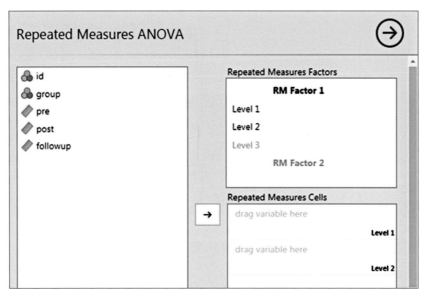

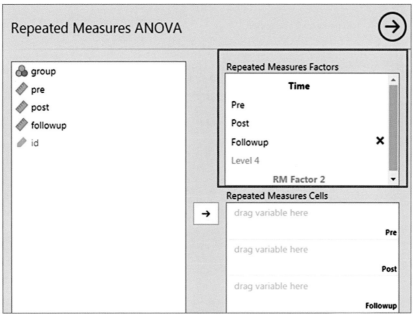

그리고 Repeated Measures Cells에 변수 pre, post, followup을 옮긴 후 집단변수 group(실험군, 대조군)을 Between Subject Factors로 옮긴다.

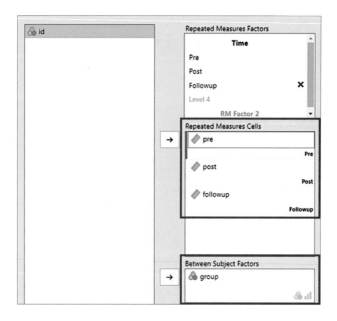

이제 모형(Model) 하위 메뉴 상자에서 반복측정 요인(Time)과 집단 간 요인(group)을 선택하면 분석 결과를 얻게 된다.

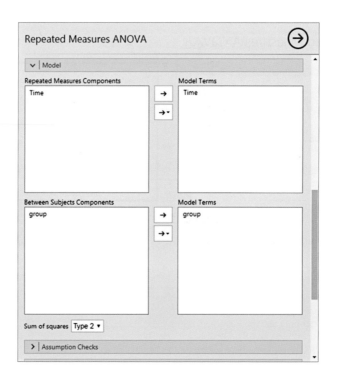

다음 결과를 살펴보면 반복측정 요인인 시점(Time)에 따라 자아존중감 점수가 유의하게 차이가 나며, 시점과 집단의 상호작용(Time*group)도 유의하게 작용하는 것으로 나타났다. 하지만 집단 간 차이는 p=0.069로 나타나 유의수준 0.10 기준에서 유의한 것으로 나타났다.

Repeated Measures ANOVA

Within Subjects Effects

	Sum of Squares	df	Mean Square	F	p
Time	455.31	2	227.66	15.54	< .001
Time * group	517.56	2	258.78	17.66	< .001
Residual	849.80	58	14.65		

Note. Type 2 Sums of Squares

Between Subjects Effects

	Sum of Squares	df	Mean Square	F	p
group	728.72	1	728.72	3.58	0.069
Residual	5906.89	29	203.69		

Note. Type 2 Sums of Squares

한편, 반복측정 분산분석에서 충족되어야 할 가정은 구형성(sphericity) 가정으로, 이 가정은 어떤 두 수준(예, 사전-사후, 사후-추후 등) 간 차이의 분산이 동일하다는(homogeneity of variance) 가정을 말한다. 만약 구형성 가정이 충족되지 못할 경우에는 Greenhouse-Geisser 방법을 통해 수정하게 된다. 한편 집단 간 분산의 동일성은 검정 결과 사전, 사후, 추후에서 모두 동일한 것으로 나타났다(p=0.572, p=0.853, p=0.231).

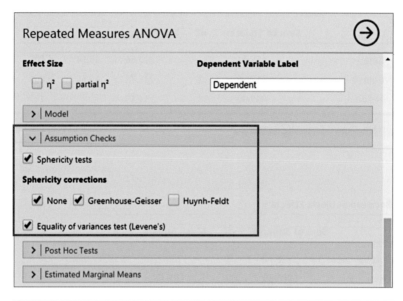

Assumptions

Tests of Sphericity

	Mauchly's W	p	Greenhouse-Geisser ε	Huynh-Feldt ε
Time	0.66	0.003	0.75	0.78

Equality of variances test (Levene's)

	F	df1	df2	p
pre	0.33	1	29	0.572
post	0.04	1	29	0.853
followup	1.50	1	29	0.231

앞선 결과에서 구형성 가정이 충족되지 않았으므로(p=0.003), Greenhouse—Geisser 방법으로 구형성 수정을 시도하였으며, 다음 결과에서 보듯이 Greenhouse—Geisser 방법을 통해 수정한 결과도 원래 결과와 다르지 않음을 알 수 있다. 즉, 시간에 따라 자아존중감 점수에 차이가 있으며(F=15.54, p<0.001), 시간과 집단의 상호작용 역시 유의하게 영향을 주는 것으로 나타났다(F=17.66, p<0.001).

Repeated Measures ANOVA

Within Subjects Effects

	Sphericity Correction	Sum of Squares	df	Mean Square	F	p
Time	None	455.31	2	227.66	15.54	< .001
	Greenhouse-Geisser	455.31	1.50	304.27	15.54	< .001
Time * group	None	517.56	2	258.78	17.66	< .001
	Greenhouse-Geisser	517.56	1.50	345.87	17.66	< .001
Residual	None	849.80	58	14.65		
	Greenhouse-Geisser	849.80	43.40	19.58		

Note. Type 2 Sums of Squares

Between Subjects Effects

	Sum of Squares	df	Mean Square	F	p
group	728.72	1	728.72	3.58	0.069
Residual	5906.89	29	203.69		

Note. Type 2 Sums of Squares

한편 사후검사(Post-hoc test) 결과를 보면 사전-사후, 사전-추후는 유의하게 나타났지만(t=-4.74, p<0.001; t=-5.21, p<0.001), 사후-추후는 유의하지 않은 것으로 나타났다(t=-0.48, p=0.882). 즉, 사후-추후 간에는 유의한 차이가 없으므로 프로그램의 효과가 지속됨을 알 수 있다.

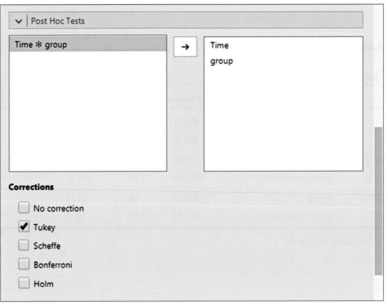

Post Hoc Tests

Post Hoc Comparisons - Time

Comparison		Mean Difference	SE	df	t	ptukey
Time	Time					
Pre -	Post	-4.61	0.97	58.00	-4.74	< .001
-	Followup	-5.07	0.97	58.00	-5.21	< .001
Post -	Followup	-0.46	0.97	58.00	-0.48	0.882

Post Hoc Comparisons - group

Comparison		Mean Difference	SE	df	t	ptukey
group	group					
1 -	2	5.60	2.96	29.00	1.89	0.069

그리고 실험집단과 통제집단의 각 시점별 평균을 표와 그림으로 제시하면 다음과 같다.

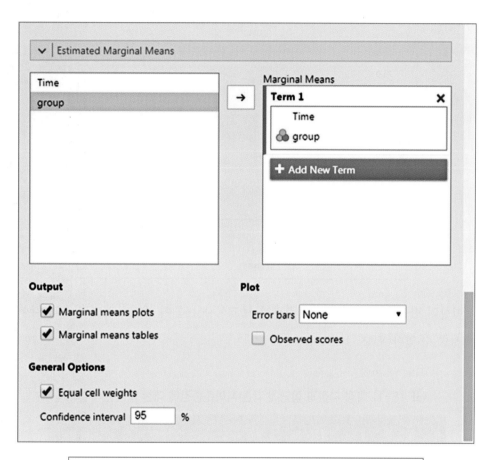

Estimated Marginal Means - Time * group					
group	Time	Mean	SE	95% Confidence Interval	
				Lower	Upper
Treated	Pre	64.98	2.24	60.43	69.52
	Post	74.38	2.24	69.83	78.92
	Followup	75.24	2.24	70.70	79.79
Control	Pre	66.03	2.23	61.51	70.56
	Post	65.85	2.23	61.32	70.37
	Followup	65.91	2.23	61.38	70.44

interaction plot을 이용하여 두 집단의 반복측정 차이를 시각화한 결과를 살펴
보면, 통제집단에서는 사전, 사후, 추후 간에 차이가 없으나, 실험집단에서는 각
시점별로 차이가 있는 것으로 나타났다.

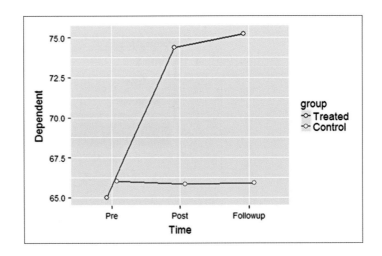

이상의 반복측정 분산분석의 결과를 보고서나 논문에 제시하려면 다음과 같이
제시할 수 있다(표 15-1 참고).

〈표 15-1〉 측정 시점과 집단에 따른 자아존중감에 대한 분산분석 결과

분산 원	제곱합(SS)	자유도(df)	평균제곱(MS)	F
개체 간				
집단	728.7	1	728.7	3.58*
오차	5906.9	29	203.7	
개체 내				
시점	455.3	2	227.7	15.54***
시점 x 집단	517.6	2	258.8	17.66***
오차	849.8	58	14.7	
전체	1822.7	60		

* $p < .10$,   *** $p < .001$

16

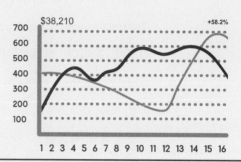

다변량 분산분석

1 다변량 분산분석

지금까지는 분산분석에 있어서 종속변수가 한 개인 단변량 분산분석을 수행하여 집단 간 차이를 분석하였다. 하지만 종속변수가 두 개 이상일 경우 다변량 분산분석(multivariate Analysis of Variance: MANOVA)을 활용해 집단 간 차이를 동시에 검정할 수 있다. 여기서 사용할 데이터는 R 프로그램의 'MASS' 패키지에 있는 데이터 UScereal.csv이며, 이 데이터는 미국에서 판매하고 있는 시리얼의 영양소(단백질, 지방, 탄수화물 등)의 함유량 등에 대한 것이다(Kabacoff, 2015). 분석의 초점은 식품점에서 시리얼을 진열하고 있는 선반—하단(1), 중단(2), 상단(3)—에 따라 시리얼의 영양소 함유량에 차이가 있는지 분석하고자 하는 것이다. 여기서는 선반이 집단변수가 되며, 3가지 수준(1, 2, 3)이 있다.

먼저, 데이터 UScereal.csv를 불러오면 다음과 같다.

다변량 분산분석을 위해 ANOVA > MANCOVA를 클릭한다.

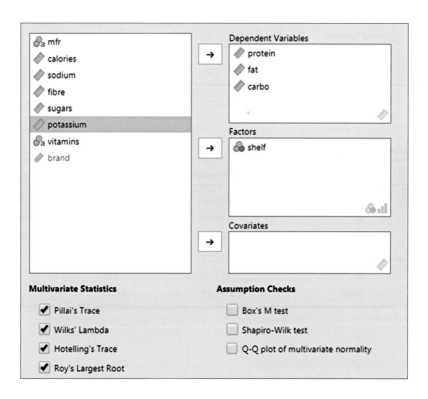

이제 다변량 분산분석을 위해 종속변수 단백질(protein), 지방(fat), 탄수화물 (carbo)과 집단변수 선반(shelf)을 다음과 같이 선택한다.

다변량 분산분석은 집단 간 차이에 대한 다변량 검정을 제공하는데, Pillai's Trace 또는 Wilk's Lambda F값이 유의한 경우 종속변수 묶음에 대한 세 집단(선반의 세 종류)의 차이가 유의하게 다름을 의미한다. 다변량 분산분석의 검정 결과가 유의하다면 이어서 각 종속변수에 대한 단변량 ANOVA 검정 결과를 제시할 수 있다.

다음 결과에서 보는 바와 같이 Pillai's Trace 및 Wilk's Lambda F값이 모두 유의하게 나타났으며(p<0.001), 각 영양소(단백질, 지방, 탄수화물) 별로 세 집단(선반)의 영양소 평균이 서로 유의하게 차이가 있음을 알 수 있다(F=11.49, p<0.001; F=3.68, p=0.031; F=6.94, p=0.002).

MANCOVA

Multivariate Tests

		value	F	df1	df2	p
shelf	Pillai's Trace	0.36	4.52	6	122	< .001
	Wilks' Lambda	0.66	4.70	6	120	< .001
	Hotelling's Trace	0.49	4.87	6	118	< .001
	Roy's Largest Root	0.42	8.62	3	61	< .001

Univariate Tests

	Dependent Variable	Sum of Squares	df	Mean Square	F	p
shelf	protein	120.84	2	60.42	11.49	< .001
	fat	18.44	2	9.22	3.68	0.031
	carbo	839.93	2	419.96	6.94	0.002
Residuals	protein	326.10	62	5.26		
	fat	155.22	62	2.50		
	carbo	3749.83	62	60.48		

이제 다변량 분산분석의 가정을 다음과 같이 체크하여 검정해 보자.

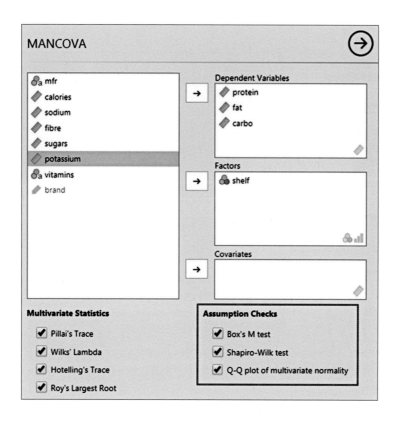

다변량 분산분석의 가정은 두 가지로 다변량 정규성(multivariate normality) 및 분산-공분산 매트릭스의 동일성(homogeneity of variance-covariance matrices)이다. 첫 번째 가정은 종속변수들의 벡터가 함께(jointly) 다변량 정규분포를 따른다는 것이다. Q-Q 플롯을 이용해서 이 가정을 검정할 수 있다. 만약, 데이터가 다변량 정규분포를 따른다면 데이터는 선 위에 위치하게 된다(points fall on the line). 하지만 다음 분석 결과에서 보듯이 Shapiro-Wilk 다변량 정규성 검정 결과를 보면 정규성을 보인다는 영가설이 기각됨을 알 수 있고(p<0.001), 다변량 정규분포 플롯에서도 정규분포를 확인할 수 없음을 알 수 있다.

그리고 분산-공분산 매트릭스의 동일성(homogeneity of variance-covariance matrices assumption) 가정은 각 집단의 분산-공분산 매트릭스가 동일함을 요구하고 있으며, 이 가정은 보통 Box's M 검정으로 검정된다. 하지만 이 검정은 정규분포의 위반에 매우 민감하기 때문에 다음 분석 결과에서 나타난 것처럼 정규분포를 이루지 못할 경우 대부분 기각된다($\chi^2 = 55.99$, p < 0.001).

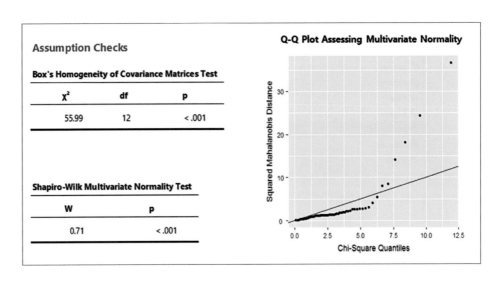

2 로버스트 다변량 분산분석

다변량 정규성이나 분산-공분산 매트릭스의 동일성이 검정될 수 없다면, 또는 다변량 이상치가 마음이 걸린다면 로버스트 다변량 분산분석(robust MANOVA)을 사용할 수 있다. 다변량 분산분석의 로버스트 버전은 R 프로그램의 'rrcov' 패키지의 Wilks.test( ) 기능을 활용할 수 있다(Kabacoff, 2015, pp. 235-236).

다음 분석 결과를 살펴보면, 이상치나 MANOVA의 가정 위반에 대해서 분석방법으로 활용할 수 있는 로버스트 다변량 분산분석을 실시해도 이전 결과와 마찬가지로 선반의 위치(종류)에 따라 시리얼의 각 영양소가 서로 다르게 나타남을 알 수 있다($\chi^2 = 18.49$, p=0.0016).

```
> library(MASS)
> UScereal$shelf <- factor(UScereal$shelf)
> attach(UScereal)
> y <- cbind(proten, fat, carbo)
> library(rrcov)
> Wilks.test(y, shelf, method="mcd") # 분석 시간이 약 1분 정도 소요됨
```

```
> library(rrcov)
필요한 패키지를 로딩중입니다: robustbase

다음의 패키지를 부착합니다: 'robustbase'

The following object is masked from 'package:survival':

    heart

Scalable Robust Estimators with High Breakdown Point (version 1.4-3)
> Wilks.test(y, shelf, method="mcd")

        Robust One-way MANOVA (Bartlett Chi2)

data:  x
Wilks' Lambda = 0.5664, Chi2-Value = 18.4870, DF = 4.5238, p-value = 0.0016
sample estimates:
    protein      fat    carbo
1 2.752596 0.7010828 19.36963
2 1.827553 1.2446591 14.77773
3 3.739762 1.5113996 21.62373
```

17

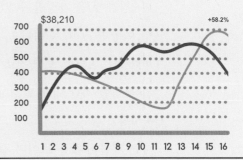

로지스틱 회귀분석

일반선형회귀분석(general linear model)과 ANOVA에서는 종속변수가 정규분포를 이루고 있음을 가정한다. 즉, 회귀분석과 ANOVA에서는 일련의 연속형 및 범주형 독립변수로부터 정규분포를 이루고 있는 종속변수를 예측할 수 있는 선형모형을 구하려고 했다. 그러나 종속변수가 정규분포를 이루고 있다는 것(또는 연속형 변수라는 것)을 가정할 수 없는 경우가 많다. 예를 들어, 종속변수가 범주형인 경우, 즉 이항변수(예, 예/아니요, 성공/실패 등)이거나 순서형 및 다항범주형 변수(예, 미비한/좋은/탁월한, 보수/진보/중도 등)는 분명 정규분포를 이룰 수 없다. 또 종속변수가 특정한 기간 내에 발생하는 카운트형(count)인 경우(예, 한 달 동안 이루어진 자원봉사활동 건수, 일주일 동안 교통사고 발생 건수, 하루에 마시는 맥주의 양 등), 이러한 변수는 제한된 값을 보이며 결코 부정적인 값이 될 수 없다. 경우 정규분포에서는 볼 수 없는 현상으로서 평균과 분산이 종종 연계되어 있다(Kabacoff, 2015, p. 301).

정규분포를 이루지 못하는 종속변수를 포함하여 선형모형을 확장하고자 하는 분석방법이 **일반화 선형모형**(generalized linear model)인데, 이 모형에는 R 프로그램의 glm( ) 기능을 활용하며, 종속변수가 범주형 변수인 경우 로지스틱 회귀분석을, 종속변수가 카운트 변수인 경우 포아송 회귀분석을 활용한다. 그리고 모수의 추정(parameter estimates)에 최소제곱법(least squares) 대신 최대우도법(maximum likelihood)을 사용한다. 구체적으로 일반적인 선형모형에서 다룰 수 없는 다음의 연구 질문을 제기해 보자(Kabacoff, 2015, p. 302).

- 어떤 개인적, 인구학적, 관계적 변수가 불성실한 혼인관계(marital infidelity)를 예측할 수 있는가? 이 경우 종속변수는 이항변수, 즉 혼외관계(affair) 유무이다.
- 만약 혼외관계가 있었다면 지난 1년 동안 얼마나 많은 관계(number of affairs)가 발생하였는가? 이 경우 종속변수는 카운트형 변수이며 기대 발생 건수(expected number of affairs)가 종속변수가 된다.

첫 번째 질문에는 로지스틱 회귀분석(family=binomial)을, 두 번째 질문에는 포아송 회귀분석(family=poisson)을 활용하는데 포아송 회귀분석은 다음 장에서 다룬다.

1   이항로지스틱 회귀분석

이항로지스틱 회귀분석(binary logistic regression)은 종속변수가 (0, 1) (효과 없음, 효과 있음) 등과 같이 binary(이항변수)이고, 승산비(odds)를 log- 전환한 로짓함수를 종속변수로 하여 모형화하며, 승산비는 다음과 같이 설명될 수 있다.

P: 어떤 결과(outcome)가 일어날 확률

1-P: 어떤 결과가 일어나지 않을 확률

승산비(odds)=$\dfrac{p}{1-p}$(어떤 결과가 일어나지 않을 확률에 비해 일어날 확률)에 로그를 취하면 $\log(\dfrac{p}{1-p})$이 되고 이를 로짓(logit) 또는 log odds라 부르며, $(-\infty, +\infty)$의 범위 값이 된다. 따라서 종속변수의 기댓값은 $(-\infty, +\infty)$로 무한대의 범위를 가진다. 이를 확률값으로 변환하기 위해서는 로짓링크함수의 역함수를 사용하여 다시 (0, 1) 사이의 확률값으로 되돌린다. 이때 로짓링크함수의 역함수를 로지스틱함수라 부르며(권재명, 2017, p. 160), 이를 수식으로 표현하면 다음과 같다.

$$\log(\frac{p}{1-p}) = \beta_0 + \beta_1 x$$

$$\frac{p}{1-p} = e^{\beta_0+\beta_1 x}$$

$$p = \frac{e^{\beta_0+\beta_1 x}}{1+e^{\beta_0+\beta_1 x}}$$

즉, p(Y=1)는 로짓링크함수의 역함수인 로지스틱 함수 $f(X)=\dfrac{e^x}{1+e^x}$로 표현되므로 로지스틱 회귀분석(logistic regression)이라 부르며, 이를 로짓링크(logit-link)를 가지는 일반화 선형모형(generalized linear models: GLM)이라고 한다(안재형, 2011, p. 174).

이항로지스틱 회귀분석(binomial logistic regression)은 일련의 연속변수 및 범주형 예측변수들로부터 이항 결과변수를 예측할 때 유용한 분석이다. R 프로그램의 'AER' 패키지에 포함된 데이터 Affairs를 활용하여 결혼불성실성에 대한 분석을 시도해 보자. 이 결혼불성실성에 대한 데이터는 1969년『Psychology Today』가 수행한 설문조사에 기초하고 있으며, 601명의 응답자로부터 수집된 9개 변수를 포함하고 있다. 구체적인 변수로는 지난 한 해 동안 얼마나 자주 혼외관계를 맺었는지 그리고 이들의 성별, 나이, 결혼 기간, 자녀 여부, 신앙심(5점 척도; 1~5점 점수가 높을수록 신앙심이 높음), 교육 정도, 직업(Hollingshead의 7범주 분류), 그리고 결혼생활에 대한 만족도(5점 척도; 1 매우 불행~5 매우 행복)이다(Kabacoff, 2015, p. 306).

먼저, 이항로지스틱 회귀분석을 위한 데이터 Affairs.csv를 불러오며, 종속변수로는 혼외관계 유무인 변수 affair이다.

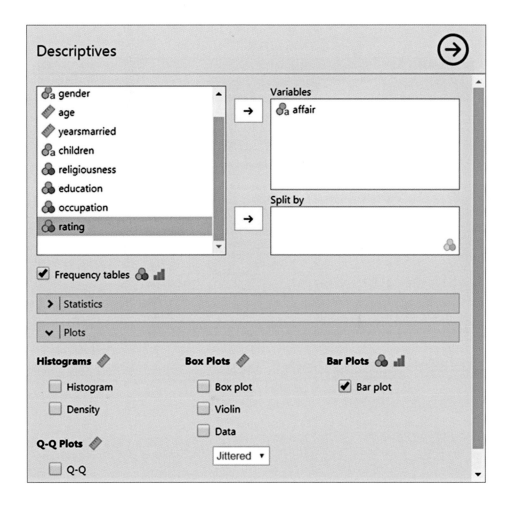

기술통계분석을 실시해 보면 다음과 같은 결과를 얻게 된다.

대상자 중 혼외관계 경험(affair)이 있었던 사람이 150명(25.0%)으로 나타났다.

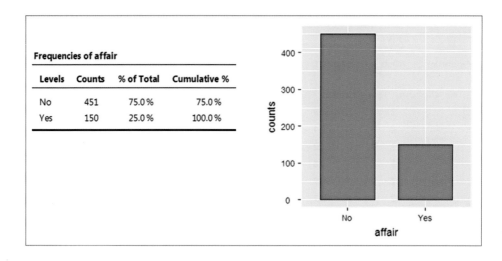

Frequencies of affair			
Levels	Counts	% of Total	Cumulative %
No	451	75.0 %	75.0 %
Yes	150	25.0 %	100.0 %

로지스틱 회귀분석을 위해서는 메뉴 창에서 Regression > 2 Outcomes Binomial 을 클릭한다. 그리고 이어서 종속변수와 독립변수를 다음과 같이 선택한다.

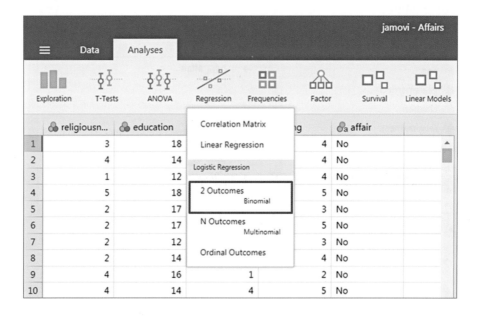

다음 분석상자에서 우선 종속변수를 제외하고 모든 변수를 독립변수로 투입한다.

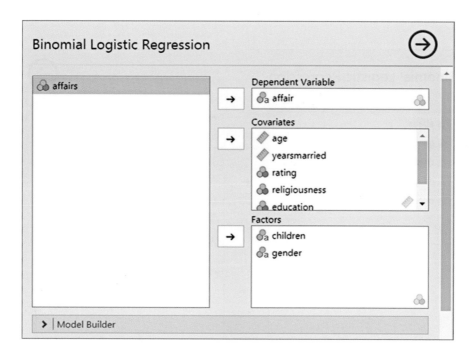

그러면 다음과 같은 결과를 얻게 되며, 8개의 독립변수 중 연령(age), 결혼 기간 (yearsmarried), 결혼만족도(rating), 신앙심(religiousness)만 유의한 것으로 나타났다.

Binomial Logistic Regression

Model Fit Measures

Model	Deviance	AIC	R^2_{McF}
1	609.70	625.70	0.10

Model Coefficients

Predictor	Estimate	SE	Z	p
Intercept	1.34	0.88	1.52	0.130
age	−0.04	0.02	−2.40	0.016
yearsmarried	0.10	0.03	2.96	0.003
children:				
yes – no	0.38	0.29	1.32	0.188
rating	−0.47	0.09	−5.18	< .001
religiousness	−0.33	0.09	−3.63	< .001
education	0.03	0.05	0.67	0.501
gender:				
male – female	0.32	0.22	1.41	0.158

Note. Estimates represent the log odds of "affair = Yes" vs. "affair = No"

이 결과에서 통계적으로 유의한 변수 4개만 선택하여 모형에 투입하면 다음과
같은 결과가 나타난다.

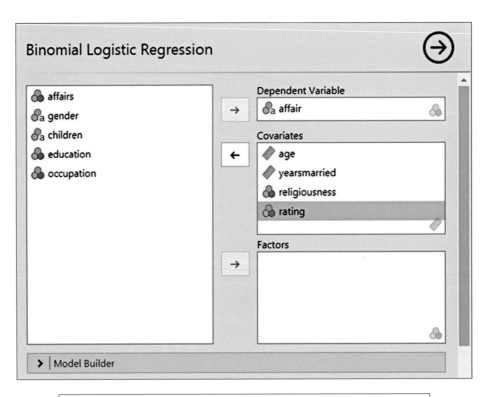

Model Fit Measures

Model	Deviance	AIC	R^2_{McF}
1	615.36	625.36	0.09

Model Coefficients

Predictor	Estimate	SE	Z	p
Intercept	1.93	0.61	3.16	0.002
age	−0.04	0.02	−2.03	0.042
yearsmarried	0.10	0.03	3.44	< .001
religiousness	−0.33	0.09	−3.68	< .001
rating	−0.46	0.09	−5.19	< .001

Note. Estimates represent the log odds of "affair = Yes" vs.
"affair = No"

그리고 앞의 결과에 대한 해석을 용이하게 하도록 계수를 승산비(Odds ratio)로 표시한다.

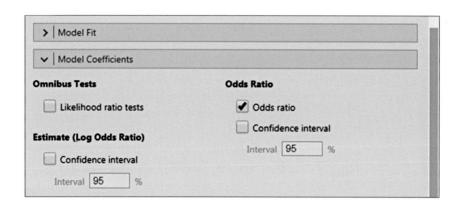

그러면 다음 결과에서 보듯이 결혼 기간이 1년 늘어날수록 혼외관계를 가질 확률은 1.11배 증가하지만, 연령, 신앙심, 결혼만족도가 증가할수록 혼외관계를 가질 확률은 감소하는 것으로 나타났다. 그리고 모형적합도 지수로 제시된 Deviance는 최대우도법으로 추정한 것이며, 선형회귀모형에서 잔차의 제곱합(residual sum of squares)을 일반화한 우도함수(likelihood function)로 나타낸 것이다. AIC는 최대우도에 모수의 수(number of parameters)를 반영한 것으로 이 수치가 작을수록 좋은 모형이라고 할 수 있다(권재명, 2017).

Model Fit Measures

Model	Deviance	AIC	R^2_{McF}
1	615.36	625.36	0.09

Model Coefficients

Predictor	Estimate	SE	Z	p	Odds ratio
Intercept	1.93	0.61	3.16	0.002	6.90
age	−0.04	0.02	−2.03	0.042	0.97
yearsmarried	0.10	0.03	3.44	< .001	1.11
religiousness	−0.33	0.09	−3.68	< .001	0.72
rating	−0.46	0.09	−5.19	< .001	0.63

Note. Estimates represent the log odds of "affair = Yes" vs. "affair = No"

로지스틱 회귀분석의 경우 예측값은 로그승산비(log odds ratio)로 제시되어 해석하기가 쉽지 않으므로 해석할 때는 로그를 제외한(지수 전환을 한) 승산비(odds ratio)로 해석하는 것이 편리하다. 이 분석 결과를 보다 상세히 해석하면 다음과 같다.

⟨표 17-1⟩ 분석 결과의 해석

변수	예측값 (로그승산비)	승산비 (odds ratio)	기준	해석
age	−0.04	0.97	승산비 1.0을 기준으로 1보다 작으면 감소	연령이 한 살 증가할수록 혼외관계를 가질 승산은 0.97배로 증가한다(3% 감소한다).
yearsmarried	0.10	1.11	1.0보다 크면 증가	결혼 기간이 1년 증가할수록 승산은 1.11배로 증가한다(11% 증가한다).
religiousness	−0.33	0.72	1.0보다 작으면 감소	신앙심이 한 단위 증가할수록 승산은 0.72배로 증가한다(28% 감소한다).
rating	−0.46	0.63	1.0보다 작으면 감소	결혼만족도가 한 단위 증가하면 승산은 0.63배로 증가한다(37% 감소한다).

여기서 다중공선성을 체크해 보면 다음과 같이 독립변수 간에 다중공선성 문제는 없는 것으로 나타났다(모두 VIF제곱근이 2.0 이하로 나타났다).

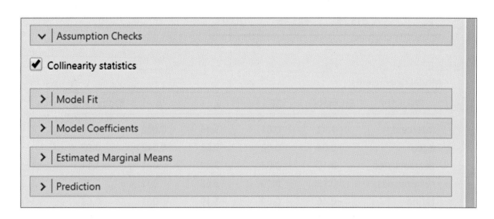

Collinearity Statistics

	VIF	Tolerance
age	2.499	0.400
yearsmarried	2.584	0.387
religiousness	1.074	0.931
rating	1.047	0.955

이제 모형 비교를 위해 다음과 같이 모형1과 모형2—모형1에 education, occupation, gender, children 추가—를 비교해 보면 분석 결과에서 보듯이 모형1과 모형2의 Residual Deviance의 차이(615.36-609.51=5.85)를 검정한 ANOVA 검정 결과는 모형에 있어서 유의한 차이가 없는 것으로 나타났다(χ^2=5.85, p=0.211). 하지만 모형1의 AIC(625.36)가 모형2의 AIC(627.51)보다 작은 값으로 나타나 모형1을 선택하는 것이 더 적합하다고 하겠다. 왜냐하면 적은 수의 모수로 모형을 추정할 수 있는 모형1이 더 간명한 모형이라고 할 수 있기 때문이다.

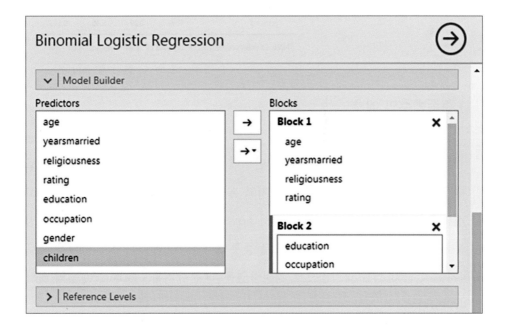

Model Fit Measures

Model	Deviance	AIC	R²McF
1	615.36	625.36	0.09
2	609.51	627.51	0.10

Model Comparisons

Comparison				
Model	Model	χ²	df	p
1	-	2	5.85	4	0.211

Model 1

Model Coefficients

Predictor	Estimate	SE	Z	p
Intercept	1.93	0.61	3.16	0.002
age	-0.04	0.02	-2.03	0.042
yearsmarried	0.10	0.03	3.44	< .001
religiousness	-0.33	0.09	-3.68	< .001
rating	-0.46	0.09	-5.19	< .001

Note. Estimates represent the log odds of "affair = Yes" vs. "affair = No"

Model 2

Model Coefficients

Predictor	Estimate	SE	Z	p
Intercept	1.38	0.89	1.55	0.121
age	-0.04	0.02	-2.43	0.015
yearsmarried	0.09	0.03	2.94	0.003
religiousness	-0.32	0.09	-3.62	< .001
rating	-0.47	0.09	-5.15	< .001
education	0.02	0.05	0.42	0.677
occupation	0.03	0.07	0.43	0.667
gender:				
male – female	0.28	0.24	1.17	0.241
children:				
yes – no	0.40	0.29	1.36	0.173

Note. Estimates represent the log odds of "affair = Yes" vs. "affair = No"

1) 종속변수의 예측

이항로지스틱 회귀분석의 경우 종속변수에 대한 분류 · 예측(prediction)을 시도
할 수 있다. 이제 앞의 분석 결과를 가지고 혼외관계 유무에 대한 예측(prediction)
을 시도해 보자. 먼저, cut-off plot에서 sensitivity와 specificity의 교차하는 지점
이 분류를 예측하는 최적의 지점이므로 플롯에서 sensitivity와 specificity가 서로
교차하고 있는 0.25를 교차점으로 지정하였을 때 분류정확도(accuracy)는 약 66%
로 나타났다.

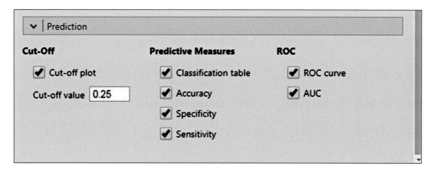

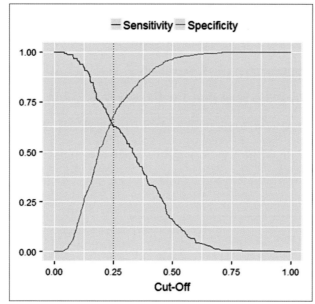

Classification Table – affair

Observed	Predicted		
	No	**Yes**	**% Correct**
No	301	150	66.7
Yes	55	95	63.3

Note. The cut-off value is set to 0.25

Predictive Measures

Accuracy	Specificity	Sensitivity	AUC
0.659	0.667	0.633	0.704

Note. The cut-off value is set to 0.25

Sensitivity는 분류표(Classification table)로부터 예측값에서 'Yes'라고 응답한 사람이 관찰값에서도 'Yes'라고 응답한 비율을 말하며, 그 계산은 95/(55+95)=.633이 된다. Specificity는 예측값에서 'No'라고 응답한 사람이 관찰값에서도 'No'라고 응답한 비율을 말하며, 301/(301+150)=.667로 계산된다. 한편 Accuracy(정확도)은 예측값과 관찰값이 일치되는 비율로서 (301+95)/(301+150+55+95)=.659로 계산된다.

또 다른 분류의 정확도를 나타내는 AUC(area under the curve)는 약 70%로 나타났다. X축에 1-Specificity, Y축에 Sensitivity로 나타내는 AUC는 ROC curve에서 빨간색 선 하단의 영역을 보여 주며 1.0에 가까울수록 정확한 예측이 이루어진다. 분석 결과에서는 AUC=.704로 보통 수준의 예측 정확도를 보여 주고 있다. 한편 랜덤으로 예측한 값, 즉 특정한 모형 없이 예측한 값은 0.5로 대각선 다음의 영역이 된다.

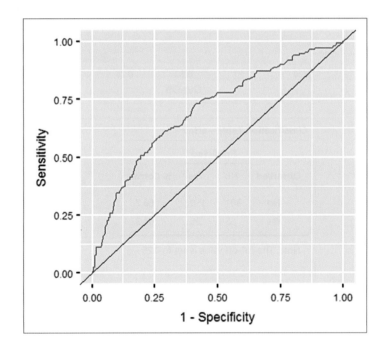

2　다항로지스틱 회귀분석

다항로지스틱 회귀분석(multinomial logistic regression)은 종속변수가 다항(multinomial), 즉 셋 이상의 범주로 구성된 경우에 해당된다. 여기서 사용할 데이터 hsbdemo.csv는 200명의 고등학교 신입생들을 대상으로 학교에서 어떤 진로 프로그램을 선택하는가에 대한 데이터이다.* 종속변수인 진로 프로그램(program)은 세 가지 범주(academic, general, vocation)로 구성되어 있고, 독립변수로는 사회 경제적 지위(ses: low, middle, high), 글쓰기 역량(write)이 있다.

먼저, 분석할 데이터 hsbdemo.csv를 다음과 같이 불어온다.

학생들이 세 가지 진로 프로그램(general program, vocational program, academic program) 중에서 특정 프로그램을 선택하는 것은 학생들의 글쓰기 역량(write)과 사회경제적 지위(ses)와 연결될 수 있다는 가정하에 분석하고자 한다. 여기서 종속변수는 3가지 범주이므로 다항로지스틱모형(multinomial model)이 필요하다. 다

---

* 이 데이터는 UCLA의 Institute for Digital Research & Education(IDRE) 홈페이지에서 가져온 것임을 밝힌다(https://stats.idre.ucla.edu/r/dae/multinomial-logistic-regression/).

항로지스틱모형의 기본 개념은 종속변수에 있어서 각 범주를 선택할 확률이 독립변수에 따라 어떻게 달라지는가 하는 점이다.

여기서 종속변수는 k가 종속변수의 범주 수일 때 k−1 더미변수로 나누어지므로 각 더미변수에 대한 로지스틱모형이 추정된다고 하겠다. 즉, 종속변수의 어떤 특정 범주를 기준 집단(reference group)으로 선정한다면(예, academic program) 다항로지스틱모형은 academic program에 대해 각 프로그램(즉, general program 또는 vocational program)을 선택할 로짓(log of odds)에 대한 독립변수의 영향력을 추정하는 것이다.

다항로지스틱 회귀분석을 위해서는 jamovi에 다음과 같은 추가 모듈이 필요하다. jamovi에 추가 모듈 GAMLj을 설치한 후 메뉴 창에서 Linear Models > Generalized Linear Models를 클릭한다.

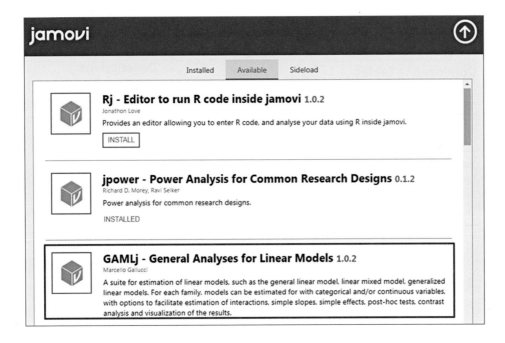

주요 변수에 대한 기본적인 기술통계분석을 실행한 결과는 다음과 같다.

Contingency Tables

Contingency Tables

	ses			
prog	high	low	middle	Total
academic	42	19	44	105
general	9	16	20	45
vocation	7	12	31	50
Total	58	47	95	200

Descriptives

Descriptives

	write
N	200
Missing	0
Mean	52.8
Median	54.0
Minimum	31
Maximum	67

1) 단순 다항로지스틱 회귀분석

독립변수가 하나인 단순 다항로지스틱모형(simple multinomial model)에서는 다음과 같이 독립변수로 ses를 투입한다.

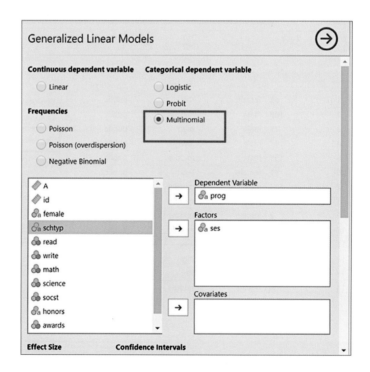

다음 결과에서 R-squared는 모형의 적합도(the goodness of fit of the model)에 대한 정보를 제공하고 있다. 즉, ses로 인해 오차의 추정이 4% 감소되는(proportion of reduction of error) 것이다. 달리 말하면 ses로 인해 프로그램 선택에 대한 예측을 4% 증가시킨다는 의미이다.

Model Info		
Info	Value	Comment
Model Type	Multinomial	Model for categorical y
Call	multinom	prog ~ 1 + ses
Link function	logit	Log of the odd of each category over y=0
Direction	P(y=x)/P(x=0)	P(prog=general)/P(prog=academic) , P(prog=vocation)/P(prog=academic)
Distribution	Multinomial	Multi-event distribution of y
R-squared	0.04	Proportion of reduction of error
AIC	403.41	Less is better
Deviance	391.41	Less is better
Residual DF	6.00	
Converged	yes	A solution was found

각 독립변수에 대한 overall test(Omnibus test Chi-squared 또는 Loglikelihood ratio test)는 각 독립변수의 계수가 제로(0)라는(모형이 종속변수를 설명하기에 유의하지 않다는) 영가설을 검정한다. 즉, 영가설은 진로 프로그램을 선택할 확률이 ses 범주마다 동일하다는 의미인데 이 영가설은 기각되었음을 알 수 있다(χ^2=16.8, p=0.002).

Loglikelihood ratio tests			
	X^2	df	p
ses	16.78	4	0.002

Analysis of Deviance: Omnibus Tests			
	X^2	df	p
ses	16.8	4	0.002

다음 분석 결과에서 첫 번째 계수(ses1 in general–academic contrast)의 승산 (odd)이 3.93으로 나타났는데, 이는 high–ses 집단에 비해 low–ses 집단에서는 academic program에 비해 general program을 선택할 승산이 3.93배 높다는 의미 이다. 그리고 이는 통계적으로 유의한 것으로 나타났다(z=2.74, p=0.006). 마찬가 지로 academic program에 비해 vocation program을 선택할 확률은 3.79배 높은 것으로 나타났다.

Fixed Effects Parameter Estimates

Response Contrasts	Names	Effect	Estimate	SE	95% Confidence Interval		exp(B)	z	p
					Lower	Upper			
general - academic	(Intercept)	(Intercept)	−0.83	0.19	−1.20	−0.46	0.43	−4.40	< .001
	ses1	low - high	1.37	0.50	0.39	2.35	3.93	2.74	0.006
	ses2	middle - high	0.75	0.46	−0.14	1.65	2.12	1.65	0.099
vocation - academic	(Intercept)	(Intercept)	−0.87	0.20	−1.26	−0.48	0.42	−4.35	< .001
	ses1	low - high	1.33	0.55	0.25	2.41	3.79	2.42	0.015
	ses2	middle - high	1.44	0.47	0.52	2.36	4.23	3.06	0.002

분석 결과를 다음 그림으로 보면 더 잘 이해할 수 있는데, 이를 해석하자면 high–ses 집단에서는 다른 프로그램에 비해 academic program을 선택할 확률이 훨씬 더 높지만 low 및 middle–ses 집단에서는 세 가지 프로그램을 선택할 확률이 큰 차이가 없다고 하겠다. 즉, ses가 미치는 효과(영향)는 그다지 크지 않다고 볼 수 있다(R–squared=0.04)

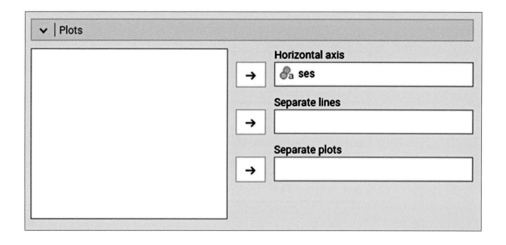

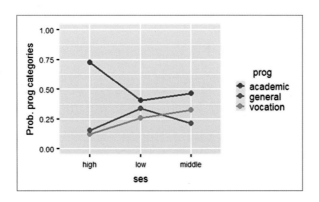

한편, 앞의 그림에서 보듯이 jamovi에서는 결과를 해석하기가 쉽도록 Y축에 프로그램에 대한 승산(odds)이 아니라 각 프로그램을 선택할 확률(probability)을 보여 주고 있다.

2) 다중 다항로지스틱 회귀분석

다중 다항로지스틱모형(multiple multinomial model)은 다중 회귀분석과 마찬가지로 독립변수를 2개 이상 사용하는 경우이며, 다음과 같이 ses 외 write(글쓰기 역량)를 추가한다.

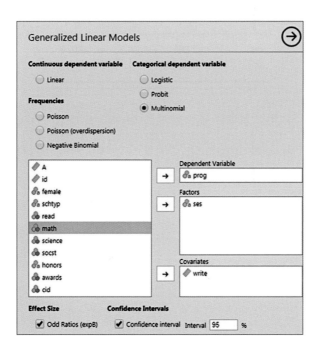

다음 그림을 보면 글쓰기 역량이 뛰어날수록 academic program을 선택할 확률이 높지만 글쓰기 역량이 낮을수록 vocational program을 선택할 확률이 높음을 알 수 있다. 그리고 general program 선택은 글쓰기 능력과 별다른 관계가 없음을 알 수 있다. 여기서 write는 평균중심화(centered) 되어 있다.

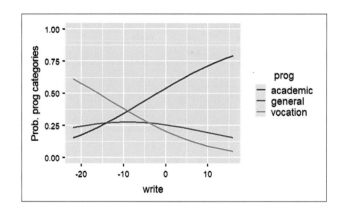

Loglikelihood ratio 검정 결과 ses 집단별로 프로그램 선택이 다르며, 글쓰기 역량에 따라 진로 프로그램 선택이 달라짐을 알 수 있다. 즉, ses와 write는 각각 진로 프로그램 선택에 통계적으로 유의한 영향을 미치는 것을 알 수 있다.

Loglikelihood ratio tests			
	X^2	df	p
ses	11.06	4	0.026
write	31.45	2	< .001

구체적으로 다음 분석 결과를 보면 글쓰기 역량이 한 단위 증가할수록 academic program에 비해 general program을 선택할 승산이 0.94배 증가하는 것으로 나타났다. 즉, 6% 감소하는 것을 알 수 있다.* 마찬가지로 academic program에 비해 vocational program을 선택할 확률이 0.89배 증가, 즉 11% 감소하는 것으로 나타났다.

---

* 이에 대한 해석을 다음과 같이 할 수 있다. 즉, 글쓰기 역량이 한 단위 증가할수록 general program에 비해 academic program을 선택할 승산이 1/0.94=1.06배 증가하는 것으로 나타났다(6% 증가하는 것으로 나타났다).

Fixed Effects Parameter Estimates

Response Contrasts	Names	Effect	Estimate	SE	95% Confidence Interval		exp(B)	z	p
					Lower	Upper			
general - academic	(Intercept)	(Intercept)	−0.77	0.19	−1.15	−0.39	0.46	−3.96	< .001
	ses1	low - high	1.16	0.51	0.15	2.17	3.20	2.26	0.024
	ses2	middle - high	0.63	0.47	−0.28	1.54	1.88	1.35	0.176
	write	write	−0.06	0.02	−0.10	−0.02	0.94	−2.71	0.007
vocation - academic	(Intercept)	(Intercept)	−1.01	0.23	−1.45	−0.56	0.37	−4.42	< .001
	ses1	low - high	0.98	0.60	−0.18	2.15	2.67	1.65	0.099
	ses2	middle - high	1.27	0.51	0.27	2.28	3.58	2.49	0.013
	write	write	−0.11	0.02	−0.16	−0.07	0.89	−5.11	< .001

3) 조절된 다항로지스틱 회귀분석

이상의 분석을 바탕으로 우리가 제기할 수 있는 질문은 글쓰기 역량의 효과가 사회경제적 수준에 따라 달라지는가, 즉 조절효과가 있는가 하는 것이다. 이를 위해 조절된 다항로지스틱 회귀분석(moderated multinomial model)을 활용하며, 다음과 같이 Model 대화상자에서 ses＊wirte 상호작용항을 오른쪽으로 옮긴다.

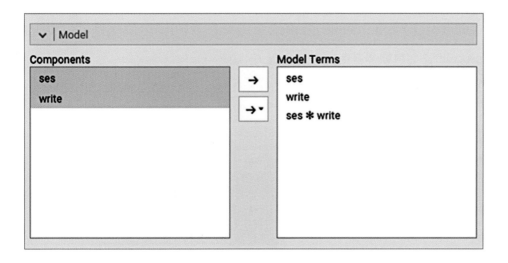

분석 결과는 다음에서 보듯이 Loglikelihood ratio 검정에서 카이스퀘어 값이 작고(3.46) 유의확률이 크게(0.484) 나왔으므로 통계적으로 유의하지 않은 상호작용 효과가 있는 것으로 보인다. 즉, 글쓰기 역량의 효과가 사회경제적 수준에 따라 그다지 다르지 않다는 의미이다. 이는 조절효과 항의 회귀계수가 모두 유의하지 않은 것으로 확인할 수 있다.

Loglikelihood ratio tests

	X²	df	p
ses	12.24	4	0.016
write	26.40	2	< .001
ses ✳ write	3.46	4	0.484

Fixed Effects Parameter Estimates

Response Contrasts	Names	Effect	Estimate	SE	95% Confidence Interval Lower	95% Confidence Interval Upper	exp(B)	z	p
general - academic	(Intercept)	(Intercept)	−0.78	0.20	−1.17	−0.40	0.46	−3.97	< .001
	ses1	low - high	1.26	0.51	0.25	2.27	3.54	2.45	0.014
	ses2	middle - high	0.71	0.48	−0.24	1.66	2.03	1.46	0.143
	write	write	−0.05	0.02	−0.10	−0.01	0.95	−2.48	0.013
	ses1 ✳ write	low - high ✳ write	8.30e−4	0.06	−0.11	0.11	1.00	0.02	0.988
	ses2 ✳ write	middle - high ✳ write	−0.08	0.05	−0.18	0.03	0.92	−1.47	0.142
vocation - academic	(Intercept)	(Intercept)	−1.02	0.23	−1.48	−0.56	0.36	−4.36	< .001
	ses1	low - high	0.87	0.65	−0.40	2.13	2.38	1.34	0.181
	ses2	middle - high	1.31	0.52	0.30	2.33	3.72	2.53	0.011
	write	write	−0.11	0.02	−0.16	−0.07	0.89	−4.75	< .001
	ses1 ✳ write	low - high ✳ write	−0.03	0.06	−0.15	0.10	0.97	−0.40	0.688
	ses2 ✳ write	middle - high ✳ write	−0.05	0.05	−0.15	0.06	0.95	−0.91	0.361

이 분석 결과는 다음 그림, 즉 사회경제적 수준에 따른 프로그램 선택 확률을
보여 주는 그림에서 확인할 수 있다. 즉, 사회경제적 수준에 관계없이 글쓰기 역
량이 높아질수록 academic program을 선택할 확률은 높아지지만 vocational
program을 선택할 확률은 낮아짐을 알 수 있다.

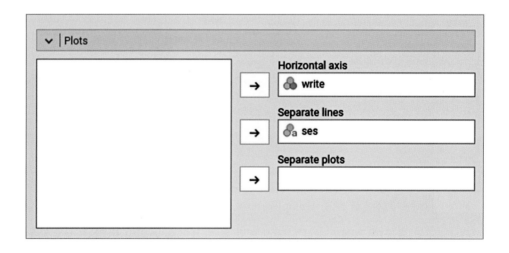

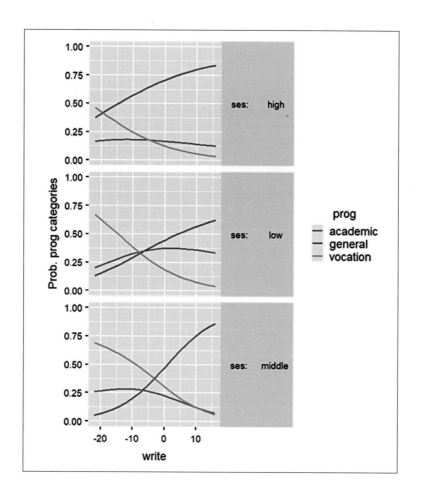

294   17 로지스틱 회귀분석

3 순서형 로지스틱 회귀분석

순서형 로지스틱 회귀분석(ordinal logistic regression)은 종속변수가 순서형 범주 (예, mild, moderate, severe)로 구성되어 있는 경우를 의미하며, 여기서 사용할 데이 터는 ordinal.csv이다.* 이 데이터는 대학 3학년 학생들을 대상으로 대학원 진학 의향에 대한 가상 데이터로서, 종속변수는 대학원 진학(apply)에 대한 것으로 세 가지 수준(순서), 즉 'unlikely(1)', 'somewhat likely(2)', 'very likely(3)' 수준으로 구 성되어 있다. 독립변수로는 세 변수가 있는데 우선 pared은 부모 중 한 사람이 대 학원 학위를 소지하고 있는지(1, 0) 여부이며, public은 재학 중인 대학이 공립(1), 사립(0) 여부, 그리고 마지막 변수로 학생의 학업성적 gpa가 있다.

먼저, jamovi로 데이터 ordinal.csv를 불러오면 다음과 같다.

	apply	pared	public	gpa	
1	very likely	0	0	3.26	
2	somewhat lik...	1	0	3.21	
3	unlikely	1	1	3.94	
4	somewhat lik...	0	0	2.81	
5	somewhat lik...	0	0	2.53	
6	unlikely	0	1	2.59	
7	somewhat lik...	0	0	2.56	
8	somewhat lik...	0	0	2.73	
9	unlikely	0	0	3.00	
10	somewhat lik...	1	0	3.50	
11	unlikely	1	1	3.65	
12	somewhat lik...	0	0	2.84	
13	very likely	0	1	3.90	
14	somewhat lik...	0	0	2.68	
15	unlikely	1	0	3.57	

---

* 이 데이터는 UCLA의 Institute for Digital Research & Education(IDRE) 홈페이지에서 가져온 것임을 밝힌다(https://stats.idre.ucla.edu/r/dae/ordinal-logistic-regression/)

　분석에 앞서 각 변수에 대한 기술통계분석을 실시하면 다음과 같은 결과가 나타난다.

Descriptives

	apply	pared	public	gpa
N	400	400	400	400
Missing	0	0	0	0
Mean		0.158	0.142	3.00
Median		0.00	0.00	2.99
Minimum		0	0	1.90
Maximum		1	1	4.00

Frequencies of apply

Levels	Counts	% of Total	Cumulative %
unlikely	220	55.0 %	55.0 %
somewhat likely	140	35.0 %	90.0 %
very likely	40	10.0 %	100.0 %

Frequencies of pared

Levels	Counts	% of Total	Cumulative %
0	337	84.3 %	84.3 %
1	63	15.8 %	100.0 %

Frequencies of public

Levels	Counts	% of Total	Cumulative %
0	343	85.8 %	85.8 %
1	57	14.2 %	100.0 %

순서형 로지스틱 회귀분석을 위해서 Regression > Logistic Regression > Ordinal Outcomes를 클릭한다.

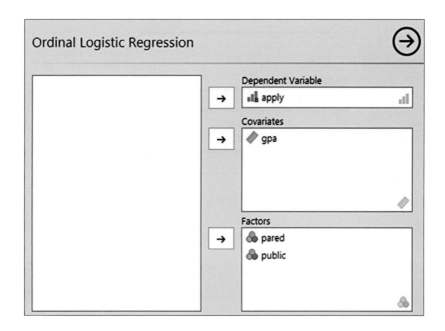

순서형 로지스틱 회귀분석 대화상자에서 종속변수(apply)와 독립변수를 다음과 같이 지정한다.

순서형 로지스틱 회귀분석은 R의 'MASS' 패키지 polr 기능(명령어)를 사용하는데, 이 명령어는 proportional odds logistic regression의 약자이다.

다음 분석 결과를 살펴보면, 먼저 전체적인 모형은 통계적으로 유의한 것으로 나타났으며(χ^2=24.18, p<0.001), omnibus likelihood ratio 검정 결과 gpa와 pared 는 종속변수에 각각 유의한 영향을(χ^2=5.65, p=0.017; χ^2=15.57, p<0.001) 미치는 것으로 나타났다.

Model Fit Measures

Model	Deviance	AIC	R^2_{Mcf}	Overall Model Test		
				χ^2	df	p
1	717.02	727.02	0.03	24.18	3	< .001

Note. The dependent variable 'apply' has the following order: unlikely | somewhat likely | very likely

Model 1

Omnibus Likelihood Ratio Tests

Predictor	χ^2	df	p
gpa	5.65	1	0.017
pared	15.57	1	< .001
public	0.04	1	0.844

이어서 다음 분석 결과에서 계수(coefficients, 즉 odds ratio)를 proportional odd ratios라고 부르며, 그 해석은 이분형 로지스틱 회귀분석의 승산비(odds ratios) 해석과 마찬가지이며 다음과 같이 해석한다.

- 부모교육(pared)이 한 단위 증가하면, 즉 부모 중 한 사람이 대학원 학위를 소지하고 있으면(1) 그렇지 않은 경우보다(0) 'unlikely' 또는 'somewhat likely' 지원보다 'very likely' 지원 승산이 2.85배수 증가한다.
- 부모교육(pared)이 한 단위 증가하면, 즉 부모 중 한 사람이 대학원 학위를 소

지하고 있으면(1) 그렇지 않은 경우보다(0) 'unlikely' 지원보다 'somewhat likely' 또는 'very likely' 지원 승산이 2.85배수 증가한다.

- 학업성적(gpa)이 한 단위 증가하면 'unlikely' 지원에서 'somewhat likely' 또는 'very likely'로 지원할 승산이 1.85배수로 증가한다. 또는 'unlikely' 또는 'somewhat likely'에서 'very likely'로 지원할 승산이 1.85배수로 증가한다.

Model Coefficients

Predictor	Estimate	95% Confidence Interval		SE	Z	p	Odds ratio
		Lower	Upper				
gpa	0.62	0.11	1.13	0.26	2.36	0.018	1.85
pared:							
1 – 0	1.05	0.53	1.57	0.27	3.94	< .001	2.85
public:							
1 – 0	-0.06	-0.65	0.52	0.30	-0.20	0.844	0.94

Tip

순서형 로지스틱 회귀분석의 가정 중 하나는 종속변수의 각 수준 간 결합의 관계가 모두 동일하다는 점이다(the relationship between each pair of outcome groups is the same). 즉, 순서형 로지스틱 회귀분석에서는 종속변수의 범주 중 가장 낮은 수준 대 나머지 높은 수준들과의 관계는 두 번째로 낮은 수준과 나머지 높은 수준들의 관계와 동일하다는 점이다. 이를 proportional odds assumption 또는 parallel regression assumption이라고 부른다. 따라서 종속변수의 수준 간 모든 결합(all pairs)의 관계는 동일하기 때문에 계수는 하나만 (only one set of coefficients) 제시된다.

출처: https://stats.idre.ucla.edu/r/dae/ordinal-logistic-regression/

만약 이 가정이 충족되지 않는다면 각 종속변수 수준의 결합 관계를 기술할 수 있는 여러 다른 계수가(different sets of coefficients) 필요할 것이다. 따라서 모형의 적절성을 평가하기 위해서는 proportional odds 가정이 적절한지 검토해야 한다. 이를 위한 몇 가지 통계적 분석 방법이 있지만 이러한 검정 방법들은 영가설(the same sets of coefficients)을 기각하는 경향이 있는 것으로 나타났다. 즉, parallel slopes 가정이 적절함에도 불구하고 이 가정을 충족하지 못하고 기각하는 경향이 있다는 것이다 (Harrell, 2001, p. 335). 따라서 종속변수의 각 수준 간 결합의 관계는 모두 동일하다고 인정하고 분석하게 된다.

　다음 추정값(estimate)은 절편(intercepts)으로 잠재변수가 세 집단으로 나뉘는 지점을 명시하며, 이 잠재변수는 연속형 데이터로 나타난다. 그리고 이 분기점을 thresholds 또는 cutpoints라고 부르며, 일반적으로 이 추정값은 분석 결과를 해석하는 데는 사용되지 않는다(Gallucci, 2019).

Model Thresholds

Threshold	Estimate	SE	Z	p	Odds ratio
unlikely | somewhat likely	2.20	0.78	2.83	0.005	9.06
somewhat likely | very likely	4.30	0.80	5.35	< .001	73.65

18

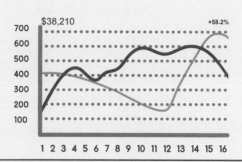

포아송 회귀분석

포아송 회귀분석(Poisson regression)은 종속변수가 어떤 주어진 시간대에 발생한 이벤트 수 또는 비율을 의미한다. 즉, 그 발생이 낮은 비율이나 낮은 빈도가 종속변수인 경우(예, 인구 100,000명당 비율이나 빈도로 제시되는 경우)에 선형관계로 모형화하는 회귀분석을 의미한다. 이때 종속변수는 포아송 분포(Poisson distribution)를 따르며, 다음과 같이 모형화한다(안재형, 2011, p. 195).

$$\text{빈도의 모형화: } \log(\mu) = \beta_0 + \beta_1 X_1 + \cdots + \beta_k X_k$$

$$\text{비율의 모형화: } \log(\frac{\mu}{N}) = \beta_0 + \beta_1 X_1 + \cdots + \beta_k X_k$$

이 식에서 보는 것처럼 μ가 log-함수를 매개로 X_i들의 선형관계로 표현되므로 포아송 회귀분석은 로그링크(log-link)가 있는 일반화 선형모형(generalized linear models)이라고 하며, 이때 분석은 R 프로그램의 glm(family=poisson) 기능을 활용한다.

> **Tip**
>
> 참고로 일반선형모형(standard linear model)은 일반화 선형모형(generalized linear model)의 특별한 경우라고 할 수 있으며, 이때 링크 기능은 glm(family=gaussian)이며, 종속변수의 분포는 정규(Gaussian)분포를 따른다(Kabacoff, 2015, p. 304).
> 한편 log-linear 모형은 Poisson regression의 특수한 형태로 보통 table을 모형화할 때 사용하며, 이 경우 종속변수를 구체적으로 지정하지 않고 변수들 간의 연관성을 검정하고자 할 때 주로 사용한다. 이에 반해 logistic regression 모형은 종속변수가 결정되어 있으며 설명변수가 종속변수에 어떤 영향을 미치는가 검정하고자 할 때 활용한다(안재형, 2011, p. 201).

1 포아송 회귀분석의 실행

포아송 회귀분석(Poisson regression)은 일련의 연속변수 및 범주형 예측변수로부터 빈도 또는 카운트(discrete count) 값을 가진 결과변수를 예측할 때 활용하는 분석이다. 포아송 회귀분석을 위한 데이터로는 분석의 연속성을 위해 앞서 살펴본 로지스틱 회귀분석에서 사용했던 Affairs 데이터를 활용하고자 한다. 이 데이터를 통해 구체적으로 혼외관계 발생 건수(number of affairs)를 설명할 수 있는 회귀식을 만들 수 있다.

먼저, 분석에 사용할 데이터 Affairs.csv를 불러온다.

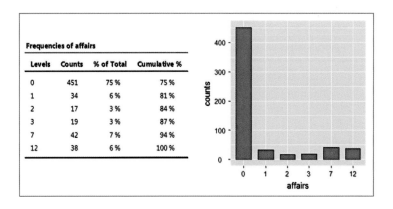

포아송 회귀분석에 앞서 종속변수(affairs)의 빈도표와 막대그래프를 살펴보면 다음과 같다.

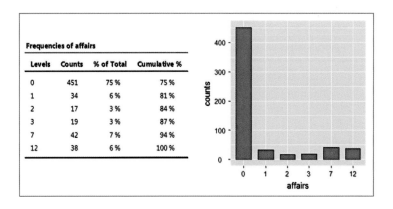

Frequencies of affairs

Levels	Counts	% of Total	Cumulative %
0	451	75 %	75 %
1	34	6 %	81 %
2	17	3 %	84 %
3	19	3 %	87 %
7	42	7 %	94 %
12	38	6 %	100 %

포아송 회귀분석을 위해서는 jamovi에 추가 모듈이 필요하다. 다음과 같이 추가 모듈 GAMLj를 설치한 후 메뉴 창에서 Linear Models > Generalized Linear Models를 클릭한다.

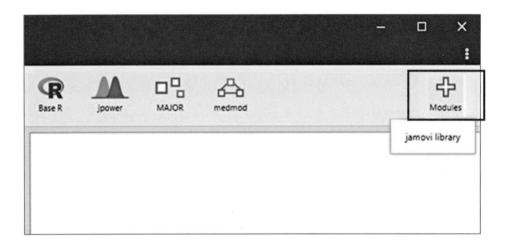

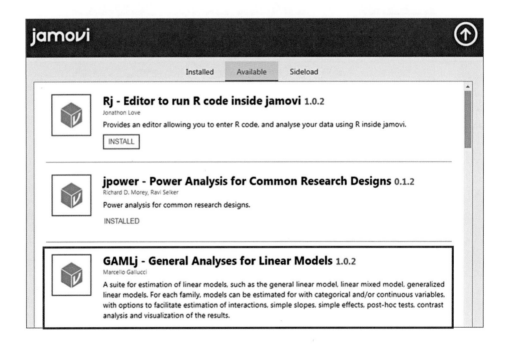

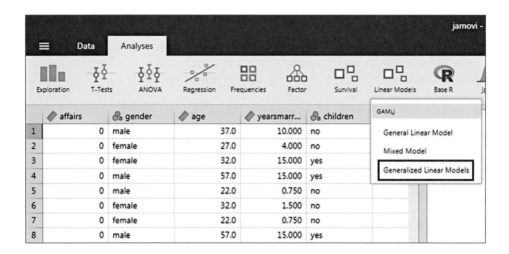

이어서 Generalized Linear Models 분석 창에서 Poisson을 선택한 후 종속변수 (affairs)와 독립변수(age, yearsmarried, religiousness, rating)를 선택한다.

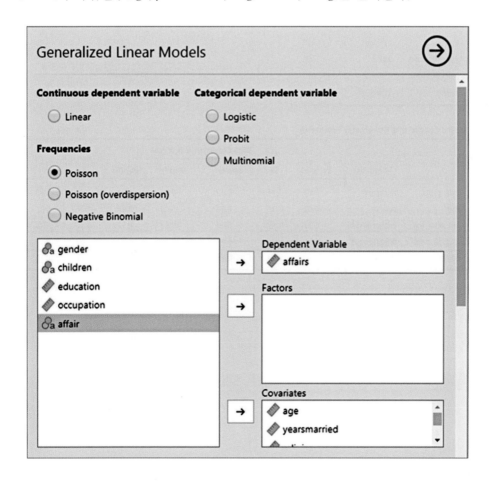

그러면 다음과 같은 결과를 얻게 되는데 앞서 로지스틱 회귀분석의 결과와 크게 다르지 않음을 알 수 있다. 여기서는 종속변수가 카운트 변수이므로 결혼 기간이 1년 증가하면 다른 독립변수를 통제한 상태에서 종속변수 $\log(\mu)$, 즉 혼외관계 기대 발생 건수($\hat{y}$, expected number of affairs)는 1.12배 증가한다고(multiply) 할 수 있다. 만약 결혼 기간이 10년 증가하면 혼외관계 발생 건수는 $1.12^{10}=3.10$, 즉 3.1배 증가한다고 하겠다. 그리고 연령, 결혼만족도, 신앙심이 높아질수록 혼외관계 기대 발생 건수는 더 낮아진다고 하겠다. 예를 들어, 결혼만족도(rating)가 한 단위 증가하면 혼외관계 기대 발생 건수는 0.67배 증가하는 것으로, 즉 33% 감소하는 것으로 나타났다(Long & Freese, 2014).

Analysis of Deviance: Omnibus Tests

	X^2	df	p
age	24.05	1	< .001
yearsmarried	128.37	1	< .001
religiousness	138.41	1	< .001
rating	206.60	1	< .001

Model Coefficients (Parameter Estimates)

	Contrast	Estimate	SE	95% Confidence Interval Lower	Upper	exp(B)	z	p
(Intercept)	Intercept	0.07	0.04	-0.02	0.15	1.07	1.52	0.128
age	age	-0.03	0.01	-0.04	-0.02	0.97	-4.76	< .001
yearsmarried	yearsmarried	0.11	0.01	0.09	0.13	1.12	11.22	< .001
religiousness	religiousness	-0.36	0.03	-0.42	-0.30	0.70	-11.69	< .001
rating	rating	-0.40	0.03	-0.46	-0.35	0.67	-14.72	< .001

2　과산포

과산포(overdispersion)는 종속변수의 관찰된 분산이 기대 분산에 비해 커지는 경우에 발생하는데 과산포가 모형에 존재함에도 이를 조정하지 않으면 표준오차와 신뢰구간이 지나치게 작게 추정되어 실제 유의하지 않음에도 유의하다는 결론을 내리게 된다(Kabacoff, 2015).

jamovi에서는 아직 과산포를 분석하는 기능이 없으므로 R을 이용하여 과산포를 계산하면 다음과 같다.

> fit <- glm(affairs ~ age + yearsmarried + religiousness + rating, data=Affairs, family=poisson)

> summary(fit)

```
Call:
glm(formula = affairs ~ age + yearsmarried + religiousness +
    rating, family = poisson, data = Affairs2)

Deviance Residuals:
    Min      1Q   Median      3Q      Max
-4.4113  -1.5733  -1.1510  -0.7025   8.2652

Coefficients:
               Estimate Std. Error z value Pr(>|z|)
(Intercept)    2.748394   0.188189  14.604  < 2e-16 ***
age           -0.027057   0.005686  -4.759 1.95e-06 ***
yearsmarried   0.110078   0.009812  11.219  < 2e-16 ***
religiousness -0.360786   0.030869 -11.688  < 2e-16 ***
rating        -0.401699   0.027285 -14.722  < 2e-16 ***
---
Signif. codes:  0 '***' 0.001 '**' 0.01 '*' 0.05 '.' 0.1 ' ' 1

(Dispersion parameter for poisson family taken to be 1)

    Null deviance: 2925.5  on 600  degrees of freedom
Residual deviance: 2377.5  on 596  degrees of freedom
AIC: 2881.5

Number of Fisher Scoring iterations: 7
```

```
> deviance(fit)/df.residual(fit)
[1] 3.989163
```

$$\varphi = \frac{Residual\ deviance}{Residual\ df} = \frac{2377.5}{596} = 3.9891$$

과산포에 대한 분석 결과 $\varphi = 1$보다 매우 큰 3.9891이 나왔으므로 과산포가 존재함을 알 수 있다. 따라서 과산포 문제를 극복하려면 family = "poisson"을 family = "quasipoisson"으로 바꾸어 분석해야 한다.

최근 jamovi 버전(2.3.16)에서는 다음과 같이 모형에 대한 설명에서 과산포에 대한 추정값을 보여 주고 있어 편리하게 과산포 여부를 판단할 수 있다. 여기서는 모형의 피어슨 카이제곱값을 산출한 후 이를 residual 자유도(596)로 나누어 준 값 (6.87)을 제시하고 있어 R에서 구한 값(3.98)보다 더 큰 값으로 제시되었다.

Model Info

Info	Value	Comment
Model Type	Poisson	Model for count data
Call	glm	affairs ~ 1 + age + yearsmarried + religiousness + rating
Link function	log	Coefficients are in the log(y) scale
Distribution	Poisson	Model for count data
R-squared	0.19	Proportion of reduction of error
AIC	2881.53	Less is better
BIC	2903.52	Less is better
Deviance	2377.54	Less is better
Residual DF	596	
Chi-squared/DF	6.87	Overdispersion indicator
Converged	yes	Whether the estimation found a solution

　　한편, 포아송 회귀분석에서는 과산포가 발생할 가능성이 높은데 앞서 살펴본 것처럼 과산포가 있는 경우 표준오차의 추정 오류를 줄이기 위해 quasipoisson 분석을 실시해야 한다. 이를 위해 Poisson(overdispersion)을 선택한다.

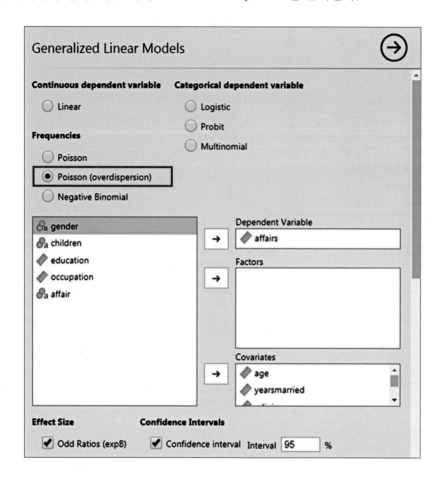

과산포를 인정한 후 포아송 회귀분석의 분석 결과를 살펴보면 과산포 인정 이전 포아송 분석 결과와 비교해 볼 때 회귀계수는 동일하지만 표준오차(SE)가 더 크게—따라서 신뢰구간의 폭이 더 넓게—추정되었음을 알 수 있다. 그 결과 다음 분석 결과에서 보듯이 연령(age)은 더 이상 유의하지 않은 것으로 나타났다($z = -1.82$, $p = 0.070$).

Analysis of Deviance: Omnibus Tests

	X²	df	p
age	3.50	1	0.061
yearsmarried	18.69	1	<.001
religiousness	20.15	1	<.001
rating	30.07	1	<.001

Model Coefficients (Parameter Estimates)

	Contrast	Estimate	SE	95% Confidence Interval Lower	Upper	exp(B)	z	p
(Intercept)	Intercept	0.07	0.11	-0.17	0.28	1.07	0.58	0.562
age	age	-0.03	0.01	-0.06	0.00	0.97	-1.82	0.070
yearsmarried	yearsmarried	0.11	0.03	0.06	0.16	1.12	4.28	<.001
religiousness	religiousness	-0.36	0.08	-0.52	-0.20	0.70	-4.46	<.001
rating	rating	-0.40	0.07	-0.54	-0.26	0.67	-5.62	<.001

19

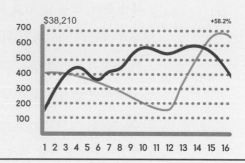

다층모형

다층모형(multilevel model)은 위계적 선형모형(hierarchical linear model), 혼합모형(mixed model), 무선계수모형(random coefficient model) 등 학문 분야 별로 다양한 이름으로 활용되고 있으며, jamovi에서는 혼합모형(mixed model)이란 용어로 사용되고 있다.* 여기에서는 다층모형과 혼합모형을 혼용하기로 한다.

예를 들어, 교육 및 의료 분야에서 학교 및 병원의 특성이 학생 및 환자에게 어떤 영향을 주는지 파악하기 위해서는 다층모형분석 또는 위계적 선형모형분석을 시도하는 것이 일반적이다. 왜냐하면 데이터가 [그림 19-1]과 같이 다층구조에서 나온 것이라면 동일한 집단(클러스터) 내의 데이터 간에는 서로 유사성(dependencies)이 있으므로 이러한 다층적인 속성을 고려해야 하는데 그렇지 않고 전통적인 단일차원의 회귀분석을 하게 되면 잘못된 결론에 도달할 수 있기 때문이다. 그리고 대상자별로 반복측정을 한 경우에도 대상자에 따라 개입의 효과가 달라질 수 있으므로 다층모형으로 분석할 수 있다([그림 19-2]).

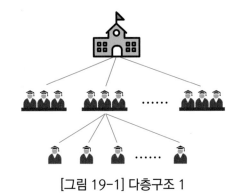

[그림 19-1] 다층구조 1

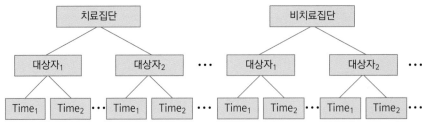

[그림 19-2] 다층구조 2

---

* 이 장에서 사용하는 데이터와 예제는 주로 Gallucci, M. (2019). GAMLj: General Analysis for the Linear Model을 참고하였다.

1 **랜덤절편 및 기울기모형**

다층모형에서 가장 기본적인 모형은 집단(클러스터)의 속성을 고려하는 랜덤절편 및 기울기모형(random intercepts and random slopes models)이다. 이를 분석하기 위해 먼저 사용할 데이터 beers.csv를 불러온다.

이 데이터는 15곳의 맥줏집(bar)에서 수집된 자료로서 맥주 소비량과 웃음의 관계를 다루고 있다. 데이터는 종속변수 smile(웃음횟수), 독립변수 beer(개인당 소비된 맥주량), 그리고 집단(cluster)변수 bar(맥줏집)로 구성되어 있다. 연구 질문은 beer가 smile에 미치는 영향이 어떠한지를 파악하는 것이다.

우선 각 변수에 대한 빈도분석을 실시해 보자.

다음 빈도표에서 보듯이 각 맥줏집마다 샘플이 다름을 알 수 있으며, 그 범위는 3~24명이며, 전체 샘플은 234명이다.

Frequencies of bar			
Levels	Counts	% of Total	Cumulative %
a	3	1 %	1 %
b	14	6 %	7 %
c	22	9 %	17 %
d	21	9 %	26 %
e	14	6 %	32 %
f	20	9 %	40 %
g	24	10 %	50 %
h	12	5 %	56 %
i	16	7 %	62 %
l	22	9 %	72 %
m	21	9 %	81 %
n	15	6 %	87 %
o	16	7 %	94 %
p	11	5 %	99 %
q	3	1 %	100 %

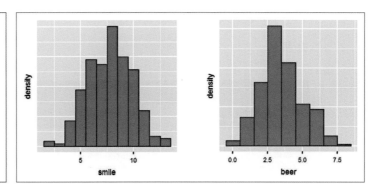

다음 맥줏집(bar)별로 웃음과 맥주 소비량을 히스토그램으로 나타난 결과를 살펴보면 맥줏집별로 웃음과 맥주 소비량의 평균이 서로 상이함을 알 수 있다. 즉, 맥줏집별로 관측치(데이터)에 유사성(possible dependency)이 있음을 알 수 있다.

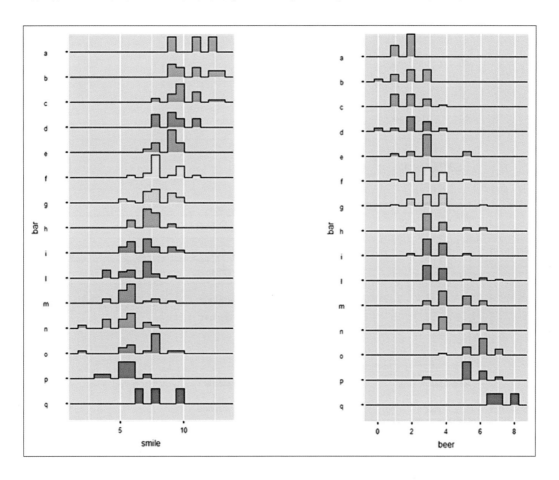

이러한 관측치(데이터)의 의존성을 좀 더 면밀하게 파악하기 위해 산점도를 그려 보자.

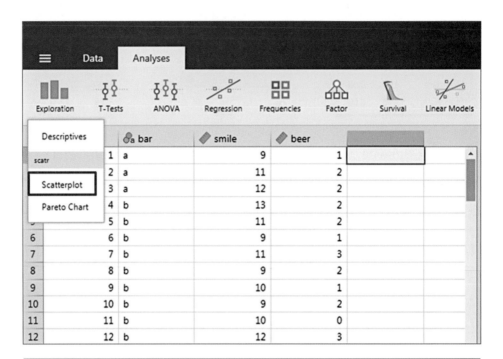

다음 산점도에서 보는 것처럼 맥줏집마다 독립변수와 종속변수의 분포가 서로 상이함을 알 수 있으며, 특히 맥줏집마다 웃음과 맥주의 선형관계에서 그 절편과 기울기가 다름을 알 수 있다. 즉, 맥줏집에 따라 독립변수와 종속변수의 관계가 달라질 수 있음을 알 수 있다. 따라서 집단, 즉 클러스터(맥줏집)를 고려한 다층모형(혼합모형)이 필요하다고 할 수 있다.

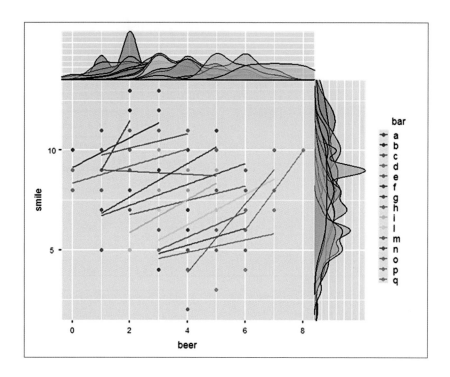

다층모형분석을 위해서는 다음과 같이 gamlj 모듈을 먼저 설치한다.

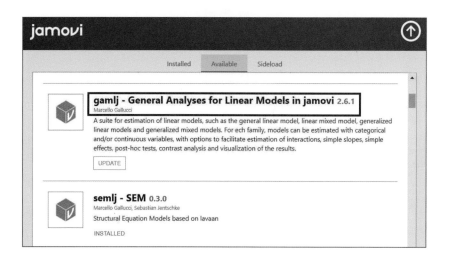

클러스터(cluster)의 특성을 고려하는 다층모형분석을 실시하기 전에 클러스터의 특성을 고려하지 않은 일반선형회귀분석을 먼저 실시해 보자. 우선, 데이터 bar.csv를 불러온 후 Linear Models > General Linear Model을 선택한다. 이어서 독립변수 beer 그리고 종속변수 smile을 오른쪽으로 옮긴다.

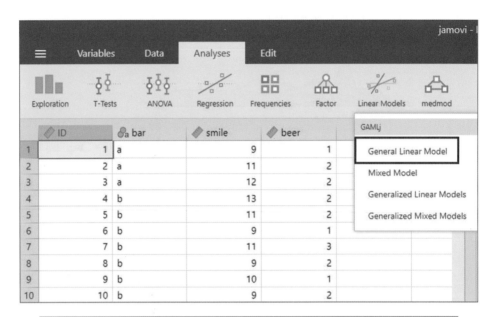

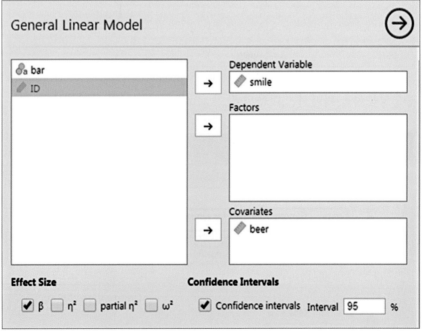

일반선형회귀분석 결과 다음에서 보는 것처럼 전체 모형은 통계적으로 유의한 모형이지만($F = 26.5$, $p < 0.001$) 독립변수(beer)의 회귀계수가 -0.44로 나타나 맥주 소비량이 늘어날수록 웃음횟수가 감소함을 알 수 있다. 이는 다음 회귀선을 보면 더 확실히 알 수 있다.

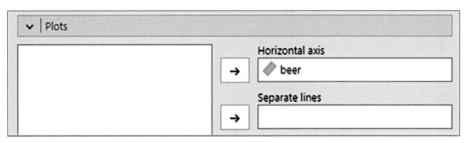

ANOVA Omnibus tests

	SS	df	F	p
Model	105.59	1	26.50	< .001
beer	105.59	1	26.50	< .001
Residuals	924.49	232		

Fixed Effects Parameter Estimates

Names	Effect	Estimate	SE	95% Confidence Interval Lower	95% Confidence Interval Upper	β	df	t	p
(Intercept)	(Intercept)	7.76	0.13	7.51	8.02	0.00	232	59.50	< .001
beer	beer	−0.44	0.09	−0.61	−0.27	−0.32	232	−5.15	< .001

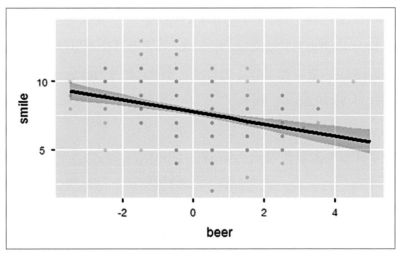

1) 혼합모형의 의미

다층모형, 즉 혼합모형(mixed model)은 각 맥줏집(cluster)마다 맥주 소비량과 웃음의 관계를 추정하는 회귀선을 추정하고, 이어서 맥주 소비량이 웃음에 미치는 전체적인 효과(overall effect)를 얻기 위해 각 회귀선을 평균화하여 평균회귀선(mean slope)을 산출하게 된다. 즉, 혼합모형은 회귀계수가 클러스터(cluster)마다 달라지도록 하여 각 맥줏집에 대해 서로 다른 회귀선을 추정하도록 만든다. 이때 클러스터마다 다른 회귀계수는 랜덤계수(random coefficients)로 정의되며, 서로 다른 회귀계수를 평균한 값(fixed expected value)은 고정계수(fixed coefficients)로 정의된다.

일반회귀선은 두 개의 계수(절편과 기울기)를 가지기 때문에 절편(또는 상수)만 클러스터마다 달라지게 하거나(vary across cluster) 기울기 또는 절편과 기울기 둘 다 클러스터마다 달라질 수 있도록 할 수 있다. 실제로 절편, 기울기 또는 이 둘 모두를 랜덤계수(random coefficients)로 정의할 수 있다.

맥주의 기울기가 맥줏집마다 다를 경우(즉, 기울기를 랜덤효과로 설정한 경우), 이때 고정효과는 클러스터 전체에서 평균한(averaged across clusters) 평균기울기(average slope)로 해석되어야 한다. 만약 맥주의 기울기가 랜덤이 아니라면 고정효과(fixed effect)는 단순히 참가자 전체에서 추정된 기울기(slope estimated for all participants)가 된다(Gallucci, 2019).

혼합모형의 실행을 위해서는 Linear Models > Mixed Model을 선택한다.

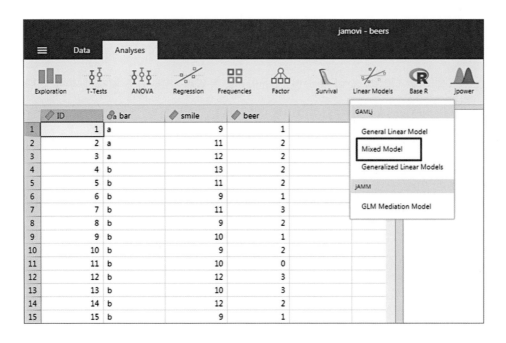

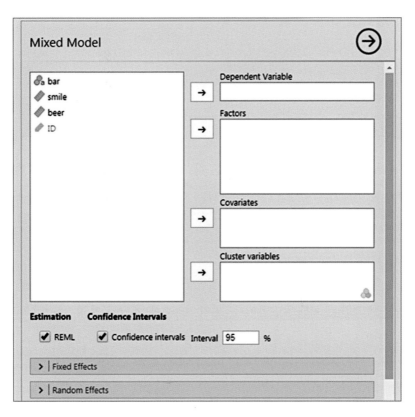

2) 랜덤절편모형

분석을 위해 다음과 같이 종속변수(smile) 및 독립변수(beer)를 지정한 후에 집단
변수(Cluster variables)로 맥줏집(bar)을 지정한다.

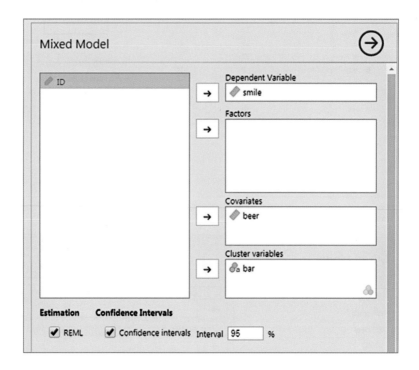

랜덤절편모형(random intercept model)은 각 맥줏집의 회귀선의 절편만을 랜덤효과
로 간주하고 기울기는 고정효과로 분석하는 모형으로 종속변수의 평균이 맥줏집마
다 다르고, 종속변수에 대한 독립변수의 기울기는 맥줏집마다 동일하다고 가정한다.

여기서 회귀계수의 추정방법으로 선택한 REML은 모형에서 고정효과를 제거하
고 추정하는 제한된 최대우도법이다. 만약 REML에 체크를 하지 않으면 최대우도
법인 ML방법으로 추정하게 된다(성태제, 2019).

다음 그림에서 보는 것처럼 Random Effects 창에서 'Intercept | bar' 항목만 이동
한다. 여기서 'Intercept | bar'는 'intercept random across bar'라고 읽는다(Gallucci,
2019). 그리고 beer는 평균중심화된 'centered'를 선택한다.

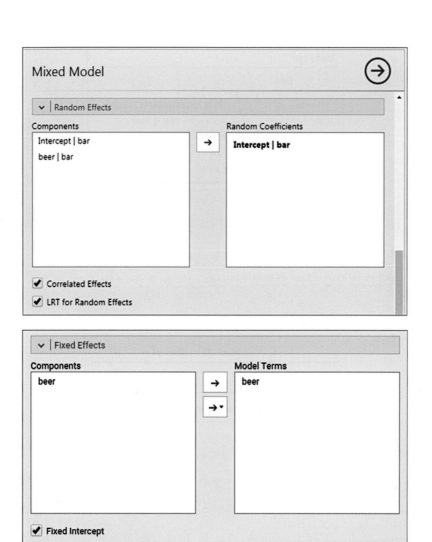

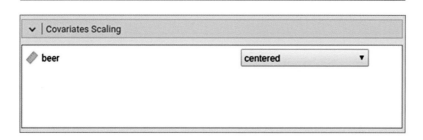

분석 결과로는, 먼저 다음과 같은 모형에 대한 정보를 보여 준다. 여기서 R-squared Marginal은 종속변수의 전체 분산 중에서 고정효과에 의해서만 설명되는 분산을 의미하며, R-squared Conditional은 종속변수의 전체 분산 중에서 고정효과와 랜덤효과 모두에 의해 설명되는 분산을 의미한다.

Model Info	
Info	
Estimate	Linear mixed model fit by REML
Call	smile ~ 1 + beer+(1|bar)
AIC	811.72
R-squared Marginal	0.09
R-squared Conditional	0.82

먼저, Fixed Effect Omnibus tests는 랜덤효과는 고려하지 않고 모형의 고정효과와 관련된 F-검정을 수행한다. 그 결과는 맥주량은 종속변수인 웃음횟수에 통계적으로 유의한 영향을 주는 것으로 나타났다($F = 46.9$, $p < 0.001$).

Fixed Effect Omnibus tests				
	F	**Num df**	**Den df**	**p**
beer	46.91	1	229.07	< .001
Note. Satterthwaite method for degrees of freedom				

고정효과모형 계수 추정 결과는 고정회귀계수, 고정절편(평균), 그리고 고정효과와 관련된 t-검정 결과를 보여 준다. 분석 결과에서 보듯이 모든 맥줏집을 평균해서(averaging across bars) 맥주는 웃음횟수에 통계적으로 유의한 영향을 주는 것으로 나타났으며($t = 6.85$, $p < 0.001$), 맥주 한 병을 소비할수록 웃음횟수는 0.55만큼 증가하는 것으로 나타났다.

여기서 절편(intercept)은 평균 맥주 음주량에 대해 기대되는 웃음횟수를 말한다. 일반적으로 절편은 $X = 0$일 때 Y에 대한 기댓값으로 해석하지만 여기서는 디폴트로 독립변수(beer)를 평균중심화하였기 때문에 $X = $평균일 때 Y 기댓값, 즉 beer가 평균일 때 smile의 기댓값이 7.77회임을 알 수 있다.

Fixed Effects Parameter Estimates

Effect	Estimate	SE	95% Confidence Interval		df	t	p
			Lower	Upper			
(Intercept)	7.77	0.63	6.53	9.01	13.17	12.33	< .001
beer	0.55	0.08	0.39	0.71	229.07	6.85	< .001

다음 결과는 랜덤계수의 분산과 표준편차를 보여 주고 있는데 여기서는 랜덤절편의 경우에 해당된다. 분석 결과를 살펴보면 절편의 분산이 5.82로 상당하다는 것을 알 수 있으며, 맥줏집마다 절편을 다르게 추정한 것이 적절함을 보여 주고 있다. 여기서 제시하고 있는 ICC는 집단내 상관계수(intraclass correlation coefficient: ICC)로 집단간 분산(between-cluster variance)이 집단간 분산과 집단내 분산 (within-cluster variance 또는 residual variance)을 합한 전체 분산에서 차지하는 비중을 의미한다. 즉, ICC는 0.80으로 종속변수(smile)의 전체 분산 중에서 집단간 분산 (맥줏집 간의 차이로 인한 분산)이 차지하는 비중의 80%에 해당됨을 알 수 있다.

Random Components

Groups	Name	SD	Variance	ICC
bar	(Intercept)	2.41	5.82	0.80
Residual		1.20	1.45	

Note. Numer of Obs: 234 , groups: bar , 15

$$ICC = \frac{\text{집단간 분산}}{\text{집단간 분산 + 집단내 분산}} = \frac{\sigma_u^2}{\sigma_u^2 + \sigma^2} = \frac{5.82}{5.82 + 1.45} = 0.80$$

그리고 절편(평균)값이 맥줏집별로 다른지에 대한 랜덤효과에 대한 우도비 검정 (Likelihood Ratio Test) 결과 통계적으로 유의한 것으로 나타났다(LRT=179.17, p< 0.001). 즉, 절편이 맥줏집별로 동일하다는 영가설을 기각하게 됨을 알 수 있다.

Random Effect LRT

Test	N. par	AIC	LRT	df	p
(1 | bar)	3.00	996.89	179.17	1.00	< .001

이어서 'Plots' 분석상자를 다음과 같이 지정하면 맥줏집별로 절편에 대한 랜덤 효과를 보여 주는데, 다음 그림에서 보듯이 맥줏집별로 절편이 확연하게 다름을 알 수 있다.

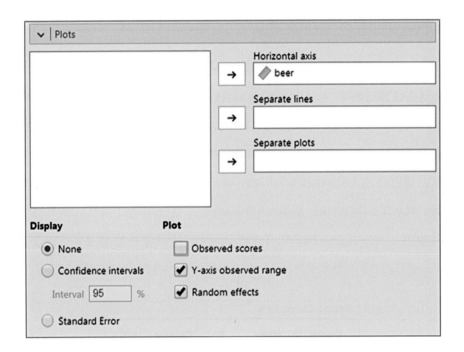

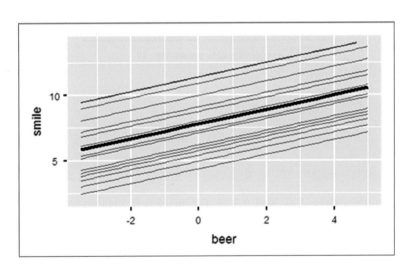

3) 랜덤절편 및 기울기모형

앞서 분석한 랜덤절편모형에 기울기도 맥줏집별로 차이가 있다고 가정하는, 즉 랜덤효과로 가정하여 포함하게 되면 랜덤절편 및 기울기모형(random intercepts and slopes model)이 된다. 즉, 랜덤절편모형의 확장모형이 되는데, 이를 위해 랜덤효과 분석 창에서 'beer | bar'를 오른쪽으로 추가 이동하면 된다.

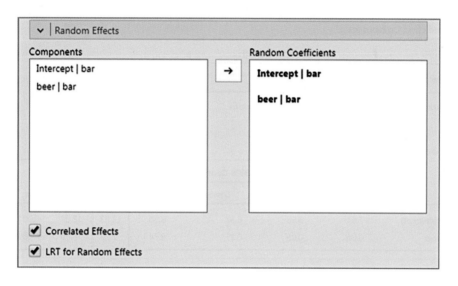

이제 랜덤효과가 두 개가 있으므로 이 두 랜덤효과가 서로 상관이 있다고 하든지 아니면 상관이 없다고 선택할 수 있다. 만약 상관이 있다고 체크하게 되면 두 랜덤효과의 상관관계가 산출된다.

우선, 고정효과와 관련된 F-검정 결과 전체적으로 모형이 유의한 것으로 나타났다($F=36.06$, $p<0.001$). 그리고 각 계수를 살펴보면 beer의 계수가 0.56, 절편이 7.61로 나타나 앞서 분석한 랜덤절편모형의 결과와 크게 다르지 않음을 알 수 있다. 이는 랜덤 기울기의 분산이 그다지 크지 않음을 암시한다. 하지만 AIC가 작아졌기 때문에(996.89에서 819.72로) 랜덤절편 및 기울기모형이 더 적합함을 알 수 있다.

다만, 한 가지 'beer' 변수의 자유도 df=7.23으로 나타나 랜덤절편모형의 자유도 (df=229.07)와 크게 다름을 알 수 있다. 이는 고정된 기울기(fixed slope) 0.56은 각 맥줏집별로 보인 랜덤기울기의 평균(average of the random slopes)으로 계산된 것 으로써 그 추론 샘플(inferential sample)이 훨씬 작아졌기 때문이다(Gallucci, 2019). 앞서 분석한 랜덤절편모형에서는 beer가 모든 대상자를 상대로 한 것이어서 df가 229.07로 크게 나타났다.

Fixed Effect Omnibus tests

	F	Num df	Den df	p
beer	36.06	1	7.23	<.001

Note. Satterthwaite method for degrees of freedom

Fixed Effects Parameter Estimates

			95% Confidence Interval				
Effect	Estimate	SE	Lower	Upper	df	t	p
(Intercept)	7.61	0.63	6.37	8.85	12.93	12.01	<.001
beer	0.56	0.09	0.37	0.74	7.23	6.00	<.001

다음 랜덤효과분산(random components) 결과를 살펴보면 맥주의 분산, 즉 랜덤 기울기의 분산이 0.03으로 나타나 그 크기가 미미함을 알 수 있다. 따라서 집단내 상관계수(ICC)가 0.80으로 앞서 본 랜덤절편모형과 별 다르지 않음을 알 수 있다. 즉, 맥줏집별로 기울기가 크게 다르지 않음을 확인할 수 있다.

Random Components

Groups	Name	SD	Variance	ICC
bar	(Intercept)	2.42	5.84	0.80
	beer	0.17	0.03	
Residual		1.20	1.43	

Note. Numer of Obs: 234 , groups: bar , 15

한편, 랜덤기울기와 랜덤절편의 상관관계는 −0.77로 나타나 두 랜덤효과 간 상관관계는 역의 방향으로 크게 나타났다. 즉, 절편값이 높은 맥줏집에서는 기울기가 더 완만함을 알 수 있어, 평균적으로 웃음횟수가 더 많은 맥줏집에서 웃음에 대해 맥주가 미치는 효과가 작음(smaller effect of beer)을 알 수 있다.

Random Parameters correlations			
Groups	**Param.1**	**Param.2**	**Corr.**
bar	(Intercept)	beer	-0.77

그리고 다음 결과에서 보는 것처럼 기울기가 맥줏집별로 다른지에 대한 랜덤효과에 대한 우도비 검정(Likelihood Ratio Test) 결과 통계적으로 유의하지 않은 것으로 나타났다(LRT=1.68, p=0.431). 즉, 맥줏집별로 기울기가 동일하다는 영가설을 기각할 수 없음을 알 수 있으며, 이는 다음 그림에서 보듯이 맥줏집별로 기울기가 크게 다르지 않음에서 확인할 수 있다.

Random Effect LRT					
Test	**N. par**	**AIC**	**LRT**	**df**	**p**
beer in (1 + beer | bar)	4	819.72	1.68	2.00	0.431

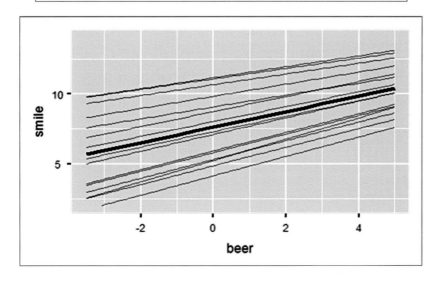

이 그림은 'Plots' 대화상자를 다음과 같이 지정하면 맥줏집별로 절편과 기울기에 대한 랜덤효과를 보여 준다.

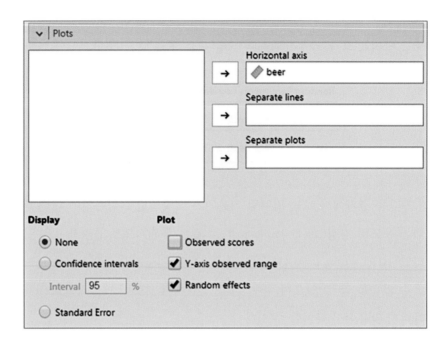

2　클러스터 수준 변수 포함 모형

　　클러스터 수준 변수 포함 모형은 앞서 본 랜덤절편 및 랜덤기울기모형에 클러스터 수준(cluster-level)의 변수를 포함한 확장 모형을 의미한다. 여기서 사용할 데이터는 다층모형분석 전용 프로그램인 HLM7 프로그램에 있는 'HSB(High School and Beyond)' 데이터로 학생들의 수학성적과 관련된 변수들을 수집한 데이터이다(Raudenbush and Bryk, 2002; 설현수, 2019 재인용). 분석에서 사용할 데이터는 원 데이터(N=7185)의 20% 샘플 데이터 hsb20.csv로 주요 변수는 다음과 같다.

- 수학성적(mathach): 종속변수
- 사회경제적 지위(ses): 1수준(학생) 독립변수
- 학교 속성(sector): 클러스터 수준(2수준) 독립변수(0: 공립, 1: 사립)
- 학교(school): 클러스터 변수

　　먼저, 분석을 위해 다음과 같이 데이터 hsb20.csv를 불러오는데 이 데이터는 N=1437, school=159이다.

앞선 분석과 마찬가지로 Linear Models > Mixed Model을 클릭한다.

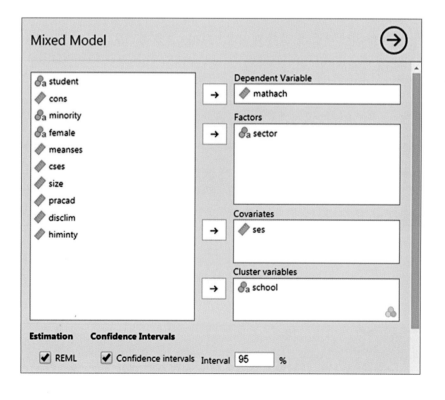

모형설정에서 종속변수(mathach), 독립변수(ses)를 선택한 후 클러스터 수준 변수 'sector'를 Factors에 포함하며, 클러스터 변수인 'school'은 Cluster variables에 가져온다.

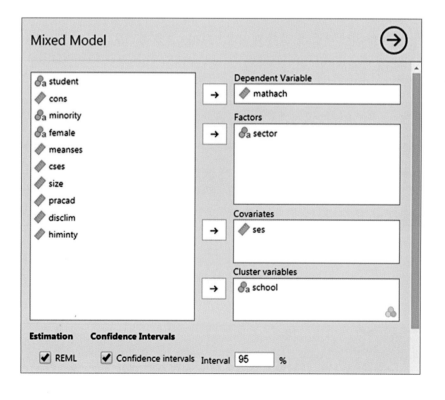

Fixed Effects(고정효과) 분석상자에서는 모형에 ses, sector 변수가 디폴트로 자리 잡고 있으며, 여기에 두 독립변수의 상호작용도 검정하기 위해 sector＊ses 상호작용변수를 포함한다.

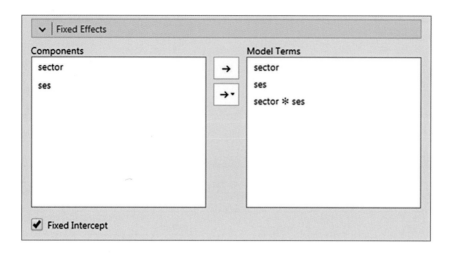

Random Effects(랜덤효과) 분석상자에는 클러스터 변수인 school에 대해 절편(intercept)과 기울기(ses)가 모두 학교마다 다를 것으로 가정하여 다음과 같이 모형에 포함한다. 이를 R에서 분석하는 모형으로 설정하면 다음과 같다.

$$\text{mathach} \sim 1 + \text{sector} + \text{ses} + \text{sector:ses} + (1 + \text{ses} \mid \text{school})$$

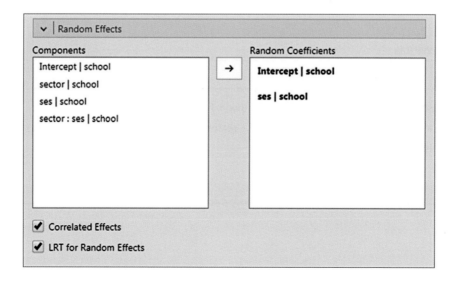

한편, 학교 속성(sector)는 공립(0), 사립(1)으로 코딩되어 있어 'dummy' 옵션을, 사회경제적 지위(ses)는 이미 표준화 점수로 되어 있어 'none' 옵션을 선택한다.

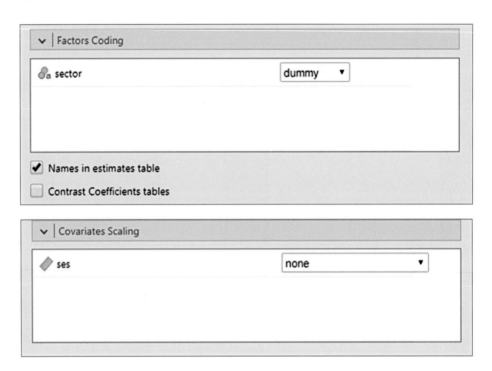

그러면 다음과 같은 모형에 대한 기본 정보가 나타나는데, 종속변수의 전체 분산에 대해 고정효과에 의해 설명되는 분산은 14%, 고정효과와 랜덤효과 모두에 의해 설명되는 종속변수 분산은 25%에 달한다.

Model Info	
Info	
Estimate	Linear mixed model fit by REML
Call	mathach ~ 1 + sector + ses + sector:ses + (1 + ses | school)
AIC	9326.44
R-squared Marginal	0.14
R-squared Conditional	0.25

2. 클러스터 수준 변수 포함 모형

다음 고정효과 Ominibus 검정 결과를 보면 수학성적에 대한 학교 속성, 사회경제적 지위, 그리고 상호작용 변수의 영향은 모두 통계적으로 유의한 영향을 미치는 것으로 나타났다($p < 0.001$, $p < 0.001$, $p = 0.004$).

Fixed Effect Omnibus tests				
	F	Num df	Den df	p
sector	15.72	1	143.76	< .001
ses	149.35	1	1256.85	< .001
sector * ses	8.20	1	1256.85	0.004

이어서 다음 고정효과 계수들을 살펴보면 사회경제적 지위가 한 단위 높을수록 수학성적은 3.45만큼 증가하는 것으로 나타났으며, 공립학교(sector=0)에 비해 사립학교(sector=1) 평균 수학성적이 1.93만큼 높은 것으로 나타났다. 하지만 상호작용 계수는 -1.31로 나타나 공립학교에 비해 사립학교의 수학성적에 대한 사회경제적 지위의 영향력이, 즉 기울기가 낮은 것으로 나타났다. 여기서 절편(Intercept)은 ses가 평균일 때 공립학교(sector=0)의 수학성적을 의미한다.

Fixed Effects Parameter Estimates				95% Confidence Interval				
Names	Effect	Estimate	SE	Lower	Upper	df	t	p
(Intercept)	(Intercept)	11.72	0.34	11.06	12.38	164.48	34.82	< .001
sector1	1 - 0	1.93	0.49	0.98	2.89	143.76	3.97	< .001
ses	ses	3.45	0.31	2.83	4.06	1300.98	11.04	< .001
sector1 * ses	1 - 0 * ses	-1.31	0.46	-2.20	-0.41	1256.85	-2.86	0.004

사회경제적 지위와 학교구분 변수의 상호작용을 이해하기 위해 'Plots' 분석상자를 다음과 같이 설정한다.

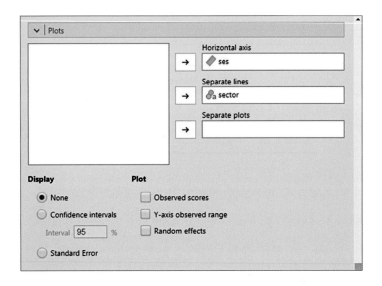

그러면 다음과 같은 그림이 만들어지는데 사회경제적 지위가 수학성적에 미치는 영향이 학교 속성(sector)에 따라 달라짐을 알 수 있다. 즉, 수학성적의 평균은 사립학교가 공립학교보다 높지만 사회경제적 지위가 수학성적에 미치는 영향은 사립학교보다 공립학교에서 더 영향이 크다는 것을 알 수 있다(즉, 공립학교의 기울기가 더 가파르다). 따라서 사립학교보다 공립학교에서 학생들의 사회경제적 지위에 따라 수학성적이 더 큰 차이가 나타난다고 볼 수 있다. 즉, 공립학교 학생들의 사회경제적 지위가 수학성적에 미치는 영향력이 더 크다고 할 수 있다.

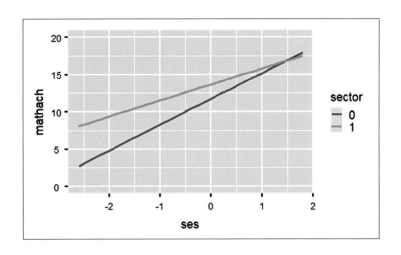

그리고 수학성적에 대한 학교별 분산은 5.04, 사회경제적 지위(ses)의 영향력(기울기)의 분산은 0.05로 나타났다. 따라서 집단내 상관계수(ICC)는 0.12로 수학성적 분산의 12%가 학교 간 차이에 기인한다고 할 수 있어 수학성적에 있어서 학교 간 차이는 그다지 크지 않은 것으로 나타났다.

Random Components				
Groups	**Name**	**SD**	**Variance**	**ICC**
school	(Intercept)	2.25	5.04	0.12
	ses	0.21	0.05	
Residual		5.94	35.33	

$$ICC = \frac{집단간\ 분산}{집단간\ 분산 + 집단내\ 분산} = \frac{\sigma_u^2}{\sigma_u^2 + \sigma^2} = \frac{5.04}{5.04 + 35.33} = 0.12$$

수학성적에 대한 사회경제적 지위의 영향이 학교 간 동일한지(즉, 랜덤효과가 있는지)에 대한 우도비 검정(LRT) 결과 통계적으로 유의하지 않은 것으로 나타났다 (LRT=0.60, p=0.739). 따라서 수학성적에 대한 사회경제적 지위의 영향력이 학교 간 차이가 없다는 영가설을 기각할 수 없기 때문에 수학성적에 대한 사회경제적 지위의 영향은 학교별로 차이가 없다고 하겠다.

Random Effect LRT					
Test	**N. par**	**AIC**	**LRT**	**df**	**p**
ses in (1 + ses | school)	6	9339.04	0.60	2.00	0.739

끝으로 사회경제적 지위와 학교 속성이 수학성적에 미치는 단순 효과를 검정해
보자.

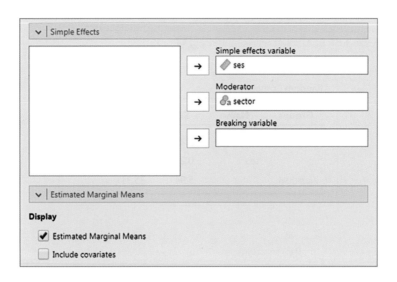

다음 결과는 앞서 그림에서 본 것처럼 사회경제적 지위가 수학성적에 영향을 미치
는 것은 사립학교(B=2.14)보다 공립학교(B=3.45)가 더 크다는 것을 알 수 있다.

Simple effects of ses : Parameter estimates

Moderator levels			95% Confidence Interval				
sector	Estimate	SE	Lower	Upper	df	t	p
0	3.45	0.31	2.82	4.07	132.07	10.95	< .001
1	2.14	0.34	1.47	2.81	113.71	6.34	< .001

하지만 사립학교와 공립학교의 수학성적의 절편(평균)을 비교해 보면 공립학교
(11.75)에 비해 사립학교(13.67)가 더 높은 것으로 나타났음을 알 수 있다.

sector

				95% Confidence Interval	
sector	Mean	SE	df	Lower	Upper
0	11.75	0.34	164.61	11.08	12.41
1	13.67	0.35	127.18	12.97	14.37

3   반복측정모형

대상자별로 반복해서 측정을 한 경우에 대상자별로 효과가 다르게 나타날 수 있으므로 다층모형, 즉 반복측정모형(repeated measures designs)으로 분석할 수 있다. 이 분석에서 사용할 데이터는 howell_rep.csv로 대상자들을 치료집단과 통제집단으로 나누어 4번에 걸쳐 대상자들의 우울감을 측정한 데이터이며, 그 변수는 다음과 같다(Gallucci, 2019):

- dv: 우울점수(종속변수)
- group: 1(통제집단), 2(치료집단)
- time: 0(사전), 1(사후), 3(3개월 추후), 6(6개월 추후)
- subj: 대상자

	A	B	C	D	E
1	subj	time	group	dv	
2	1	0	1	296	
3	1	1	1	175	
4	1	3	1	187	
5	1	6	1	192	
6	2	0	1	376	
7	2	1	1	329	
8	2	3	1	236	

이를 그림으로 제시하면 [그림 19-3]과 같다.

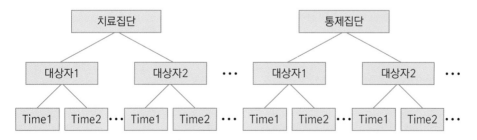

[그림 19-3] 반복측정 구조

분석에 앞서, 먼저 주요 변수의 분할표와 기술통계량을 살펴보면 다음과 같다. 치료집단과 통제집단은 각 12명으로 구성되며, 측정은 4번에 걸쳐 모두 동일한 대상자로 이루어졌으며, 총 96번의 측정이 있었음을 알 수 있다. 그리고 종속변수인 우울증 점수의 평균은 188, 표준편차는 107로 나타났다.

Contingency Tables

Contingency Tables

time	group 1	2	Total
0	12	12	24
1	12	12	24
3	12	12	24
6	12	12	24
Total	48	48	96

Descriptives

Descriptives

	dv
N	96
Missing	0
Mean	188
Median	162
Standard deviation	107
Minimum	6.00
Maximum	447

jamovi로 불러온 데이터는 다음에서 보는 것처럼 세로 형식(long format)으로 각 행이 각각 측정된다. 따라서 각 대상자마다 4번의 측정(time＝0, 1, 3, 6)이 이루어졌음을 알 수 있다. 그리고 집단(group)과 시간(time)이 연구설계요인이 되며, 종속변수는 우울측정점수(dv)이다.

	subj	time	group	dv
1	1	0	1	296
2	1	1	1	175
3	1	3	1	187
4	1	6	1	192
5	2	0	1	376
6	2	1	1	329
7	2	3	1	236
8	2	6	1	76
9	3	0	1	309
10	3	1	1	238
11	3	3	1	150
12	3	6	1	123
13	4	0	1	222
14	4	1	1	60

분석을 위해 Linear Models > Mixed Model을 클릭한다.

이 모형에서 우선 시점(time)과 집단(group)의 각 주효과 및 시점＊집단의 상호작용효과를 추정하게 된다. 이 데이터는 시점에 따른 반복측정(repeated measures) 데이터로, 데이터의 의존성(dependency)을 고려해야 하므로, 대상자별로 각 절편(intercepts)이 서로 다르도록 허용한다. 이렇게 되면 각 대상자들은 나름대로 높거나 낮거나 하는 반응을 보일 것이며, 이로 인해 대상자들의 평균으로부터 차이, 즉 편차(deviations)가 되는 오차(residuals)가 계산된다. 이런 방법이 바로 데이터의 의존성을 고려하는 방법이 된다고 하겠다(Gallucci, 2019). 그리고 모형에서 고정절편값(fixed intercept)은 종속변수의 평균기댓값이 되며, 랜덤절편값은 평균기댓값과의 차이, 즉 각 대상자의 편차(deviations)가 된다.

기본적으로 혼합모형(mixed model)은 R 프로그램 'lme4' 및 'lmerTest' 패키지를 활용하며, 분석에 앞서 다음 세 가지 질문에 명확한 답을 가지고 있어야 한다.

첫째, 어느 변수가 클러스터 변수인가? 여기서는 대상자(subject)가 해당된다.
둘째, 고정효과(fixed effects) 변수는 무엇인가? 여기서는 시점(time)과 집단(group)이 고정효과에 해당되며, 이 두 변수의 상호작용도 포함될 수 있다.

셋째, 랜덤효과(random effects) 변수는 무엇인가? 랜덤변수는 클러스터 변수로 랜덤절편모형 및 랜덤기울기모형 분석이 가능하다.

따라서 다음 분석 대화상자에서 클러스터 변수는 대상자(subj) 변수를, 고정효과는 시점(time)과 집단(group)이 된다. 여기서 고정효과 변수는 둘 다 범주형 변수이므로 Factors에 투입한다.

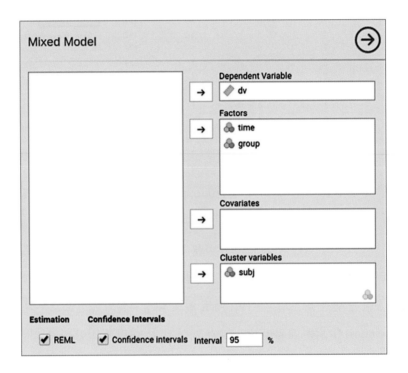

그리고 다음 Fixed Effects에서는 시간과 집단의 상호작용 변수도 포함한다.

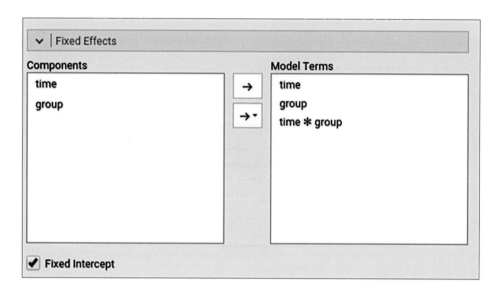

Random Effects 대화상자에서는 왼쪽 Components에 모든 가능한 랜덤효과 변수가 나열되지만 우리가 관심을 가지는 것은 대상자별로 절편이 다를 것이라고 가정하기 때문에 'Intercept | subj'를 선택해서 옮기면 된다. 여기서 bar에 해당되는 '|'는 'random across'라는 의미를 가진다. 따라서 'Intercept random across subject'라고 읽으면 된다(Gallucci, 2019).

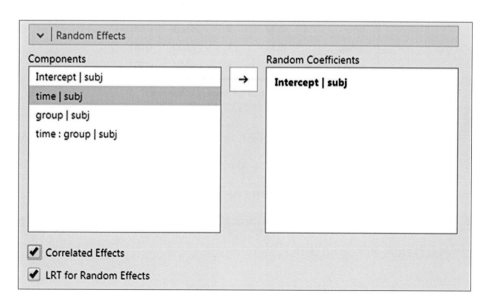

그러면 먼저 다음과 같이 모형에 대한 개요가 나타나는데, 여기서 R-squared Marginal은 종속변수의 전체 분산에 대한 고정효과에 의해 설명되는 분산을 의미한다. 그리고 R-squared Conditional은 전체 분산에 대한 고정효과와 랜덤효과 모두에 의해 설명되는 분산을 의미한다.

Model Info	
Info	
Estimate	Linear mixed model fit by REML
Call	dv ~ 1 + time + group + time:group+(1|subj)
AIC	1000.80
R-squared Marginal	0.55
R-squared Conditional	0.77

Fixed Effects Omnibus 검정은 랜덤효과를 고려하지 않고 모형의 고정효과와 관련된 F-검정 결과를 보여 준다. 다음 결과를 보면 시점은 통계적으로 유의한 효과를 보이며, 집단 또한 통계적으로 유의한 결과를 보여 준다. 아울러 시간과 집단의 상호작용 역시 통계적으로 유의한 영향을 주는 것으로 나타났다.

Fixed Effect Omnibus tests				
	F	Num df	Den df	p
time	45.14	3	66.00	< .001
group	13.71	1	22.00	0.001
time * group	9.01	3	66.00	< .001

Note. Satterthwaite method for degrees of freedom

이어서 각 계수를 살펴보면 time1(사후), time2(3개월 추후), time3(6개월 추후) 모두 time0(사전)과 비교해서 우울점수의 차이가 통계적으로 유의하게 나타났으며 ($t=-7.70$, $p<0.001$; $t=-8.86$, $p<0.001$; $t=-10.85$, $p<0.001$), 치료집단(group=2)은 통제집단(group=1)에 비해 종속변수(우울)에 있어 유의하게 차이가 나는 것으로 나타났다($t=-3.70$, $p=0.001$).

Fixed Effects Parameter Estimates

Names	Effect	Estimate	SE	95% Confidence Interval		df	t	p
				Lower	Upper			
(Intercept)	(Intercept)	188.44	11.60	165.70	211.17	22.00	16.24	<.001
time1	1 - 0	-116.79	15.17	-146.52	-87.06	66.00	-7.70	<.001
time2	3 - 0	-134.33	15.17	-164.06	-104.61	66.00	-8.86	<.001
time3	6 - 0	-164.63	15.17	-194.35	-134.90	66.00	-10.85	<.001
group1	2 - 1	-85.92	23.20	-131.39	-40.44	22.00	-3.70	0.001
time1 * group1	1 - 0 * 2 - 1	-138.25	30.33	-197.71	-78.79	66.00	-4.56	<.001
time2 * group1	3 - 0 * 2 - 1	-91.50	30.33	-150.96	-32.04	66.00	-3.02	0.004
time3 * group1	6 - 0 * 2 - 1	-18.25	30.33	-77.71	41.21	66.00	-0.60	0.549

그리고 다음 랜덤효과에 대한 결과에서 보듯이 절편의 랜덤분산($\sigma_u^2 = 2539.36$)이 상당히 크므로 클러스터별(여기서는 대상자별)로 절편이 서로 다르도록 설정한 것이 적절했다고 하겠다. 랜덤분산(즉, 클러스트별 분산)과 오차분산(residual variance, σ^2)을 가지고 ICC를 계산한 값이 바로 0.48로 나타났다. 즉, 각 대상자의 차이로 인해 랜덤분산이 차지하는 비중이 우울에 대한 전체 분산의 48%임을 알 수 있다(종속변수의 전체 분산의 48%가 대상자의 차이로 인해 발생).

Random Components

Groups	Name	SD	Variance	ICC
subj	(Intercept)	50.39	2539.36	0.48
Residual		52.54	2760.62	

Note. Numer of Obs: 96 , groups: subj , 24

$$ICC = \frac{랜덤분산}{랜덤분산+오차분산} = \frac{\sigma_u^2}{\sigma_u^2 + \sigma^2} = \frac{(2539.36)}{(2539.36)+(2760.62)} = 0.48$$

우울에 대한 절편값이 대상자별로 동일한지(즉, 랜덤효과가 있는지)에 대한 우도비 검정(Likelihood Ratio Test: LRT) 결과 통계적으로 유의한 것으로 나타났다(LRT= 23.45, p<0.001). 따라서 대상자 간 차이가 없다는 영가설을 기각하게 되므로 우울에 대한 절편값은 대상자별로 차이가 있다고 하겠다.

| Random Effect LRT | | | | | |
Test	N. par	AIC	LRT	df	p
(1 | subj)	9.00	1042.25	23.45	1.00	< .001

그리고 다음과 같이 Plots 기능을 활용하면 두 집단 간 그리고 시간대별로 종속 변수의 변화를 이해할 수 있다. 다음 그림을 보면 통제집단(집단=1)은 대체로 완만한 감소를 보이지만 치료집단(집단=2)은 사전(time=0)에서 사후(time=1)까지 급격한 감소를 보이다가 이후로는 별다른 변화를 보이지 않는다. 통제집단은 치료집단보다 평균적으로 높은 우울점수를 보이고 있으며, 전체적으로 우울점수는 시간이 경과함에 따라 감소하고 있음을 알 수 있다.

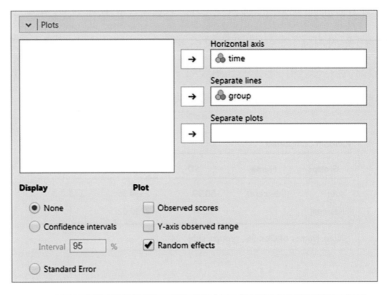

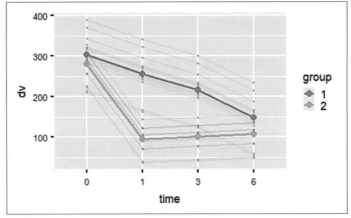

이어서 Estimated Marginal Means 대화상자를 클릭해서 각 독립변수의 주효과와 상호작용효과에 따른 평균을 비교·분석할 수 있다.

각 시점별 및 집단별 종속변수의 평균을 분석하면 다음과 같다. 전체적으로 시점이 경과함에 따라 우울점수는 감소하며, 집단별로 보면 치료집단(group=2)이 통제집단(group=1)에 비해 평균 우울점수가 낮은 것으로 나타났다(231.40 vs. 145.48).

time

time	Mean	SE	df	95% Confidence Interval	
				Lower	Upper
0	292.38	14.86	52.11	262.56	322.19
1	175.58	14.86	52.11	145.77	205.40
3	158.04	14.86	52.11	128.22	187.86
6	127.75	14.86	52.11	97.93	157.57

Note. Estimated means are estimated averaging across interacting variables

group

group	Mean	SE	df	95% Confidence Interval	
				Lower	Upper
1	231.40	16.41	22.00	197.37	265.42
2	145.48	16.41	22.00	111.46	179.50

Note. Estimated means are estimated averaging across interacting variables

다음은 시점과 집단의 상호작용 결과를 보이고 있는데, 각 시점별로 치료집단의 우울점수가 더 낮은 것으로 나타났다.

group:time					95% Confidence Interval	
group	time	Mean	SE	df	Lower	Upper
1	0	304.33	21.02	52.11	262.16	346.50
2	0	280.42	21.02	52.11	238.25	322.59
1	1	256.67	21.02	52.11	214.50	298.84
2	1	94.50	21.02	52.11	52.33	136.67
1	3	215.75	21.02	52.11	173.58	257.92
2	3	100.33	21.02	52.11	58.16	142.50
1	6	148.83	21.02	52.11	106.66	191.00
2	6	106.67	21.02	52.11	64.50	148.84

1) 시점과 집단의 상호작용 탐색: 단순효과분석

시점과 집단의 상호작용효과에 있어서 집단별로 시점의 효과가 다르게 나타나는지 검정할 수 있다. 즉, 집단별로 시점의 단순효과를 검정한다.

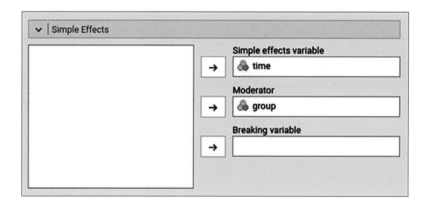

다음 결과를 보면 두 집단 모두에서 시점(simple effects of time)이 통계적으로 유의한 효과를 보이는 것으로 나타났다. 하지만 집단1(통제집단)보다 집단2(치료집단)에서 그 효과가 더 큰 것으로 보인다(F=18.9 vs. F=35.3).

Simple effects of time : Omnibus Tests

Moderator levels

group	F	Num df	Den df	p
1	18.86	3.00	66.00	< .001
2	35.28	3.00	66.00	< .001

구체적으로 보면, 집단별로 시점의 효과는 두 집단 모두에서 기준 집단인 time0에 비해 time1, time3, time6 모두 유의하게 다른 것으로 나타났다.

Simple effects of time : Parameter estimates

| Moderator levels | | | | 95% Confidence Interval | | | | |
group	contrast	Estimate	SE	Lower	Upper	df	t	p
1	1 - 0	-47.67	21.45	-90.49	-4.84	66.00	-2.22	0.030
	3 - 0	-88.58	21.45	-131.41	-45.76	66.00	-4.13	< .001
	6 - 0	-155.50	21.45	-198.33	-112.67	66.00	-7.25	< .001
2	1 - 0	-185.92	21.45	-228.74	-143.09	66.00	-8.67	< .001
	3 - 0	-180.08	21.45	-222.91	-137.26	66.00	-8.40	< .001
	6 - 0	-173.75	21.45	-216.58	-130.92	66.00	-8.10	< .001

2) 사후비교

만약 시점 차원에서 어느 집단과 어느 집단의 평균 차이가 다른지 알고자 한다면 시점의 차원이 4차원이므로 $4 \times (4-1)/2 = 6$, 즉 6가지 비교 분석(6 comparisons)이 가능하다. 다음 결과에서 보듯이 time=0 집단의 평균(치료집단 및 통제집단의 평균, on average across groups)은 time=1, time=3, time=6 집단의 평균과 모두 유의하게 다른 것으로 나타났으며, time=1 집단 평균은 time=6 집단 평균과만 유의하게 차이가 났다. 그리고 time=3 집단 평균과 time=6 집단 평균은 유의하게 다르지 않은 것으로 나타났다. 그리고 두 집단의 평균의 차이(85.92)는 기대한 바대로 유의한 것으로 나타났다(t=3.70, p=0.001).

Post Hoc Comparisons - time

	Comparison					
time	time	Difference	SE	t	df	Pbonferroni
0	- 1	116.79	15.17	7.70	66.00	< .001
0	- 3	134.33	15.17	8.86	66.00	< .001
0	- 6	164.63	15.17	10.85	66.00	< .001
1	- 3	17.54	15.17	1.16	66.00	1.000
1	- 6	47.83	15.17	3.15	66.00	0.015
3	- 6	30.29	15.17	2.00	66.00	0.300

Post Hoc Comparisons - group

	Comparison					
group	group	Difference	SE	t	df	Pbonferroni
1	- 2	85.92	23.20	3.70	22.00	0.001

이상은 시점과 집단의 주효과에 대한 분석 결과이다. 시점과 집단의 상호작용에 대한 효과 분석도 마찬가지로 실행할 수 있지만 비교(4×2=8, 8×(8-1)/2=28)가 28번 이루어지기 때문에 여기서는 제시하지 않기로 한다.

4 　다중 클러스터 반복측정모형

이제 다중 클러스터 반복측정모형(mixed models: subjects by stimuli random effects) 분석을 시도해 보자. 앞선 분석에서는 클러스터 변수가 1개(대상자)이었지만, 여기서는 클러스터 변수를 두 개 사용하는 분석을 수행하게 된다.

분석에 사용할 데이터는 R 프로그램 'psycho' 패키지에 있는 데이터 emotion으로 19명의 건강한 실험 참가자들에게 모두 48가지 사진—각 사진은 중립적 이미지 또는 부정적 이미지를 담고 있음—을 보여 준 후 정서적 동요가 어떻게 일어났는지를 살펴본 데이터이다. 이 분석에서는 원 데이터에서 몇몇 변수를 삭제하고 또 변수이름을 간략하게 수정한 데이터(emotion2.csv)를 활용하고자 하며 주요 변수는 다음과 같다.

- Emotion: 정서적 동요 점수(종속변수)
- Condition: 사진의 이미지(중립적 또는 부정적 이미지, 고정효과 변수)
- Participant: 실험 참가자(19명, 클러스터 변수)
- Item: 사진(48가지 유형, 클러스터 변수)

	🔑a Participant	⬦ Age	🔑a Gender	🔑a Item	🔑a Condition	⬦ Emotion
1	1S	18.385	Female	People_158_h	Neutral	12.240
2	1S	18.385	Female	Faces_045_h	Neutral	16.406
3	1S	18.385	Female	People_138_h	Neutral	25.521
4	1S	18.385	Female	People_148_h	Neutral	0.000
5	1S	18.385	Female	Faces_315_h	Neutral	25.781
6	1S	18.385	Female	Faces_224_h	Neutral	2.604
7	1S	18.385	Female	Faces_016_h	Negative	25.000
8	1S	18.385	Female	Faces_170_h	Negative	51.302
9	1S	18.385	Female	Faces_362_v	Negative	75.260
10	1S	18.385	Female	Faces_366_h	Negative	72.135

분석에 앞서 종속변수(Emotion)을 먼저 다음과 같이 표준화한다. 그 방법은 Data > Compute를 통해 다음과 같이 표준화 변수 EmotionZ를 만든다(보다 자세한 것은 제2장 데이터 처리를 참고하기 바란다).

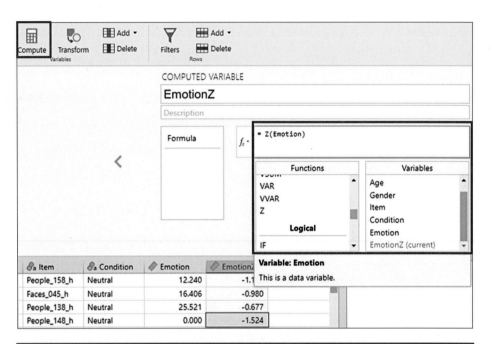

앞 예제와 마찬가지로 반복측정 혼합모형분석을 위해 Linear Models > Mixed Model을 클릭한다.

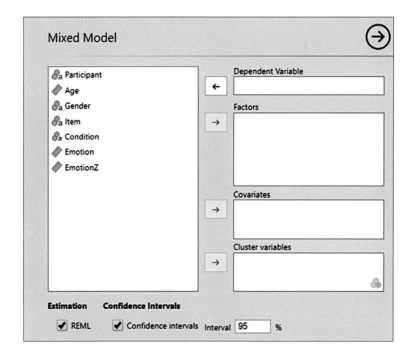

그러면 각 변수들이 다음과 같이 나타나는데, 여기서는 종속변수로 Emotion을 표준화(standardized)한 EmotionZ를 사용한다.

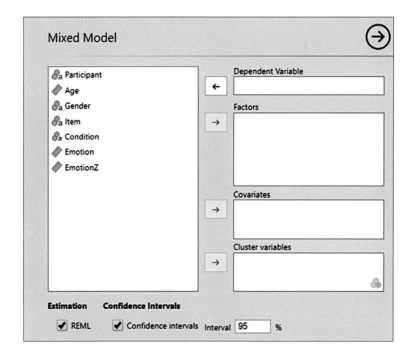

그리고 다음과 같이 종속변수로 EmotionZ, 고정효과 변수로 Condition, 그리고 클러스터 변수로 Participant, Item 두 변수를 지정한다.

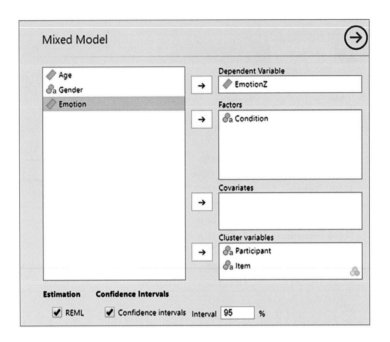

그리고 Random Effects 대화상자에서 대상자별 그리고 사진별로 절편만 차이가 있을 것으로 가정하여 'Intercept | Participant'와 'Intercept | Item'을 랜덤효과로 지정한다.

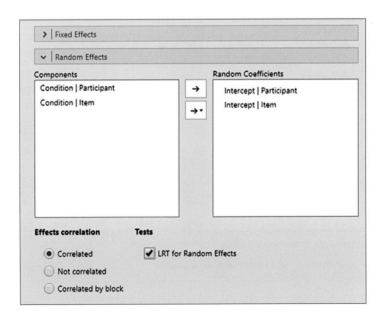

이어서 Factors Coding에서는 고정효과 변수 Condition(사진 이미지)은 두 유형(중립적 vs. 부정적)뿐이므로 Condition의 코딩을 '단순(simple)'으로 지정한다 ('dummy'로 지정해도 동일한 결과가 산출된다).

그러면 다음과 같이 우선 모형에 대한 정보가 나타나는데 R-squared Marginal ＝0.31, R-squared Conditional＝0.56으로 제시된다. 즉, 고정효과에 의해 설명되는 종속변수의 분산은 31%이고, 고정효과와 랜덤효과 모두에 의해 설명되는 분산은 56%임을 알 수 있다. 따라서 랜덤효과에 의한 분산의 설명이 작지 않음을 알수 있다.

Model Info	
Info	
Estimate	Linear mixed model fit by REML
Call	EmotionZ ~ 1 + Condition+(1 | Item)+(1 | Participant)
AIC	1983.87
R-squared Marginal	0.31
R-squared Conditional	0.56

Fixed Effect Omnibus 검정은 랜덤효과는 고려하지 않고 고정효과와 관련된 F-검정 결과를 제시하는데, Condition(사진 이미지)이 종속변수에 미치는 영향이 통계적으로 유의하다는 사실을 보여 준다(F＝163.05, p＜0.001).

Fixed Effect Omnibus tests				
	F	Num df	Den df	p
Condition	163.05	1	46.00	< .001

 이어서 다음 분석 결과를 보면 부정적 이미지의 사진에 비해 중립적 이미지의 사진을 보여 주면 정서적 동요가 1.12만큼 감소됨을 알 수 있으며, 이는 통계적으로 유의한 것으로 나타났다($t = -12.77$, $p < 0.001$).

Fixed Effects Parameter Estimates

Names	Effect	Estimate	SE	95% Confidence Interval Lower	95% Confidence Interval Upper	df	t	p
(Intercept)	(Intercept)	−1.82e−15	0.11	−0.21	0.21	23.10	−1.69e−14	1.000
Condition1	Neutral − Negative	−1.12	0.09	−1.29	−0.95	46.00	−12.77	< .001

 Random Components 결과를 보면 각 사진의 차이로 인해 랜덤분산이 차지하는 비중이 종속변수에 대한 전체 분산의 13%를 차지하고 있으며, 대상자의 차이로 인해 29%를 차지하고 있어 대상자의 차이로 인한 종속변수에 대한 분산 비중이 더 크다는 것을 알 수 있다.

Random Components

Groups	Name	SD	Variance	ICC
Item	(Intercept)	0.26	0.07	0.13
Participant	(Intercept)	0.43	0.18	0.29
Residual		0.67	0.45	

 그리고 Random Effect 우도비 검정(LRT) 결과를 살펴보면 사진과 대상자의 차이로 인해 정서적 동요에 대한 절편값이 각각 통계적으로 유의한 것으로 나타났다($LRT = 61.29$, $p < 0.001$; $LRT = 239.83$, $p < 0.001$).

Random Effect LRT

Test	N. par	AIC	LRT	df	p
(1 | Item)	4	2053.16	61.29	1.00	< .001
(1 | Participant)	4	2231.70	239.83	1.00	< .001

이제 다음과 같이 Plots 기능을 활용하면 사진의 이미지(Condition)에 따라 종속 변수인 정서적 동요(EmotionZ)의 차이를 더 잘 이해할 수 있다. 다음 그림에서 보는 것처럼 부정적(Negative) 이미지보다는 중립적(Neutral) 이미지에 대한 정서적 동요가 낮음을 알 수 있다(앞의 회귀분석에서 B＝−1.12로 이미 확인).

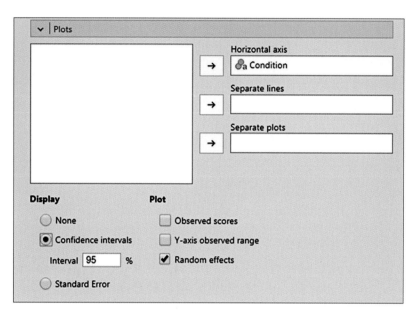

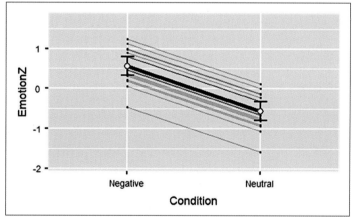

20

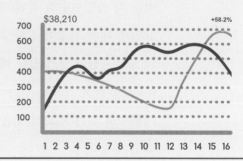

요인분석

이 장의 주제인 요인분석을 실행하기 전에 주성분분석(principal component analysis: PCA)과 요인분석(factor analysis: FA)에 대한 이해가 먼저 필요하다. 주성분분석과 요인분석은 종종 동일한 결과를 산출하지만 [그림 20-1]에서 보듯이 그 맥락(context)이 다르다. 즉, 주성분은 측정변수들을 요약한 결과인 반면 요인분석은 각 측정변수의 원인(배경)이 되는 공통요인을 찾아내는 것이 목적이다. 공통요인에 대한 가정이 강할 때 요인분석은 더 정확한 결과를 산출하지만 측정변수의 고유분산이 별로 없을 때에는 주성분이 추출되는 것만큼 공통요인도 추출된다(Fabrigar et al., 1999). 일반적으로 공통성(communality)이 낮고(예, 0.40) 요인당 측정변수의 수가 비교적 적을 때(예, 3개) 주성분분석과 요인분석의 결과는 달라진다고 하겠다.

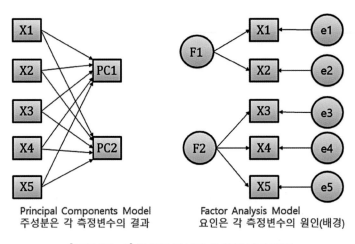

[그림 20-1] 주성분분석과 요인분석의 맥락

Tip 주요 용어

- Communality: 공통성으로 번역하며 공통요인에 의해 설명되는 각 측정변수의 분산 비율을 의미
- Eigenvalue: 고유값 또는 설명분산을 의미하는데, 이는 주성분/요인에 의해 설명되는 전체 측정변수의 표준화된 분산을 의미(고유값의 합은 측정변수의 수와 동일)

주성분분석과 요인분석의 특성과 차이점은 〈표 20-1〉에서 더 구체적으로 설명될 수 있겠다(홍세희, 2007; Fabrigar et al., 1999).

〈표 20-1〉 주성분분석과 요인분석의 특성

주성분분석	요인분석
많은 변수(large correlated variables)를 소수의 주성분(uncorrelated components)으로 축소, 즉 데이터 축소(data reduction)가 목적	측정변수들 간의 관계를 설명하는 잠재구조(latent structure)를 개발하는 것이 목적
주성분은 측정변수의 결과로서 측정변수의 분산을 설명할 목적	요인은 측정변수의 원인(배경)으로 측정변수 사이의 관계를 설명하는 공통(잠재)요인을 찾아내고 이론적 구조를 개발할 목적
측정변수의 고유분산이 없다고 가정, 즉 오차가 없다고 가정하고 분석하며, 주성분 간의 상관관계는 없다고 가정하고 분석	공통요인(common factor)에 대한 가정이 강하고, 고유요인, 즉 오차(random error)를 인정하며 요인 간에 상관관계가 있다고 가정하고 분석
주성분의 설명력은 eigenvalue(고유값 또는 설명분산)으로 표현하는데, 이는 주성분에 의해 설명되는 전체 측정변수의 표준화된 분산을 의미(고유값의 합은 측정변수의 수와 동일하며 주성분이 갖는 설명력은 70~80% 유지 요구)	측정변수는 공통요인(common factor)과 고유요인(unique factor)에 의해 설명. 그리고 요인분석은 공통요인모형에 기초하며 요인 간 상관관계가 있다고 가정하고 분석
주성분 수의 결정은 eigenvalue > 1.0을 활용	요인 수 결정은 스크리 도표의 parallel analysis에 기초하며 eigenvalue > 0을 활용
주성분분석은 데이터를 축소하면서 간명성은 얻지만 측정변수에 대한 설명력은 놓치게 된다.	요인분석은 잠재요인을 발견하여 측정변수 간의 관계를 설명할 수 있다.

주성분분석 및 요인분석의 절차는 다음과 같은 절차로 진행된다.

첫째, 추출할 주성분 및 요인의 수를 결정하고

둘째, 주성분 및 요인 추출하며

셋째, 구조를 보다 명확히 파악하기 위해 주성분 및 요인을 회전한다.

1   주성분분석

주성분분석에 사용할 데이터는 Grnt_fem.csv로 여자 중학생의 지적 능력을 측정한 것으로 6개의 변수로 구성되어 있다.

	A	B	C	D	E	F	G
1	visperc	cubes	lozenges	paragrap	sentence	wordmean	
2	33	22	17	8	17	10	
3	30	25	20	10	23	18	
4	36	33	36	17	25	41	
5	28	25	9	10	18	11	
6	30	25	11	11	21	8	
7	20	25	6	9	21	16	
8	17	21	6	5	10	10	
9	33	31	30	11	23	18	
10	30	22	20	8	17	20	
11	36	28	22	13	24	36	
12	30	24	19	14	26	24	
13	33	27	16	8	17	13	
14	32	22	15	9	20	17	

이 데이터를 jamovi로 불러오면 다음과 같다.

	visperc	cubes	lozenges	paragrap	sentence	wordmean
1	33	22	17	8	17	10
2	30	25	20	10	23	18
3	36	33	36	17	25	41
4	28	25	9	10	18	11
5	30	25	11	11	21	8
6	20	25	6	9	21	16
7	17	21	6	5	10	10
8	33	31	30	11	23	18
9	30	22	20	8	17	20
10	36	28	22	13	24	36
11	30	24	19	14	26	24
12	33	27	16	8	17	13

주성분분석을 실시하기 위해서는 Factor > Principal Component Analysis를 클릭한다.

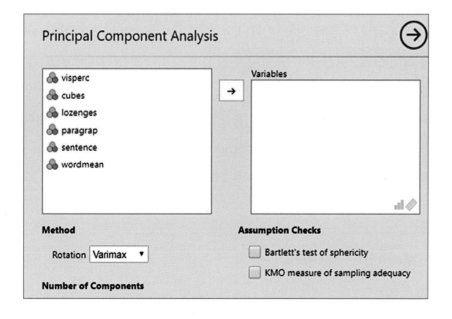

그러면 다음과 같이 주성분분석 대화상자가 나타나는데, 다음에서 보는 것처럼 분석할 변수들을 오른쪽으로 옮겨놓고 회전(rotation)은 직각회전인 Varimax로, 주성분의 수는 eigenvalue(>1)를 기준으로 정해 둔다. 그리고 스크리 도표(scree plot)를 보여 달라고 체크한다.

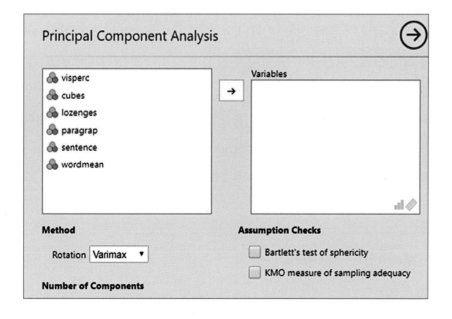

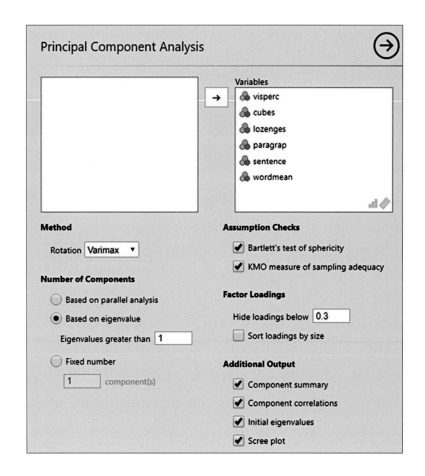

그러면 eigenvalue>1.0 기준에 따라서 다음 결과에서 보는 것처럼 두 개의 주
성분이 추출되며, 이는 다음의 스크리 도표를 통해 확인된다. 다음의 왼쪽 표는
주성분 회전(rotation)을 실시한 것이며, 오른쪽은 회전을 실시하지 않은 것이다.
회전을 실시하는 이유는 주성분의 구조가 보다 명확해지도록 하기 위한 것이며,
오른쪽 표보다 왼쪽 표가 훨씬 더 명확한 구조를 보이고 있음을 알 수 있다. 즉,
첫 번째 주성분에 visperc, cubes, lozenges 변수가 두 번째 주성분에 paragrap,
sentence, wordmean 변수가 포함되어 있음을 알 수 있다.

Component Loadings

	Component		
	1	**2**	**Uniqueness**
visperc		0.776	0.350
cubes		0.843	0.288
lozenges		0.760	0.350
paragrap	0.891		0.174
sentence	0.873		0.203
wordmean	0.891		0.188

Note. 'varimax' rotation was used

Component Loadings

	Component		
	1	**2**	**Uniqueness**
visperc	0.641	0.490	0.350
cubes	0.526	0.660	0.288
lozenges	0.670	0.448	0.350
paragrap	0.822	-0.388	0.174
sentence	0.811	-0.374	0.203
wordmean	0.794	-0.427	0.188

Note. 'none' rotation was used

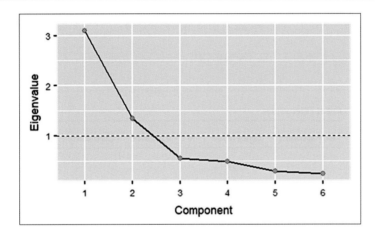

이어서 추출된 두 개의 주성분에 대한 주성분 적재값(SS Loadings)과 분산 그리고 누적분산값이 다음과 같이 제시된다. 먼저, SS Loadings는 주성분의 고유값(eigenvalue)으로 주성분에 의해 설명되는 측정변수의 표준화된 분산을 의미한다. 그리고 두 개의 주성분 중 첫 번째 주성분의 분산 설명력이 더 크고(41.2%) 두 주성분의 누적 분산 설명력은 74.1%로 나타나 주성분분석에서 요구하는 70~80% 정도 분산의 설명력을 충족하고 있다고 하겠다. 그리고 주성분의 회전은 주성분 간에 상관관계가 없다고 가정하는 Varimax 회전을 수행하였기 때문에 Correlation Matrix에서 보듯이 주성분 간 상관관계는 거의 없는 것($r < 0.000$)으로 나타났다.

Summary

Component	SS Loadings	% of Variance	Cumulative %
1	2.47	41.2	41.2
2	1.98	32.9	74.1

Correlation Matrix

	1	2
1	—	8.33e-17
2		—

그리고 다음 결과를 보면 각 주성분의 초기 고유값(eigenvalue)이 제시되어 있는데 전체 고유값의 합은 6으로 측정변수의 수와 동일함을 알 수 있다.

Initial Eigenvalues

Component	Eigenvalue	% of Variance	Cumulative %
1	3.099	51.65	51.6
2	1.349	22.48	74.1
3	0.549	9.15	83.3
4	0.488	8.13	91.4
5	0.282	4.70	96.1
6	0.234	3.90	100.0

그리고 주성분분석의 가정 검정으로 Bartlett's Test of Sphericity(구형성 검정)와 KMO Measure of Sampling Adequacy가 있다. Bartlett 구형성 검정은 주성분분석에 사용된 변수들의 상관행렬이(변수들 간 상관관계가 없다는) 단위행렬(identity matrix) 여부를 검정하는 것으로써 유의확률이 0.05보다 작으면 매트릭스에 포함된 변수들이 서로 상관이 없어서 데이터의 구조를 파악하기에, 즉 주성분분석(요인분석)에 적절하지 않다는 영가설을 기각하게 되어 주성분분석을 수행하기에 적합하다는 의미이다. 그리고 KMO 통계치는 주성분(요인)에 의해 설명되는 측정변수의 분산 비율(proportion of variance)을 보여 주는 수치로써 1.0에 가까울수록 데이터가 주성분분석(요인분석)을 수행하기에 적절하다는 것을 나타낸다. 하지만

이 수치가 0.5 이하일 경우 요인분석 결과는 그다지 유용하지 않다고 하겠다(IBM

Knowledge Center, 2019).

Bartlett's Test of Sphericity		
χ^2	df	p
180	15	< .001

KMO Measure of Sampling Adequacy

	MSA
Overall	0.763
visperc	0.734
cubes	0.732
lozenges	0.780
paragrap	0.768
sentence	0.803
wordmean	0.743

2 탐색적 요인분석

탐색적 요인분석(exploratory factor analysis)은 잠재요인(factors)을 파악하여 측정변수 간의 관계를 설명하는 잠재구조(latent structure)를 발견하는 것이 주된 목적으로, 확인적 요인분석에 앞서 수행하는 것이 일반적이다. 이 분석에 사용할 데이터는 HS1939.csv로 Hollings−Swinefold(1939)가 수집한 데이터이다. 중학생들의 지적능력에 대한 측정(mental ability test) 결과로 9개의 변수로 구성되어 있다 (Rosseel, 2018).

▲	A	B	C	D	E	F	G	H	I	J
1	x1	x2	x3	x4	x5	x6	x7	x8	x9	
2	3.33	7.75	0.38	2.33	5.75	1.29	3.39	5.75	6.36	
3	5.33	5.25	2.13	1.67	3.00	1.29	3.78	6.25	7.92	
4	4.50	5.25	1.88	1.00	1.75	0.43	3.26	3.90	4.42	
5	5.33	7.75	3.00	2.67	4.50	2.43	3.00	5.30	4.86	
6	4.83	4.75	0.88	2.67	4.00	2.57	3.70	6.30	5.92	
7	5.33	5.00	2.25	1.00	3.00	0.86	4.35	6.65	7.50	
8	2.83	6.00	1.00	3.33	6.00	2.86	4.70	6.20	4.86	
9	5.67	6.25	1.88	3.67	4.25	1.29	3.39	5.15	3.67	
10	4.50	5.75	1.50	2.67	5.75	2.71	4.52	4.65	7.36	

이 데이터를 jamovi로 불러오면 다음과 같다.

	x1	x2	x3	x4	x5	x6
1	3.333	7.75	0.375	2.333	5.75	
2	5.333	5.25	2.125	1.667	3.00	
3	4.500	5.25	1.875	1.000	1.75	
4	5.333	7.75	3.000	2.667	4.50	
5	4.833	4.75	0.875	2.667	4.00	
6	5.333	5.00	2.250	1.000	3.00	
7	2.833	6.00	1.000	3.333	6.00	
8	5.667	6.25	1.875	3.667	4.25	
9	4.500	5.75	1.500	2.667	5.75	
10	3.500	5.25	0.750	2.667	5.00	

탐색적 요인분석을 위해서 Factor > Exploratory Factor Analysis를 클릭한다.

그리고 탐색적 요인분석 대화상자에서 분석에 포함할 변수들을 먼저 오른쪽으로 옮겨 둔 후 요인추출방법과 요인추출 수를 결정한다. 요인추출 방법으로 먼저 요인 간 상관관계가 있다고 가정하는 회전방법(Rotation)인 사각회전 Oblimin을 선택하며, 요인추출방법(Extraction)으로는 잔차를 최소화하는 방법이며 디폴트 방법인 최소잔차법(Minimum residuals)을 선택한다. 그리고 추출할 요인의 수는 주성분분석과는 달리 랜덤 데이터에 기초한 시뮬레이션 분석을 동시에 실시하는 평행분석(parallel analysis)을 선택한다.

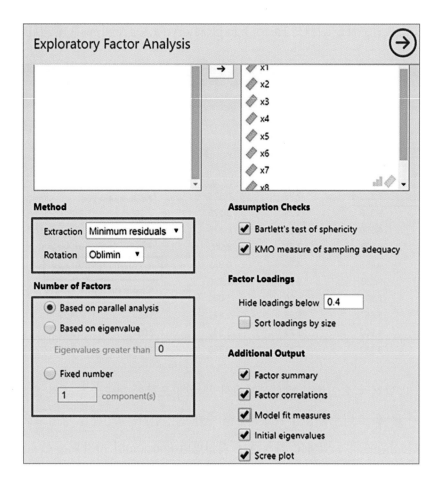

그러면 다음과 같은 결과가 나타난다. 먼저, 추출된 요인(Factor)은 세 개임을 알수 있으며, 이 요인추출은 스크리 도표에서 보는 바와 같이 시뮬레이션 분석 결과보다 위쪽에 있는 요인 수, 즉 세 개가 추출되었음을 알 수 있다. 요인분석에서는주성분분석과 달리 eigenvalue＝0 보다 큰 것을 기준으로 요인을 추출함을 알 수있다.

Factor Loadings

	Factor			Uniqueness
	1	2	3	
x1		0.592		0.523
x2		0.509		0.745
x3		0.686		0.547
x4	0.846			0.272
x5	0.886			0.246
x6	0.805			0.309
x7			0.737	0.481
x8			0.686	0.480
x9			0.456	0.540

Note. 'Minimum residual' extraction method was used in combination with a 'oblimin' rotation

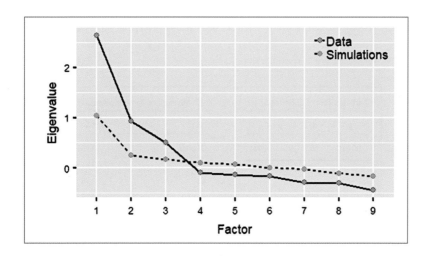

이어서 요인에 대한 통계량이 제시되는데 첫 요인의 분산에 대한 설명력이 24.89%로 가장 크다. 그리고 세 개의 요인으로 전체 분산의 53.97%를 설명할 수 있으며, 요인 간 상관관계(Inter-Factor Correlations) 매트릭스가 제시되어 있다.

Summary			
Factor	**SS Loadings**	**% of Variance**	**Cumulative %**
1	2.24	24.89	24.89
2	1.34	14.93	39.82
3	1.27	14.16	53.97

Inter-Factor Correlations

	1	**2**	**3**
1	—	0.32	0.21
2		—	0.26
3			—

그리고 Bartlett 구형성 검정 결과 p<0.001로 요인분석을 수행하기에 적합함을 보여 준다. 그리고 KMO(Overall) 지수도 0.75로 나타나 요인분석을 수행하기에 적합한 것으로 보인다.

Bartlett's Test of Sphericity				KMO Measure of Sampling Adequacy	
χ²	**df**	**p**			**MSA**
904.10	36	< .001		Overall	0.75
				x1	0.81
				x2	0.78
				x3	0.73
				x4	0.76
				x5	0.74
				x6	0.81
				x7	0.59
				x8	0.68
				x9	0.79

아울러 다음과 같이 요인분석모형의 적합도를 제시하고 있는데 RMSEA(기준: 0.08 이하)와 TLI(기준: 0.9 이상)가 적합한 수치로 나타났다.

Model Fit Measures								
	RMSEA 90% CI					Model Test		
RMSEA	**Lower**	**Upper**	**TLI**	**BIC**		**χ²**	**df**	**p**
0.06	0.02	0.09	0.96	-45.93		22.56	12	0.032

3　확인적 요인분석

　확인적 요인분석(confirmatory factor analysis)은 탐색적 요인분석의 결과를 확인하는 것으로서 요인분석의 적합성, 즉 요인의 구조 및 그 적합도를 검정하고자 한다. 확인적 요인분석을 위해서 탐색적 요인분석의 데이터 HS1939.csv를 그대로 사용하며, Factor > Confirmatory Factor Analysis를 클릭한다.

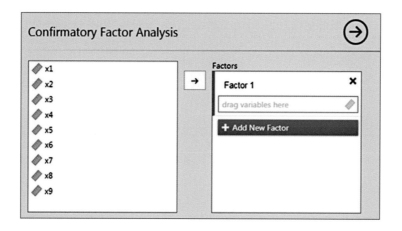

　다음과 같이 확인적 요인분석 대화상자에서 각 요인에 해당되는 (측정)변수를 탐색적 요인분석의 결과에 따라 지정하고, 이어서 요인의 이름(여기서는 Visual, Textual, Speed)을 지정한다.

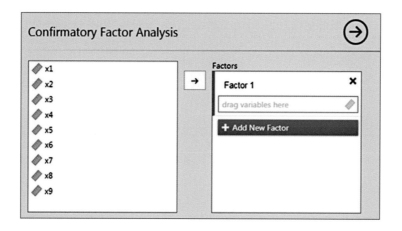

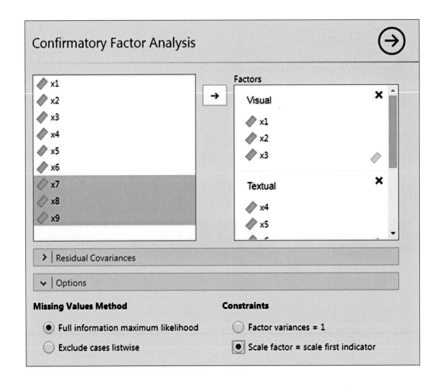

그리고 옵션(Options)에서 결측값이 있는 경우 FIML(Full information maximum likelihood)를 선택하고 제약(Contraints)에서 요인의 단위를 설정하기 위해 측정변수(indicator)의 첫 요인계수(1.0으로)를 고정시킨다. 이때 요인의 분산(Factor variances)을 1.0으로 고정시켜도 무방하다.

이어서 추정(Estimates)에서는 요인 간 공분산(Factor covariances), 잔차분산(Residual covariances), 표준화값(Standardized estimates) 등을 제시할 수 있도록 선택하며, 모형적합도에서는 카이스퀘어 값과 적합도 지수인 CFI, TLI, SRMR, RMSEA 등을 선택한다.

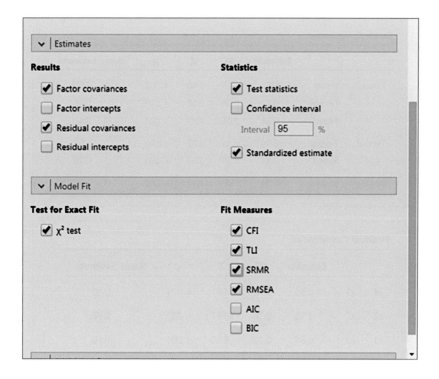

그러면 다음과 같은 결과가 나타나는데 우선 각 요인의 요인계수에 대한 추정값과 표준오차를 포함한 적재값(Factor Loadings)이 제시되며, 이어서 요인 간 분산 및 공분산 그리고 측정변수의 잔차 분산이 표시된다. 이때 각 추정값에 대한 표준화 값(standardized estimate)도 함께 제시된다.

Factor Loadings

Factor	Indicator	Estimate	SE	Z	p	Stand. Estimate
Visual	x1	1.00 ᵃ				0.77
	x2	0.55	0.11	5.07	< .001	0.42
	x3	0.73	0.12	6.22	< .001	0.58
Textual	x4	1.00 ᵃ				0.85
	x5	1.11	0.06	17.13	< .001	0.86
	x6	0.93	0.06	16.48	< .001	0.84
Speed	x7	1.00 ᵃ				0.57
	x8	1.18	0.15	7.85	< .001	0.72
	x9	1.08	0.20	5.54	< .001	0.67

ᵃ fixed parameter

Factor Covariances

		Estimate	SE	Z	p	Stand. Estimate
Visual	Visual	0.81	0.15	5.40	<.001	1.00
	Textual	0.41	0.08	5.12	<.001	0.46
	Speed	0.26	0.06	4.73	<.001	0.47
Textual	Textual	0.98	0.11	8.73	<.001	1.00
	Speed	0.17	0.05	3.52	<.001	0.28
Speed	Speed	0.38	0.09	4.17	<.001	1.00

Residual Covariances

		Estimate	SE	Z	p	Stand. Estimate
x1	x1	0.55	0.12	4.61	<.001	0.40
x2	x2	1.13	0.10	10.87	<.001	0.82
x3	x3	0.84	0.10	8.88	<.001	0.66
x4	x4	0.37	0.05	7.74	<.001	0.27
x5	x5	0.45	0.06	7.70	<.001	0.27
x6	x6	0.36	0.04	8.20	<.001	0.30
x7	x7	0.80	0.09	9.13	<.001	0.68
x8	x8	0.49	0.09	5.32	<.001	0.48
x9	x9	0.57	0.09	6.25	<.001	0.56

그리고 모형적합도(model fit)를 살펴보면 CFI=0.93, TLI=0.90, RMSEA=0.09, SRMR=0.06으로 나타나 각 적합도 지수의 기준에서 볼 때 모두 적합한 것으로 나타났다. 하지만 카이스퀘어값은 85.31(p<0.001)로 나타나 적합성 기준을 초과하였지만 카이스퀘어값은 자유도에 민감해서 지나치게 엄격한 검정값이 제시되기 때문에 적합도 지수로는 적절하지 않은 측면으로 인해 이 값은 보통 무시하게 된다.

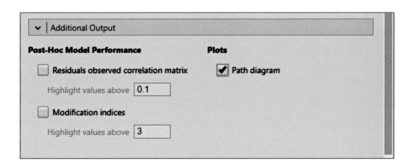

Model Fit

Test for Exact Fit

χ²	df	p
85.31	24	< .001

Fit Measures

CFI	TLI	SRMR	RMSEA	RMSEA 90% CI Lower	Upper
0.93	0.90	0.06	0.09	0.07	0.11

이어서 모형 다이어그램(Path diagram)을 체크하면 다음과 같이 나타나며 9개의
측정변수가 세 개의 (잠재)요인, 즉 Visual (x1, x2, x3), Textual (x4, x5, x6), Speed
(x7, x8, x9)로 구조화되어 있음을 확인할 수 있다.

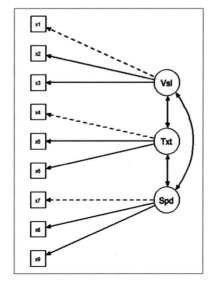

21

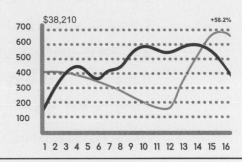

구조방정식모형

1 구조방정식모형의 이해

구조방정식모형(Structural Equation Modeling: SEM)은 실제 측정된(관찰된) 측정
변수로 구성된 다수의 회귀모형을 통해 인과적 관계를 동시에 검정할 수 있는 경
로분석(Path Analysis)을 넘어서 요인분석을 통해 밝혀진 측정되지 않은 잠재요인
들의 관계를 검정할 수 있는 분석방법이다. 이 모형은 교육학, 심리학, 경영학,
사회복지학, 간호학 등 다양한 학문 분야에서 널리 사용되고 있다. 최근에는 구
조방정식모형이 잠재적 요인 간의 관계를 검정한다고 해서 잠재변수모형(Latent
Variable Modeling: LVM)으로도 부르고 있다(Beaujean, 2014; Finch & French, 2015,
Rosseel, 2018). 즉, 구조방정식모형은 회귀분석과 요인분석의 결합으로 다음과 같
이 모형화할 수 있다.

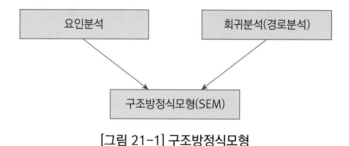

[그림 21-1] 구조방정식모형

그리고 회귀분석, 경로분석, 요인분석, 구조방정식모형의 발전적 구성은 다음
그림과 같이 제시될 수 있다.

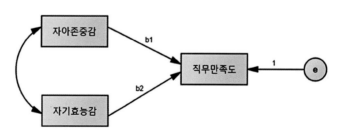

[그림 21-2] 회귀분석: 측정변수인 독립변수와 종속변수의 관계를 분석

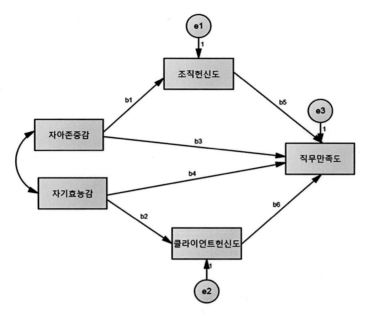

[그림 21-3] 경로분석: 측정변수인 여러 개의 종속변수와 독립변수 간의 관계 분석

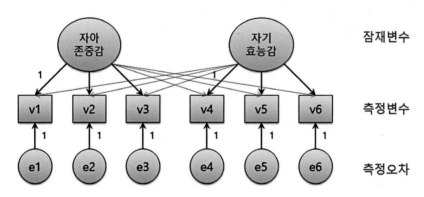

[그림 21-4] 탐색적 요인분석(EFA): 잠재변수와 측정변수 간의 관계를 탐색

측정변수를 measured variables, observed variables, manifest variables, 또는 indicators라고도 부르며, 잠재변수는 latent variables라고 한다. 그리고 측정오차는 잠재요인에 의해 설명되지 않는 측정변수의 오차를 의미한다.

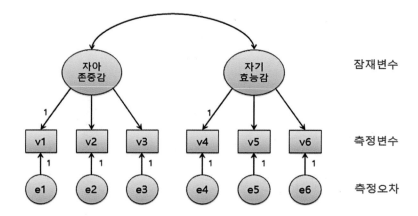

[그림 21-5] 확인적 요인분석(CFA): 잠재변수와 측정변수 간의 관계(모형)를 확인

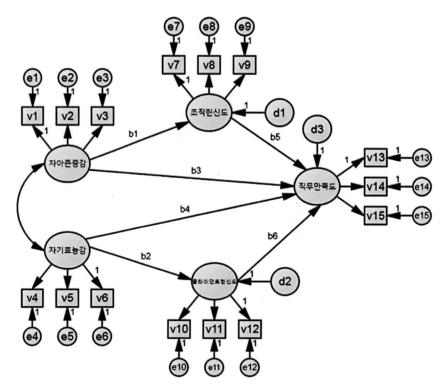

[그림 21-6] 구조방정식모형: 잠재변수 간의 관계를 검정

2   구조방정식모형의 특성

구조방정식모형은 여러 특성과 장점이 있지만 이를 간단히 요약하면 다음과 같이 제시될 수 있다(홍세희 2007; Rosseel, 2014).

1) 측정오차의 통제 가능

구조방정식은 경로분석에 비해 측정오차를 통제할 수 있는 장점이 있다. 즉, 측정변수에서는 일반적으로 측정오차가 있기 마련이고 측정변수를 활용하는 경로분석에서는 이 측정오차를 통제할 방법이 없지만 구조방정식에서는 요인분석을 통해 잠재요인에 의해 설명되지 않는 측정오차(measurement error)를 고려할 수 있는 장점이 있어 모형 추정이 더 정확하다고 하겠다. 예를 들어, 측정변수 v1의 경우 잠재요인인 자아존중감에 의해 설명되지 않는 오차 e1을 고려해서 분석할 수 있다. 즉, v1＝자아존중감＋e1으로 설명된다고 하겠다.

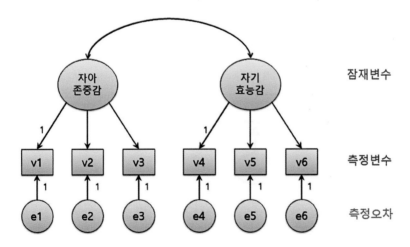

[그림 21-7] 측정오차를 통제하는 구조방정식

2) 매개변수의 사용 용이

일반적인 회귀분석에서는 매개변수(mediators)의 사용이 용이하지 않지만(물론 여러 개의 회귀식을 통해 매개효과 분석이 가능하지만) 기본적으로 경로분석에 바탕을 둔 구조방정식모형에서는 여러 변수 간의 관계에서 매개효과를 쉽게 검정할 수 있다. [그림 21-8]에서 ses는 67_alienation(매개변수)을 통해 71_alienation에 미치는 매개효과를 쉽게 검정할 수 있다(Wheaton et al., 1977).

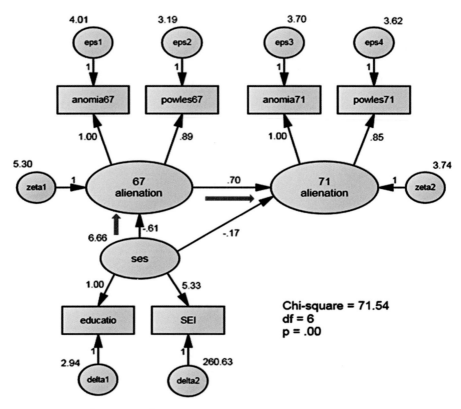

[그림 21-8] 여러 변수 간의 관계에서 매개효과를 검정

출처: Arbuckle (2014).

3) 이론적 모형에 대한 통계적 평가 가능

연구자는 이론적으로 설정한 모형에 대해 데이터를 가지고 설정한 모형에 대한 통계적 평가를 쉽게 할 수 있다. 즉, 다양한 적합도 지수를 활용하여 분석한 모형의 적합성을 평가할 수 있다.

다음은 ADHD에 대한 지식이 공감에 영향을 주어 교사의 중재에 영향을 미친다는 이론적 모형을 통계적으로 검정한 사례에 해당된다.

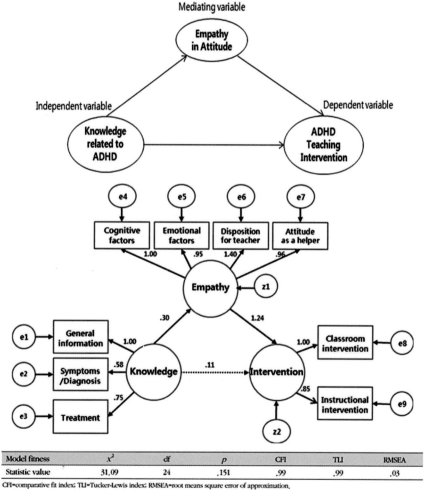

Model fitness	x^2	df	p	CFI	TLI	RMSEA
Statistic value	31.09	24	.151	.99	.99	.03

CFI=comparative fit index; TLI=Tucker-Lewis index; RMSEA=root means square error of approximation.

[그림 21-9] 이론적 모형을 통계적으로 검정

출처: 박완주, 황성동(2013), pp. 47, 51-52.

3   구조방정식모형의 구성

구조방정식모형을 이해하려면 몇 가지 주요 개념과 그 구성을 먼저 이해할 필요가 있다. [그림 21-10]에서 보는 바와 같이 잠재변수는 원으로 표시하며, 측정변수는 사각형으로 표시한다. 따라서 Knowledge, Empathy, Intervention은 잠재변수에 해당되고 General information, Symptoms, Treatment 등은 측정변수에 해당되며 e1, e2, … e9은 측정오차에 해당된다. 측정오차는 앞서 설명한대로 모형의 잔차(residuals)를 의미하며, 공통요인에 의해 설명되지 않은 부분을 의미한다.

그리고 구조방정식에서는 독립변수와 종속변수의 개념을 외생변수와 내생변수로 표시하는데, **내생변수**(endogenous variable)은 다른 변수에 의해 설명되는 변수를 의미하며 [그림 21-10]에서 Empathy와 Intervention이 내생변수에 해당된다. 반면에 **외생변수**(exogenous variable)는 다른 변수에 의해 설명되지 않는 변수를 의미하며 Knowledge가 여기에 해당된다.

한편, **오차변수**는 모든 내생변수에 의해서만 설정되므로 Empathy와 Intervention에 대해서 오차변수인 z1, z2가 설정되어 있다. 이는 외생변수인 Knowledge에 의해 설명되지 않는 남은 부분(residuals)이라고 할 수 있다. 그리고 모형에서 추정하고자 하는 값을 (자유)**미지수**(free parameter)라고 부르며, 회귀계수(요인계수), 분산, 공분산이 미지수에 해당된다. [그림 21-10]에서 .30, 1.24, .11, .58, .75 등 수치는 미지수(추정된 값)에 해당된다고 하겠다. 구조방정식모형에서 미지수를 추정하는 방법은 보통 **최대우도법**(maximum likelihood: ML)을 사용하는데, 이 방법은 변수들의 다변량 정규분포를 가정하며 (모형으로부터 얻은) 추정값과 (표본으로부터 얻은) 실제값의 차이를 최소화하면서 미지수를 추정하는 방법을 의미한다 (Rosseel, 2012).

  그리고 잠재변수와 측정변수 사이의 관계를 추정하는 측정모형에서는 하나의
요인계수(주로, 첫 번째 요인계수)를 1.0으로 고정하는데, 이는 잠재변수에 척도 단
위를 부여하기 위해 고정된 값이 필요하기 때문이다. 한편 **구조모형**은 잠재변
수 간의 인과적 관계를 추정하는 모형을 의미하며, **구조방정식모형**은 측정오차
를 통제하면서 잠재변수 간의 관계를 설명하는데 관심을 가진다고 말할 수 있다
(Rosseel, 2023a).

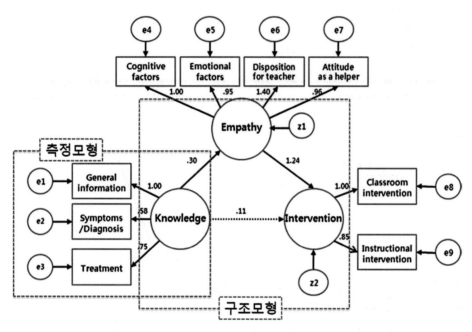

[그림 21-10] 구조방정식모형의 구성

4 구조방정식모형의 분석 과정

구조방정식모형의 분석 과정 및 절차는 다음과 같이 요약될 수 있다(홍세희, 2007; Beaujean, 2014).

---

1. 모형 설정
   - 연구가설 설정(변수 간의 관계 구성)
   - 모형 설정하기: 측정변수의 설정
   - 모형 확인: 미지수(parameters) 확인(설정)

2. 모형 분석(미지수 추정)
   - 분석 프로그램을 이용하여 모형 분석 및 미지수 추정

3. 모형 평가 및 수정
   - 모형 평가하기(모형적합도)
   - 모형 수정하기
   - 경쟁모형 도입하기

---

1) 모형 설정

우선 연구 가설 설정의 예를 들면 다음과 같이 사회경제적 지위(SES)가 사회적 소외(alienation)에 영향을 주며 과거의 사회적 소외(67_alienation) 또한 현재의 사회적 소외(71_alienation)에 영향을 주는 것으로 가설을 세운다.

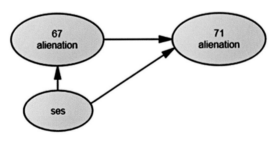

[그림 21-11] 연구가설의 설정

이어서 모형 설정에서는 SES, 67_alienation, 71_aienation의 관계를 각 측정오
차를 통제한 상태에서 관계를 분석하고자 한다. 그리고 각 잠재변수에 대한 측정
변수를 설정하는데, 일반적으로 각 잠재변수당 측정변수를 2~5개 설정하는데,
여기서는 각 잠재변수당 2개의 측정변수를 설정하였다. 그래서 분석모형을 설정
하면 다음과 같이 만들 수 있다.

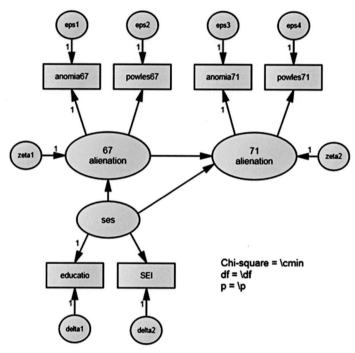

[그림 21-12] 분석모형의 설정

출처: Arbuckle (2014).

여기서 미지수 설정은 내생변수에만 오차변수를 설정하므로 67_alienation과
71_alienation에 Zeta1, Zeta2를 설정하고 이어서 요인계수, 회귀계수, (외생변수)
분산을 자유미지수로 설정한다. 그리고 모든 측정변수에 측정오차(delta1, delta2,
eps1 ⋯ eps4)를 설정하고 오차변수의 계수는 모두 1로 고정한다. 아울러 잠재변수
에 척도 단위를 부여하기 위해 각 잠재변수의 첫 번째 요인계수를 1로 고정한다.

모형 설정단계에서 모형을 확인할 때 주어진 정보의 수, 즉 추정가능한 모든 미지수의 수(p)와 추정할 미지수의 수(q)를 확인하게 되는데 연구에서 관찰변수의 수를 k라고 할 때 추정가능한 모든 미지수의 수는 $p = k(k+1)/2$가 되며, $p-q$를 자유도(degrees of freedom: df)라고 한다. 여기서 독립모형(baseline model)은 변수들의 관계에 대해 전혀 추정을 하지 않고 측정변수의 분산만을 추정하는 모형을 의미하며, 포화모형(saturated model)은 모든 미지수를 추정하는 모형으로 자유도=0인 모형을 의미한다. 이런 가운데 우리가 추정하고자 하는 분석모형(target model)은 추정할 미지수가 추정가능한 모든 미지수의 수보다 작은, 즉 자유도>0인 모형을 의미한다. 우리가 모형을 추정할 때는 설명력과 아울러 간명성을 고려하는 것이 일반적이므로 적은 미지수로 좋은 적합도 모형을 추구하는 것이 필요하다. 한편 부정모형(under-identified model)은 추정가능한 모든 미지수의 수가 추정할 미지수의 수보다 적은 경우, 즉 자유도<0인 모형을 의미한다.

출처: 성태제(2019); 홍세희(2007); Rosseel(2014).

2) 모형 분석(미지수 추정)

구조방정식모형의 표본 크기에 대해서 일부에서 최소한 200명 이상이 되어야 한다고 하지만 이에 대해 절대적인 기준은 없으며 일반적으로 추정하고자 하는 미지수의 5~10배의 표본이 필요하다(홍세희, 2007). 모형분석은 다양한 구조방정식모형 프로그램(예, AMOS, Mplus, R 등)을 이용하여 모형을 분석하게 된다. 다음은 AMOS로 모형을 분석한 결과이다. 분석 결과를 보면 추정하고자 하는 각종 미지수가 추정(estimates)되어 있음을 알 수 있다.

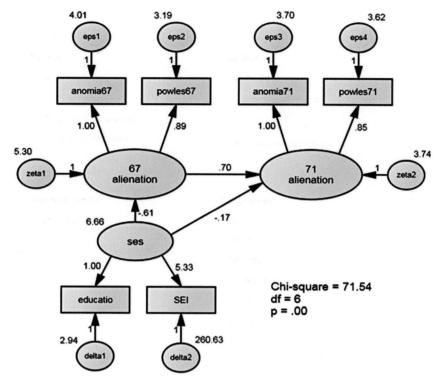

[그림 21-13] AMOS로 모형을 분석한 결과

출처: Arbuckle (2014).

3) 모형평가 및 수정

　모형분석 결과가 나타나면 추정하고자 하는 미지수의 값에 대한 해석을 하게 되고 이어서 모형이 적합한지 평가하게 된다. 모형평가 방법에는 χ^2 검정과 적합도 지수 검정 방법이 있다. 우선 χ^2 값은 모형으로부터 기댓값(공분산행렬)과 데이터로부터 관측값(공분산행렬)의 차이이며, 이 차이가 커질수록 χ^2 값은 커지며 모형의 적합도는 낮아진다고 하겠다. 하지만 χ^2 값은 표본 크기에 민감하며, 많은 경우 영가설(모형으로부터 추정된 공분산행렬과 표본데이터로부터 만들어진 공분산행렬에 차이가 없다. 즉, $\chi^2=0$)을 기각하게 되는 매우 엄격한 검정 방법으로, 적합도 평가 기준으로는 한계가 있다. 따라서 적합도 지수(fit statistics)를 주로 활용하며, 가장 보편적으로 활용하는 적합도 지수와 그 기준은 〈표 21-1〉과 같이 정리할 수 있다(홍세희, 2000; Brown & Cudeck, 1992; Fabrigar et al., 1999; Rosseel, 2019).

⟨표 21-1⟩ 모형적합도 지수

유형	적합도 지수	기준	표본 크기 영향	간명성
Goodness of fit	CFI (Comparative Fit Index)	CFI > .90	받지 않음	간명성 고려 않음
	TLI(Tucker-Lewis Index) or NNFI(Non-Normed Fit Index)	TLI > .90	받지 않음	간명성 고려
Badness of fit	RMSEA (Root Mean Square Error of Approximation)	RMSEA < .05 (good fit) .05 ≤ RMSEA < .08 (acceptable fit) .08 ≤ RMSEA ≤ .10 (marginal fit) RMSEA > .10 (poor fit)	받지 않음	간명성 고려
	SRMR (Standardized root mean square)	SRMR ≤ .08	받지 않음	간명성 고려

좋은 기준(goodness of fit) **적합도 지수**: 독립모형(baseline 모형)과 연구모형(target 모형)을 비교함으로써 적합도에 있어서 상대적 개선효과를 측정(relative improvement)한다. 따라서 CFI 및 TLI는 1.0에 가까울수록 적합도가 좋다고 하겠다.

나쁜 기준(badness of fit) **적합도 지수**: 이 지수는 잔차에 기초한 지수(residual based index)로서 모형이 적합하면 잔차(residuals)가 작아진다. 이 잔차는 모형의 추정 공분산 매트릭스와 표본의 공분산 매트릭스의 차이(the difference between the model implied covariance matrix and the sample covariance matrix)를 의미하며, 여기서 SRMR은 평균상관잔차(average correlation residuals)를 말한다(Muthen & Muthen, 2017). 따라서 RMSEA 및 SRMR은 0에 가까울수록 좋은 적합도가 된다.

이상의 적합도 지수는 특정한 모형에 적용되는 절대적 적합도 지수(absolute fit statistics)이며, 모형을 서로 비교할 때 활용하는 상대적 적합도 지수(relative fit statistics)로 AIC, BIC, SBIC 등이 있다(Finch & French, 2015).

한편, 모형 수정은 분석한 모형이 적합하지 않을 때 수행하는데, 이때 수정지수(modification indices), 즉 $\chi^2 > 3.84$를 일반적인 수정을 위한 고려 기준으로 사용하게 된다. 이런 경우는 하나의 모형을 가지고 수정 전과 수정 후의 적합도를 비교하여 모형을 수정 선택하게 된다. 하지만 모형 수정을 할 경우에는 이론적으로 의미 있는 경우로 제한하며, 데이터를 기준으로 억지로 만든 모형이 되지 않도록 유의할 필요가 있다. 특히 수정 모형이 과도하게 적합한(overfitting) 모형이 되지 않도록 유의해야 한다. 왜냐하면 과도한 적합모형은 특정 데이터에는 적합하지만 일반적으로 적용할 수 있는 경우가 아닐 수 있기 때문이다. 모형은 통계적으로 적합도가 높은 모형을 찾는 것이 아니라 이론에 기반하여 적합한 모형을 찾는 것이 일반적이다. 따라서 모형이 특정 데이터에 적합한 모형이 아니라 일반적인 관계를 설명할 수 있는 일반화할 수 있는 모형이 중요하다.

반면에 경쟁모형을 도입하여 모형을 수정하고 평가하는 방법이 있는데, 이는 이론적으로 가능한 여러 모형을 제시하여 그중 이론적으로 그리고 통계적으로 가장 적절한 모형을 선택하게 된다. [그림 21-14]에서 오른쪽 모형은 수정모형인데 모형의 데이터가 시계열 데이터인 경우 각 측정변수(anomia67, powles67, anomia71, powles71)는 서로 상관이 있는 것이 일반적이므로 측정변수 간 상관관계가 있는 것으로 모형을 수정하였다. 이는 통계치에 의존한 것이 아니라 이론에 바탕을 두고 수정한 사례에 해당된다고 하겠다. 이렇게 두 모형을 비교할 때는 두 모형이 서로 포함관계(nested)—즉, 한 모형에서 추정하고자 하는 미지수가 다른 모형에 모두 포함된 경우—인 경우에는 χ^2 차이를 이용하여 검정하고, 두 모형이 서로 포함관계가 아닌(not nested) 경우에는 모형의 간명성을 고려하는 적합도 지수인 TLI, RMSEA 및 SRMR을 이용하는 것이 바람직하다.

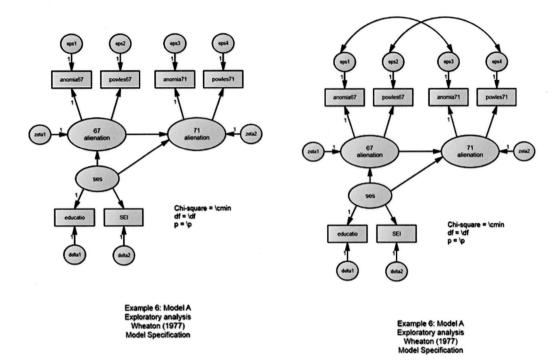

[그림 21-14] 원모형(왼쪽)과 수정모형(오른쪽)

출처: Arbuckle (2014).

5 구조방정식모형의 실행

1) 경로분석

온전한 구조방정식모형을 실행하기 전에 구조방정식모형의 기초가 되는 경로
분석(path analysis)을 먼저 실행해 보자. 여기서 사용할 데이터는 다문화가정 아동
의 학교적응에 대한 데이터 mfchildren.csv이며, 다음과 같이 데이터를 불러온다.

경로분석을 위해서는 다음과 같이 pathj-Path Analysis 모듈을 먼저 설치한 후
SEM 분석메뉴에서 Path Analysis를 클릭한다(Gallucci, 2021).

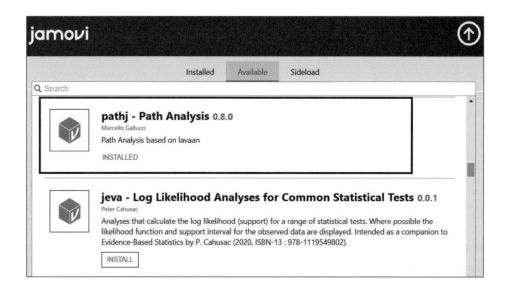

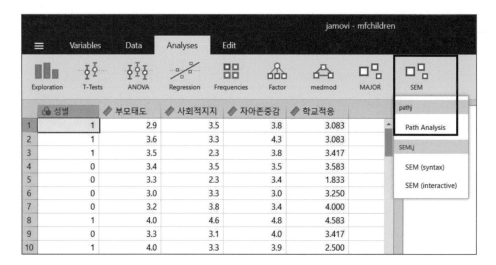

그리고 Path Analysis 대화상자에서 Endogenous Variables(종속변수)로 학교적응과 자아존중감을 Exogenous Covariates(연속형 독립변수)로 부모태도를 선택한다.

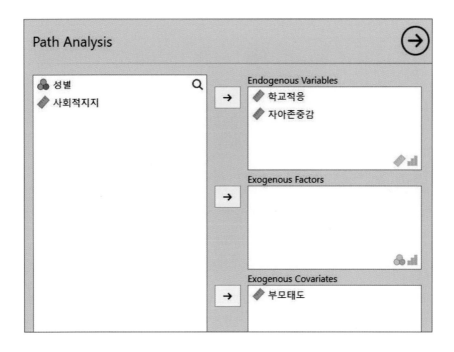

그리고 다음과 같이 Endogenous Models 대화상자에서 Endogenous 변수인 학교적응에 대한 Exogenous 변수로 부모태도와 자아존중감을, 또다른 Endogenous 변수인 자아존중감에 대한 Exogenous 변수로 부모태도를 선택한다.

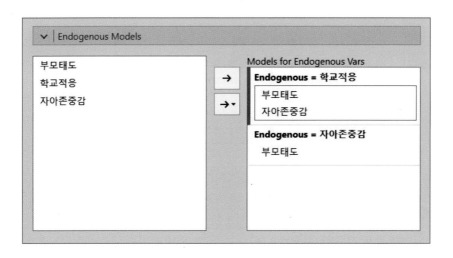

이어서 Parameters Options(모수 추정에 대한 옵션)으로 표준오차추정은 반복추정이 아닌 일반추정방식인 Standard 방식으로 추정을 선택하며 간접효과(Indirect Effects), 즉 매개효과를 추정하도록 체크한다.

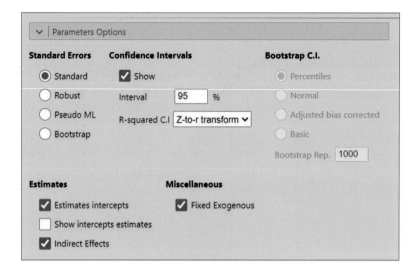

그러면 분석 결과로 다음과 같이 모형에 대한 정보가 제시되며, 이어서 모형에 대한 적합성 정보가 제시된다.

Models Info

Estimation Method	ML
Number of observations	158
Free parameters	7
Converged	TRUE
Loglikelihood user model	-289.387
Loglikelihood unrestricted model	-289.387
Model	`학교적응` ~ `부모태도` + `자아존중감`
	`자아존중감` ~ `부모태도`

다음에 제시된 모형의 적합성에 대한 정보를 보면 SRMR, RMSEA, CFI, TLI 모두 적합한 것으로 나타나는데 이는 잠재변수가 없는 단순한 경로분석인 경우 모형의 적합도는 대체로 적합한 것으로 나타나는 것이 일반적이다. 그리고 경로분석에서 모형의 적합성은 그다지 중요한 이슈는 아닌 것으로 이해되고 있다.

Model Tests

Label	X²	df	p
Baseline Model	83.28	3	< .001

Fit Indices

AIC	BIC	adj. BIC	SRMR	RMSEA	RMSEA 95% CI Lower	RMSEA 95% CI Upper	RMSEA p
592.77	614.21	592.05	0.00	0.00	0.00	0.00	NaN

Fit Indices

CFI	TLI	RNI	GFI	adj. GFI	pars. GFI
1.00	1.00	1.00	1.00	1.00	0.00

다음 분석 결과를 살펴보면, 먼저 R^2가 제시되는데 두 종속변수 학교적응과 자아존중감에 대한 모형의 설명력이 0.30과 0.16으로 나타났다. 그리고 각 종속변수(Dep)에 대한 독립변수(Pred)의 회귀계수가 제시되는데 학교적응에 대한 부모태도($z=3.52$, $p<0.001$) 및 자아존중감($z=5.39$, $p<0.001$)은 유의한 것으로 나타났으며, 자아존중감에 대한 부모태도($z=5.46$, $p<0.001$) 역시 통계적으로 유의한 것으로 나타났다.

R-squared

Variable	R²	95% Confidence Intervals Lower	95% Confidence Intervals Upper
학교적응	0.30	0.18	0.42
자아존중감	0.16	0.07	0.27

Parameter Estimates

Dep	Pred	Estimate	SE	95% Confidence Intervals Lower	95% Confidence Intervals Upper	β	z	p
학교적응	부모태도	0.33	0.09	0.15	0.52	0.26	3.52	< .001
학교적응	자아존중감	0.42	0.08	0.27	0.57	0.39	5.39	< .001
자아존중감	부모태도	0.48	0.09	0.31	0.66	0.40	5.46	< .001

이어서 각 변수의 분산 및 공분산에 대한 정보가 나타나는데, 여기서는 독립변수인 부모태도의 분산(variance)과 종속변수인 학교적응과 자아존중감에 대한 오차분산(residuals)이 제시되고 있다. 그리고 간접효과, 즉 부모태도가 자아존중감을 거쳐 학교적응에 미치는 매개효과 b=0.20으로 통계적으로 유의한 것으로 나타났다(z=3.84, p<0.001). 이러한 분석 결과는 다음에 제시되는 경로모형의 그림에서 확인할 수 있다(Epskamp et al., 2019).

Variances and Covariances

Variable 1	Variable 2	Estimate	SE	95% Confidence Intervals Lower	Upper	β	z	p	Method	Type
학교적응	학교적응	0.36	0.04	0.28	0.44	0.70	8.89	< .001	Estim	Residuals
자아존중감	자아존중감	0.37	0.04	0.29	0.46	0.84	8.89	< .001	Estim	Residuals
부모태도	부모태도	0.30	0.00	0.30	0.30	1.00				Sample	Variables

Defined Parameters

Label	Description	Parameter	Estimate	SE	95% Confidence Intervals Lower	Upper	β	z	p
IE1	부모태도 ⇒ 자아존중감 ⇒ 학교적응	p3*p2	0.20	0.05	0.10	0.31	0.16	3.84	< .001

경로모형의 그림(path diagram)은 다음과 같이 회귀계수와 잔차를 제시하도록 하며, 모형은 나무 모양(Tree-like)으로 독립변수(exogenous variables)가 왼쪽(Exog. left)에 위치하도록 지정하였다. 여기서 측정변수에 대한 노드는 직사각형으로 변수의 이름은 생략하지 않고 전체 이름을 제시하도록 하였다.

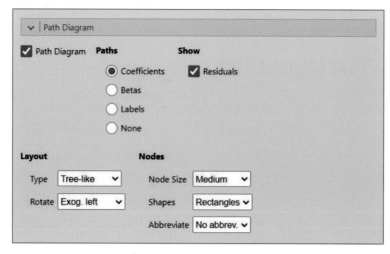

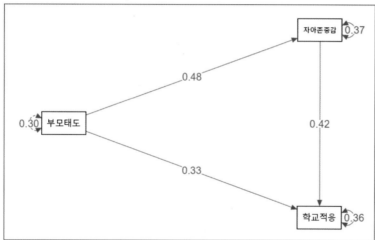

이제 앞에서 분석한 경로모형을 남녀별로 차이가 있는지 다집단분석(multigroup analysis)을 실행해 보자. 먼저, 동일한 데이터(mfchildren.csv)를 불러온 상태에서 다음과 같이 집단변수 성별을 다집단분석요인(Multigroup Analysis Factor)에 포함시킨다.

Endogenous Models, Parameter Options, Path Diagram 대화상자는 앞에서 제시한 내용과 동일하게 설정하였기 때문에 여기서는 생략하기로 한다.

다음 분석 결과를 살펴보면, 남학생(집단0)과 여학생(집단1) 모두에서 종속변수에 대한 독립변수의 회귀계수는 모두 유의한 것으로 나타났다. 그리고 두 집단에서 공통적으로 잔차분산(residuals) 역시 모두 유의한 것으로 나타났다. 하지만 부모태도가 자아존중감을 매개로 하여 학교적응에 미치는 매개효과(indirect effects)를 살펴보면 남학생의 경우 매개효과는 유의하지 않은 것으로 나타났지만($z=1.86$, $p=0.062$) 여학생의 경우에는 유의한 것으로 나타났다($z=3.20$, $p<0.001$). 이는 전체적으로는 매개효과가 통계적으로 유의하게 나타났지만 다집단분석을 수행하게 되면 여학생의 경우에만 유의한 것으로 나타나 다집단분석 수행의 의미와 그 중요성을 인식할 수 있게 된다. 그리고 이러한 결과는 다음에 제시되는 경로분석모형(diagrams)에서 확인할 수 있다.

Parameter Estimates

Group	Dep	Pred	Estimate	SE	95% Confidence Intervals Lower	Upper	β	z	p
0	학교적응	부모태도	0.34	0.13	0.09	0.60	0.29	2.63	0.008
	학교적응	자아존중감	0.24	0.11	0.02	0.46	0.23	2.14	0.032
	자아존중감	부모태도	0.45	0.12	0.22	0.68	0.39	3.79	< .001
1	학교적응	부모태도	0.32	0.13	0.06	0.58	0.23	2.44	0.015
	학교적응	자아존중감	0.58	0.10	0.37	0.78	0.52	5.57	< .001
	자아존중감	부모태도	0.52	0.13	0.26	0.78	0.40	3.90	< .001

Variances and Covariances

Group	Variable 1	Variable 2	Estimate	SE	95% Confidence Intervals Lower	Upper	β	z	p	Method	Type
0	학교적응	학교적응	0.36	0.06	0.25	0.48	0.81	6.32	< .001	Estim	Residuals
	자아존중감	자아존중감	0.35	0.06	0.24	0.46	0.85	6.32	< .001	Estim	Residuals
	부모태도	부모태도	0.31	0.00	0.31	0.31	1.00			Sample	Variables
1	학교적응	학교적응	0.33	0.05	0.22	0.43	0.58	6.24	< .001	Estim	Residuals
	자아존중감	자아존중감	0.39	0.06	0.27	0.51	0.84	6.24	< .001	Estim	Residuals
	부모태도	부모태도	0.28	0.00	0.28	0.28	1.00			Sample	Variables

Defined Parameters

Label	Description	Parameter	Estimate	SE	95% Confidence Intervals Lower	Upper	β	z	p
IE1	(부모태도 ⇒ 자아존중감 ⇒ 학교적응)$_1$	p3*p2	0.11	0.06	-0.01	0.22	0.09	1.86	0.062
IE2	(부모태도 ⇒ 자아존중감 ⇒ 학교적응)$_2$	p12*p11	0.30	0.09	0.12	0.48	0.21	3.20	0.001

Note. Description subscripts refer to groups, with 1= group 0, 2= group 1

IE1: 집단(0), 남학생

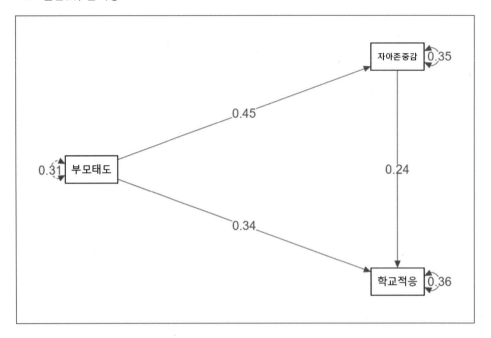

IE2: 집단(1), 여학생

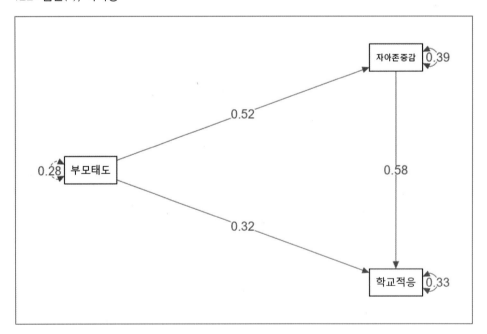

2) 확인적 요인분석

이제 본격적으로 구조방정식모형을 실행하기 위해 확인적 요인분석(confirmatory factor analysis)을 실행해 보자. jamovi에서 확인적 요인분석을 포함한 구조방정식 모형을 실행하기 위해서는 다음과 같이 SEM 모듈을 먼저 설치해야 한다(Gallucci, 2021; Rosseel, 2019).

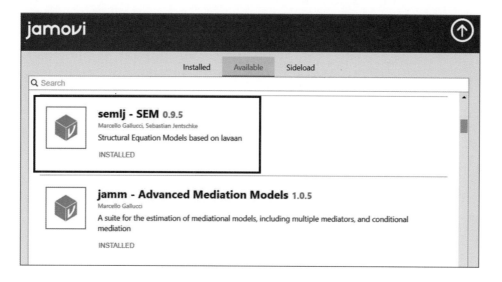

한편 구조방정식모형 분석을 위한 R 명령어(syntax)는 다음과 같이 구성된다. 여기서 물결모양(~)은 'tilde'로 읽으며 컴퓨터 키보드 왼쪽 상단 Esc키 바로 하단에 있다. 잠재변수모형에는 '=~'를 회귀분석에는 '~'을 그리고 분산 및 공분산 구성은 '~~' 부호를 사용한다. f1, f2, f3는 잠재변수이며 y1 ⋯ y10은 측정변수이다. 그리고 모형의 명령어는 작은따옴표(' ')로 묶어 준다(Rosseel, 2019).

```
# R 'lavaan' 패키지의 구조방정식모형 명령어(syntax) 구조

myModel <- '# 잠재변수(latent variables)
        f1 =~ y1 + y2 + y3
        f2 =~ y4 + y5 + y6
        f3 =~ y7 + y8 + y9 + y10

        # 회귀분석(regressions)
        f1 ~ f2 + f3
        f2 ~ f3 + x1 + x2
        y1 + y2 ~ f1 + f2 + x1 + x2

        # 분산 및 공분산(variances and covariances)
        y1 ~~ y1
        y1 ~~ y2
        f1 ~~ f2

        # 절편(intercepts)
        y1 ~ 1
        f1 ~ 1'
```

이제 lavaan 패키지에 포함된 데이터 HolzingerSwineford1939를 이용하여 확인적 요인분석(confirmatory factor analysis: CFA)을 실행해 보자. 이 데이터는 중학생들로부터 지능검사 결과를 수집한 데이터로 9개의 변수로 구성되어 있다. 모형은 다음과 같이 9개의 측정변수로부터 3개의 잠재변수가 파악되었으며(Rosseel, 2020b), 여기에서는 데이터 이름을 HS1939.csv로 지정하였다.

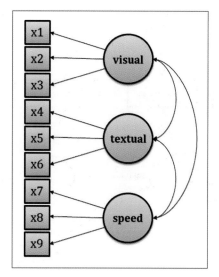

출처: Rosseel (2023b), p. 5.

 확인적 요인분석을 위해 데이터 HS1939.csv를 다음과 같이 불러온 후 이어서 SEM 모듈에서 SEM(interactive)를 클릭한다.

	x1	x2	x3	x4	x5	x6
1	3.333	7.75	0.375	2.333	5.75	
2	5.333	5.25	2.125	1.667	3.00	
3	4.500	5.25	1.875	1.000	1.75	
4	5.333	7.75	3.000	2.667	4.50	
5	4.833	4.75	0.875	2.667	4.00	
6	5.333	5.00	2.250	1.000	3.00	
7	2.833	6.00	1.000	3.333	6.00	
8	5.667	6.25	1.875	3.667	4.25	
9	4.500	5.75	1.500	2.667	5.75	
10	3.500	5.25	0.750	2.667	5.00	

이어서 다음과 같이 잠재변수 이름(visual)과 잠재변수를 구성하는 측정변수(x1, x2, x3)를 선택한다. 그리고 textual에 x4, x5, x6를 speed에 x7, x8, x9을 지정한다.

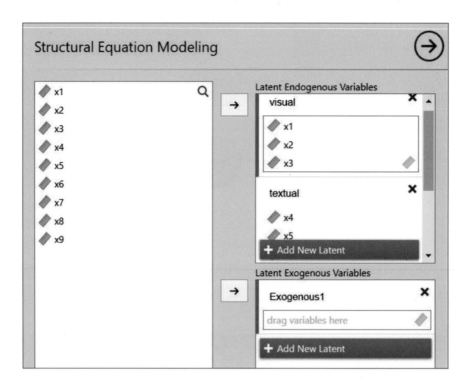

그러면 다음과 같이 Endogenous models 대화상자에서 세 개의 잠재변수 visual, textual, speed가 생성되어 있음을 확인할 수 있다.

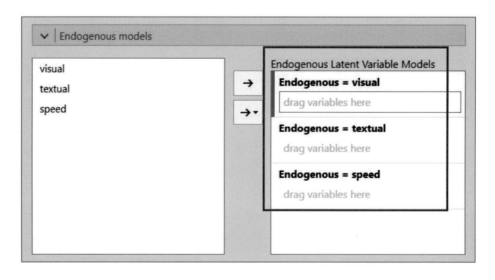

그리고 다음과 같이 Model options 및 Parameters options를 선택한다. 여기서 선택한 사항은 모형 추정에 있어서 최대우도법(Maximum Likelihood: ML)을 모수 추정에서는 95% 신뢰구간, 표준오차는 Automatic을, 잠재변수 추정에는 각 잠재변수에 대한 측정변수(indicators) 중 첫 번째 측정변수의 계수를 1.0으로 고정한다.

Structural Equation Modeling

Model options

Estimation

Method: Maximum Likelihood (ML)

ML likelihood approach: Automatic

Constraints test

☑ Univariate

☐ Cumulativ

Parameters options

Standard Errors
- ⦿ Automatic
- ◯ Standard
- ◯ Robust
- ◯ Pseudo ML
- ◯ Bootstrap

Bootstrap settings
- ◉ percentiles
- ◯ normal
- ◯ adjusted bias-corrected
- ◯ basic
- Bootstrap Rep. 1000

Confidence Intervals

☑ Confidence level 95

Constraints

☐ Fix exogenous covariates

Intercepts
- ☐ Mean structure
- ☑ Observed variables
- ☐ Latent variables

Estimates
- ☐ Indirect Effects

Scale / standardize variables
- ⦿ Latent vars.: Fix first indicator (to 1)
- ◯ Latent vars.: Fix residual variances (to 1)
- ☐ Observed vars.: Standardize before estimation

이어서 분석 결과 옵션과 경로 다이어그램(path diagram)에 대해서는 다음과 같이 경로계수(Coefficients)를 제시하도록 하고, 다이어그램은 나무 모양(Tree-like)을, 잠재변수는 오른쪽에 두는 옵션을 선택하였다.

그러면 다음과 같은 결과들이 제시되는데, 이제 그 결과들을 하나씩 살펴보자. 먼저, 모형에 대한 정보가 제시되는데, 이 결과에 의하면 모형의 추정방식은 최대우도법(ML)을, 추정할 미지수는 30개, 그리고 모형은 세 개의 잠재변수(visual, textual, speed)로 구성되어 있음을 확인할 수 있다.

Models Info	
Estimation Method	ML
Optimization Method	NLMINB
Number of observations	301
Free parameters	30
Standard errors	Standard
Scaled test	None
Converged	TRUE
Iterations	35
Model	visual=~x1+x2+x3
	textual=~x4+x5+x6
	speed=~x7+x8+x9

모형의 적합도를 살펴보면, 다음에서 보는 것처럼 $\chi^2=85.3$(p < 0.001), CFI = 0.93, TLI = 0.90, RMSEA = 0.09, SRMR = 0.06으로 나타나 χ^2을 제외하고는 모형 적합도는 비교적 적합하다고 할 수 있다.

Model tests

Label	X²	df	p
User Model	85.31	24	< .001
Baseline Model	918.85	36	< .001

Fit indices

		95% Confidence Intervals		
SRMR	RMSEA	Lower	Upper	RMSEA p
0.06	0.09	0.07	0.11	< .001

User model versus baseline model

	Model
Comparative Fit Index (CFI)	0.93
Tucker-Lewis Index (TLI)	0.90
Bentler-Bonett Non-normed Fit Index (NNFI)	0.90
Bentler-Bonett Normed Fit Index (NFI)	0.91
Parsimony Normed Fit Index (PNFI)	0.60
Bollen's Relative Fit Index (RFI)	0.86
Bollen's Incremental Fit Index (IFI)	0.93
Relative Noncentrality Index (RNI)	0.93

분석 결과는 다음과 같이 나타나는데, 요인계수, 잠재변수의 분산 및 공분산, 그리고 측정변수의 오차분산이 제시되어 있다. 각 잠재변수의 요인계수는 모두 통계적으로 유의한 것으로 나타났으며, 분산 및 공분산도 모두 유의한 것으로 나타났다.

Measurement model

Latent	Observed	Estimate	SE	95% Confidence Intervals		β	z	p
				Lower	Upper			
visual	x1	1.00	0.00	1.00	1.00	0.77		
	x2	0.55	0.10	0.36	0.75	0.42	5.55	< .001
	x3	0.73	0.11	0.52	0.94	0.58	6.68	< .001
textual	x4	1.00	0.00	1.00	1.00	0.85		
	x5	1.11	0.07	0.98	1.24	0.86	17.01	< .001
	x6	0.93	0.06	0.82	1.03	0.84	16.70	< .001
speed	x7	1.00	0.00	1.00	1.00	0.57		
	x8	1.18	0.16	0.86	1.50	0.72	7.15	< .001
	x9	1.08	0.15	0.79	1.38	0.67	7.15	< .001

Variances and Covariances

Variable 1	Variable 2	Estimate	SE	95% Confidence Intervals		β	z	p
				Lower	Upper			
x1	x1	0.55	0.11	0.33	0.77	0.40	4.83	< .001
x2	x2	1.13	0.10	0.93	1.33	0.82	11.15	< .001
x3	x3	0.84	0.09	0.67	1.02	0.66	9.32	< .001
x4	x4	0.37	0.05	0.28	0.46	0.27	7.78	< .001
x5	x5	0.45	0.06	0.33	0.56	0.27	7.64	< .001
x6	x6	0.36	0.04	0.27	0.44	0.30	8.28	< .001
x7	x7	0.80	0.08	0.64	0.96	0.68	9.82	< .001
x8	x8	0.49	0.07	0.34	0.63	0.48	6.57	< .001
x9	x9	0.57	0.07	0.43	0.70	0.56	8.00	< .001
visual	visual	0.81	0.15	0.52	1.09	1.00	5.56	< .001
textual	textual	0.98	0.11	0.76	1.20	1.00	8.74	< .001
speed	speed	0.38	0.09	0.21	0.55	1.00	4.45	< .001
visual	textual	0.41	0.07	0.26	0.55	0.46	5.55	< .001
visual	speed	0.26	0.06	0.15	0.37	0.47	4.66	< .001
textual	speed	0.17	0.05	0.08	0.27	0.28	3.52	< .001

확인적 요인분석모형을 그림으로 나타내면 다음과 같이 제시될 수 있다. 여기서는 요인계수와 잠재변수의 공분산만 제시되어 있지만 잠재변수의 분산과 측정변수의 오차분산(residuals)도 추가로 제시할 수 있다. 하지만 이 경우 모형의 그림이 복잡해지는 경향이 있어서 생략하였다.

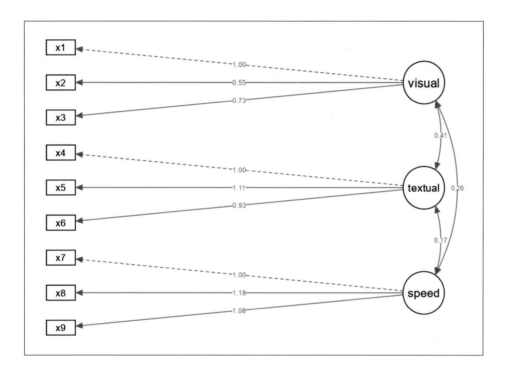

한편, R 'lavaan' 패키지를 이용하여 확인적 요인분석을 위한 명령어를 제시하면 다음과 같다(Rosseel, 2019).

```
> library(lavaan)
> HS1939 <- HolzingerSwineford1939
> head(HS1939)

> HS.model <- ' # latent variables
        visual =~ x1 + x2 + x3
        textual =~ x4 + x5 + x6
        speed =~ x7 + x8 + x9 '
```

```
> fit <- cfa(HS.model, data=HS1939)

> summary(fit)


> summary(fit, fit.measures=T)


> library(semPlot)
> semPaths(fit, rotation=4)


> semPaths(fit, rotation=4, "path", "est", style="lisrel", edge.label.
cex=0.8, edge.color='blue')


> semPaths(fit, rotation=4, "col", "est", style="lisrel", edge.label.
cex=0.8, edge.color="blue", group="latents", pastel=T)
```

Tip ◣ **구조방정식모형 그림(plot) 만들기 명령어**

- rotation: 잠재변수를 회전
- est: 미지수의 값을 제시(path와 함께)
- edge.label.cex: 미지수의 값을 확대 및 축소
- edge.color: 미지수(요인계수, 회귀계수 등) 선(line)을 컬러로
- group: 잠재변수와 측정변수를 그룹화
- pastel: 파스텔 색상으로(col와 함께)
- style="lisrel": 외생변수의 분산을 제시하지 않음

출처: Epskamp et al. (2019).

3) 구조방정식모형 실행

구조방정식모형 실행에 사용할 데이터 역시 lavaan 패키지에 포함된 데이터로 저개발국가의 민주주의와 산업화에 관한 데이터(PoliticalDemocracy)이며, 모두 11개의 측정변수로 이루어져 있다(Bollen, 1989). 그리고 구체적인 측정변수에 대

한 설명은 다음과 같다.

- y1: 1960년 언론의 자유
- y2: 1960년 정치적 반대의사 표현의 자유
- y3: 1960년 선거의 공정성
- y4: 1960년 의회 운영의 효과성
- y5: 1965년 언론의 자유
- y6: 1965년 정치적 반대의사 표현의 자유
- y7: 1965년 선거의 공정성
- y8: 1965년 의회 운영의 효과성
- x1: 1960년 1인당 GNP
- x2: 1960년 1인당 에너지 소비량
- x3: 1960년 노동참여율

　　출처: Rosseel(2023b), p. 101.

　그리고 기본적인 모형은 다음과 같이 설정되었는데, 1960년 산업화(ind60)가 1960년 민주화(dem60) 및 1965년 민주화(dem65)에 영향을 주며, 1960년 민주화는 1965년 민주화에 영향을 주는 것으로 모형이 설정되었다(Rosseel, 2023a).

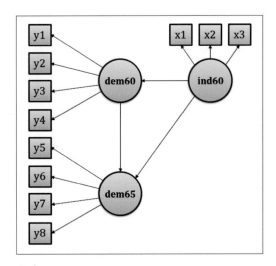

출처: Rosseel (2023a), p. 9.

먼저, 모형분석을 위해 다음과 같이 데이터 PoliticalDemocracy.csv를 불러온다.

그리고 SEM 모듈의 SEM(interactive) 버튼을 클릭한다.

그런 다음 구조방정식모형 분석을 위한 잠재변수를 독립변수(Exogenous variables)와 종속변수(Endogenous variables)로 구분하여 그 이름을 dem60, dem65, ind60으로 설정한 후 각 잠재변수에 대한 측정변수를 설정한다.

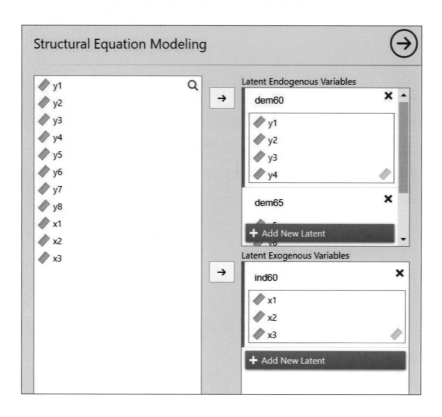

그러면 Endogenous models에서 각 잠재 종속변수와 독립변수를 확인할 수 있다.

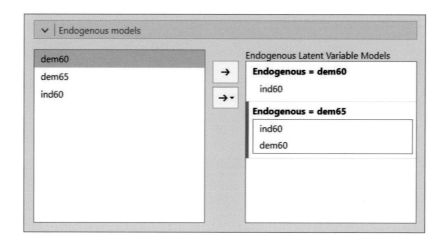

그리고 구조방정식모형에 대한 그림(Path diagram)을 다음과 같이 설정하여 확인할 수 있다. 여기서는 모형에 대한 추정 이전 이론적 모형에 대한 확인을 할 수 있다. 여기서 모형의 유형은 나무 모양의 대안(Tree-like alt.)을 선택하였으며, 측정변수는 직사각형으로, 잠재변수는 원형으로 설정하였고, 변수 이름은 다섯 글자로 제한하였다.

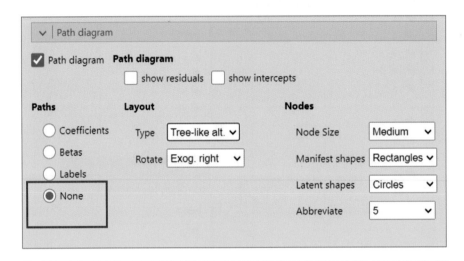

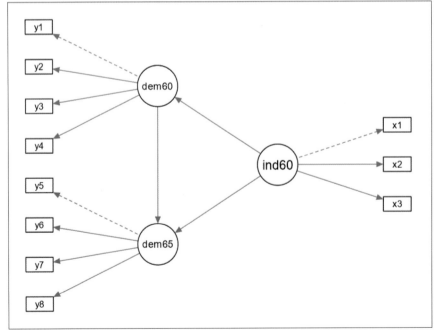

한편, 모형에 대한 추정 방식은 앞서 살펴본 확인적 요인분석과 마찬가지로 Model options에서 최대우도법(ML) 방식을 선택하였다. 이어서 모수에 대한 추정 옵션과 분석 결과에 대한 옵션은 다음과 같이 설정할 수 있다. 여기서는 디폴트 설정에 측정변수의 초기값(Intercepts), 즉 평균만 제시하도록 추가하였다.

이어서 분석 결과를 살펴보면, 모형에 대한 정보가 다음과 같이 먼저 나타난다. 모형에서는 추정방식으로 최대우도법(ML)을, 그리고 측정모형(latent variables)과 회귀분석(regressions)에 대한 모형 설정이 제시되어 있다.

Models Info

Estimation Method	ML
Optimization Method	NLMINB
Number of observations	75
Free parameters	36
Standard errors	Standard
Scaled test	None
Converged	TRUE
Iterations	42
Model	ind60=~x1+x2+x3
	dem60=~y1+y2+y3+y4
	dem65=~y5+y6+y7+y8
	dem60~ind60
	dem65~ind60+dem60

이어서 제시된 모형적합도는 $\chi^2=72.5$(p=0.002), CFI=0.95, TLI=0.94, RMSEA= 0.10, SRMR=0.05로 나타나 대체로 모형의 적합도는 적절하다고 할 수 있다.

Model tests

Label	X²	df	p
User Model	72.46	41	0.002
Baseline Model	730.65	55	< .001

Fit indices

		95% Confidence Intervals		
SRMR	RMSEA	Lower	Upper	RMSEA p
0.05	0.10	0.06	0.14	0.021

User model versus baseline model

	Model
Comparative Fit Index (CFI)	0.95
Tucker-Lewis Index (TLI)	0.94
Bentler-Bonett Non-normed Fit Index (NNFI)	0.94
Bentler-Bonett Normed Fit Index (NFI)	0.90
Parsimony Normed Fit Index (PNFI)	0.67
Bollen's Relative Fit Index (RFI)	0.87
Bollen's Incremental Fit Index (IFI)	0.95
Relative Noncentrality Index (RNI)	0.95

다음 분석 결과를 살펴보면, 요인계수, 잠재변수의 회귀계수 및 분산, 그리고 측정변수의 초기값(평균)과 오차분산이 제시되어 있다. 각 잠재변수에 대한 요인계수는 모두 통계적으로 유의한 것으로 나타났으며, 잠재변수의 회귀계수 또한 모두 유의한 것으로 나타났다. 즉, ind60은 dem60에 통계적으로 유의한 영향을 주며(z=3.76, p<0.001), ind60과 dem60은 dem65에 각각 유의한 영향을 주는 것으로 나타났다(z=2.06, p=0.039; z=7.67, p<0.001).

Parameters estimates

Dep	Pred	Estimate	SE	95% Confidence Intervals		β	z	p
				Lower	Upper			
dem60	ind60	1.47	0.39	0.71	2.24	0.45	3.76	< .001
dem65	ind60	0.45	0.22	0.02	0.88	0.15	2.06	0.039
dem65	dem60	0.86	0.11	0.64	1.09	0.91	7.67	< .001

Measurement model

Latent	Observed	Estimate	SE	95% Confidence Intervals		β	z	p
				Lower	Upper			
ind60	x1	1.00	0.00	1.00	1.00	0.92		
	x2	2.18	0.14	1.91	2.45	0.97	15.71	< .001
	x3	1.82	0.15	1.52	2.12	0.87	11.96	< .001
dem60	y1	1.00	0.00	1.00	1.00	0.84		
	y2	1.35	0.17	1.01	1.70	0.76	7.75	< .001
	y3	1.04	0.15	0.75	1.34	0.71	6.96	< .001
	y4	1.30	0.14	1.03	1.57	0.86	9.41	< .001
dem65	y5	1.00	0.00	1.00	1.00	0.80		
	y6	1.26	0.16	0.94	1.58	0.78	7.65	< .001
	y7	1.28	0.16	0.97	1.59	0.82	8.14	< .001
	y8	1.31	0.15	1.01	1.61	0.85	8.53	< .001

Variances and Covariances

Variable 1	Variable 2	Estimate	SE	95% Confidence Intervals		β	z	p
				Lower	Upper			
x1	x1	0.08	0.02	0.04	0.12	0.15	4.18	< .001
x2	x2	0.12	0.07	-0.02	0.26	0.05	1.69	0.091
x3	x3	0.47	0.09	0.29	0.64	0.24	5.17	< .001
y1	y1	1.94	0.40	1.17	2.72	0.29	4.91	< .001
y2	y2	6.49	1.18	4.17	8.81	0.42	5.48	< .001
y3	y3	5.34	0.94	3.49	7.19	0.50	5.66	< .001
y4	y4	2.89	0.61	1.69	4.08	0.26	4.73	< .001
y5	y5	2.39	0.45	1.51	3.27	0.35	5.35	< .001
y6	y6	4.34	0.80	2.78	5.90	0.39	5.46	< .001
y7	y7	3.51	0.67	2.20	4.82	0.33	5.25	< .001
y8	y8	2.94	0.59	1.79	4.09	0.28	5.02	< .001
ind60	ind60	0.45	0.09	0.28	0.62	1.00	5.17	< .001
dem60	dem60	3.87	0.89	2.12	5.62	0.80	4.34	< .001
dem65	dem65	0.11	0.20	-0.28	0.51	0.03	0.57	0.565

Intercepts

Variable	Intercept	SE	95% Confidence Intervals		z	p
			Lower	Upper		
x1	5.05	0.08	4.89	5.22	60.13	< .001
x2	4.79	0.17	4.45	5.13	27.66	< .001
x3	3.56	0.16	3.24	3.87	22.07	< .001
y1	5.46	0.30	4.88	6.05	18.17	< .001
y2	4.26	0.45	3.37	5.14	9.40	< .001
y3	6.56	0.38	5.83	7.30	17.44	< .001
y4	4.45	0.38	3.70	5.21	11.59	< .001
y5	5.14	0.30	4.55	5.72	17.14	< .001
y6	2.98	0.39	2.22	3.74	7.70	< .001
y7	6.20	0.38	5.46	6.94	16.44	< .001
y8	4.04	0.37	3.31	4.77	10.86	< .001
ind60	0.00	0.00	0.00	0.00		
dem60	0.00	0.00	0.00	0.00		
dem65	0.00	0.00	0.00	0.00		

이어서 모형의 그림에 회귀계수 및 요인계수(Coefficients)를 나타내면 다음과 같다.

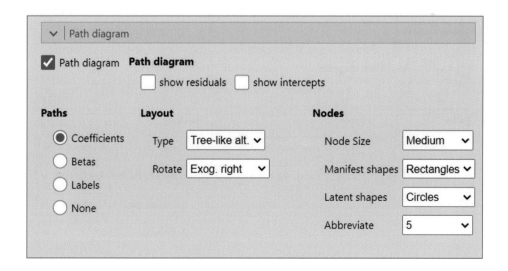

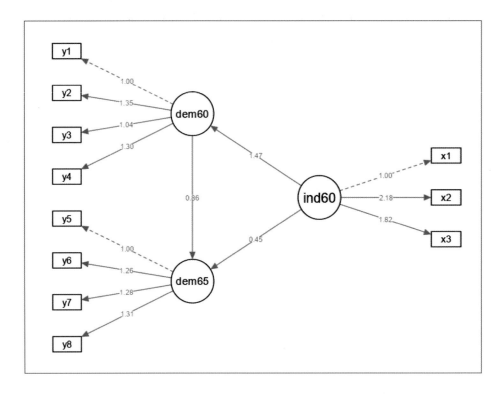

한편, 표준화된 계수(Betas)를 나타내면 다음과 같다. 회귀계수 중 dem60이 dem65에 미치는 영향이 가장 크다는(beta=0.91) 것을 알 수 있다.

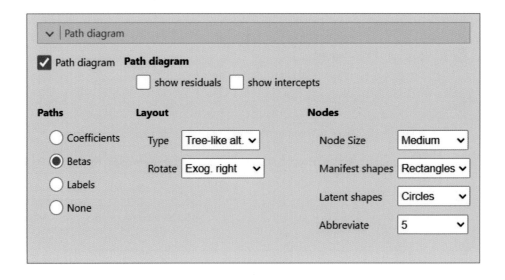

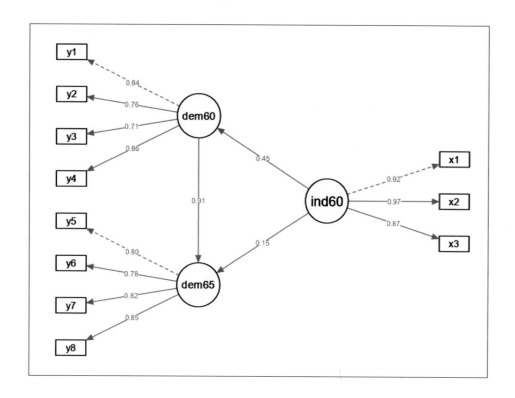

4) 모형 수정

앞서 분석한 모형은 시계열 데이터에 기반을 둔 모형이므로 동일한 내용을 측정
하는 측정변수, 즉 y1, y2, y3, y4는 y5, y6, y7, y8과 서로 상관이 있음을 이론적으
로 이해할 수 있다. 따라서 측정변수 간의 상관을 인정하는 모형으로 수정할 필요
가 있다. 그리고 모형을 수정하고자 할 때 활용하는 Modification indices를 선택
하면 다음과 같은 결과가 제시되는데, 이 결과를 살펴보면 각 측정변수들의 상관
을 고려해야 할 통계적 수치(Modif. index)를 제공하고 있음을 알 수 있다(Rosseel,
2023a).

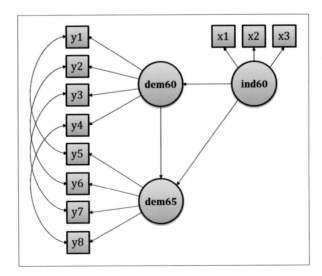

			Modif. index	EPC	sEPC (LV)	sEPC (all)	sEPC (nox)
y2	~~	y6	9.28	2.13	2.13	0.40	0.40
y6	~~	y8	8.67	1.51	1.51	0.42	0.42
y1	~~	y5	8.18	0.88	0.88	0.41	0.41
y3	~~	y6	6.57	-1.59	-1.59	-0.33	-0.33
y1	~~	y3	5.20	1.02	1.02	0.32	0.32
y2	~~	y4	4.91	1.43	1.43	0.33	0.33
y3	~~	y7	4.09	1.15	1.15	0.27	0.27
ind60	=~	y5	4.01	0.76	0.51	0.20	0.20

Note. expected parameter changes and their standardized forms (sEPC); for latent variables (LV), all variables (all), and latent and observed variables except for the exogenous observed variables (nox)

이와 같은 이론적 및 통계적 근거를 바탕으로 원 모형을 수정하면 다음과 같은 수정 모형을 만들 수 있다.

출처: Rosseel (2023a), p. 9.

수정모형으로 분석하기 위해 다음과 같이 분산 및 공분산 대화상자(Variances and covariances)에서 측정변수의 잔차 상관(residual correlations)을 고려한 pairs를 설정한 후 분석을 실행한다.

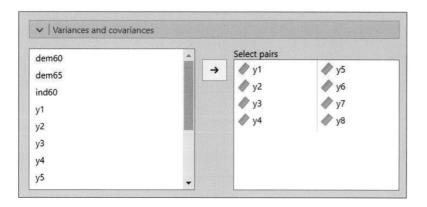

그러면 다음과 같이 모형에 대한 정보가 나타나는데 여기에 측정변수의 잔차 상관을 포함한 모형이 나타남을 알 수 있다.

```
Models Info


Estimation Method        ML
Optimization Method      NLMINB
Number of observations   75
Free parameters          40
Standard errors          Standard
Scaled test              None
Converged                TRUE
Iterations               58


Model                    ind60=~x1+x2+x3
                         dem60=~y1+y2+y3+y4
                         dem65=~y5+y6+y7+y8
                         dem60~ind60
                         dem65~ind60+dem60
                         y1~~y5
                         y2~~y6
                         y3~~y7
                         y4~~y8
```

그리고 모형적합도는 $\chi^2 = 50.8(\text{p} = 0.064)$, CFI $= 0.98$, TLI $= 0.97$, RMSEA $= 0.07$, SRMR $= 0.05$로 나타났다. 이 결과는 모형 수정 전의 적합도와 비교할 때 전반적으로 더 좋은 적합도를 나타내고 있음을 알 수 있다. 특히 엄격한 검정값에 해당되는 χ^2값도 p $= 0.064$로 나타나 영가설을 기각하지 못하게 되어 모형의 적합성을 더 확실하게 보여 주고 있다.

Model tests

Label	X²	df	p
User Model	50.84	37	0.064
Baseline Model	730.65	55	< .001

Fit indices

		95% Confidence Intervals		
SRMR	RMSEA	Lower	Upper	RMSEA p
0.05	0.07	0.00	0.11	0.234

User model versus baseline model

	Model
Comparative Fit Index (CFI)	0.98
Tucker-Lewis Index (TLI)	0.97
Bentler-Bonett Non-normed Fit Index (NNFI)	0.97
Bentler-Bonett Normed Fit Index (NFI)	0.93
Parsimony Normed Fit Index (PNFI)	0.63
Bollen's Relative Fit Index (RFI)	0.90
Bollen's Incremental Fit Index (IFI)	0.98
Relative Noncentrality Index (RNI)	0.98

이어서 분석 결과를 살펴보면, 요인계수, 잠재변수의 회귀계수 및 분산, 그리고 측정변수의 오차분산이 제시되어 있다. 모형 수정 이전과 마찬가지로 각 잠재변수의 요인계수는 모두 통계적으로 유의한 것으로 나타났으며, 잠재변수의 회귀계

수 또한 모두 유의하게 나타났다. 그리고 추가로 측정변수 간의 공분산이 제시되어 있는데 측정변수의 공분산 중에는 y4와 y8의 공분산을 제외하고는 모두 통계적으로 유의한 것으로 나타났다.

Parameters estimates

Dep	Pred	Estimate	SE	95% Confidence Intervals Lower	Upper	β	z	p
dem60	ind60	1.43	0.38	0.68	2.19	0.45	3.73	< .001
dem65	ind60	0.51	0.21	0.10	0.92	0.17	2.43	0.015
dem65	dem60	0.82	0.10	0.62	1.01	0.87	8.16	< .001

Measurement model

Latent	Observed	Estimate	SE	95% Confidence Intervals Lower	Upper	β	z	p
ind60	x1	1.00	0.00	1.00	1.00	0.92		
	x2	2.18	0.14	1.91	2.45	0.97	15.72	< .001
	x3	1.82	0.15	1.52	2.12	0.87	11.97	< .001
dem60	y1	1.00	0.00	1.00	1.00	0.82		
	y2	1.39	0.19	1.02	1.76	0.76	7.40	< .001
	y3	1.05	0.16	0.74	1.37	0.69	6.55	< .001
	y4	1.37	0.15	1.07	1.67	0.88	8.93	< .001
dem65	y5	1.00	0.00	1.00	1.00	0.78		
	y6	1.32	0.18	0.96	1.67	0.79	7.31	< .001
	y7	1.33	0.17	0.99	1.67	0.82	7.62	< .001
	y8	1.39	0.17	1.06	1.73	0.87	8.12	< .001

Variances and Covariances

Variable 1	Variable 2	Estimate	SE	95% Confidence Intervals		β	z	p
				Lower	Upper			
y1	y5	0.89	0.37	0.17	1.61	0.37	2.43	0.015
y2	y6	1.89	0.76	0.40	3.39	0.36	2.49	0.013
y3	y7	1.27	0.62	0.05	2.49	0.29	2.04	0.042
y4	y8	0.14	0.46	-0.77	1.05	0.06	0.30	0.762
x1	x1	0.08	0.02	0.04	0.12	0.15	4.18	< .001
x2	x2	0.12	0.07	-0.02	0.26	0.05	1.71	0.088
x3	x3	0.47	0.09	0.29	0.64	0.24	5.17	< .001
y1	y1	2.18	0.46	1.29	3.08	0.32	4.78	< .001
y2	y2	6.49	1.23	4.08	8.90	0.42	5.27	< .001
y3	y3	5.49	0.99	3.55	7.43	0.52	5.54	< .001
y4	y4	2.47	0.66	1.18	3.76	0.22	3.74	< .001
y5	y5	2.66	0.51	1.67	3.65	0.40	5.26	< .001
y6	y6	4.25	0.82	2.65	5.85	0.38	5.20	< .001
y7	y7	3.56	0.71	2.16	4.96	0.33	5.00	< .001
y8	y8	2.53	0.61	1.34	3.72	0.24	4.16	< .001
ind60	ind60	0.45	0.09	0.28	0.62	1.00	5.17	< .001
dem60	dem60	3.68	0.89	1.94	5.41	0.80	4.15	< .001
dem65	dem65	0.35	0.19	-0.02	0.72	0.09	1.86	0.062

이어서 모형의 다이어그램을 제시하면 다음과 같이 나타난다.

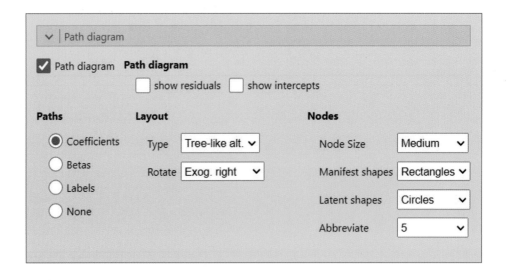

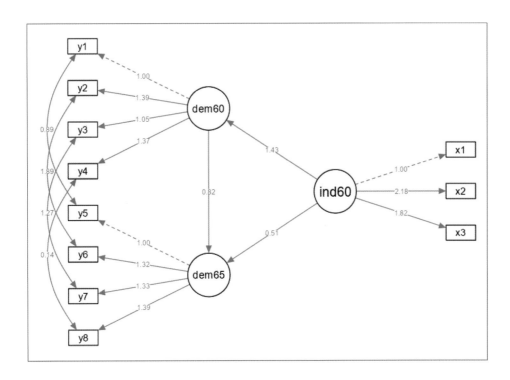

　한편, 잠재변수의 신뢰도와 관련된 정보를 표시할 수 있는데, 다음 결과를 보면 각 잠재변수(Ind60, dem60, dem65)에 대한 측정변수의 알파신뢰도(α)와 잠재변수의 측정변수에 대한 분산의 설명력(AVE)을 확인할 수 있다. 측정변수의 내적일관성 신뢰도를 나타내는 알파신뢰도는 모두 0.80 이상으로 신뢰도가 높음을 알 수 있다.

AVE(average variance extracted)는 잠재변수로 수렴된 측정변수들의 수렴타당도 (convergent validity)를 나타내는 것으로 모두 0.6 이상으로 적절한 수렴타당도를 갖추었음을 알 수 있다.

Reliability indices					
Variable	α	ω_1	ω_2	ω_3	AVE
ind60	0.90	0.94	0.94	0.94	0.86
dem60	0.86	0.86	0.86	0.86	0.62
dem65	0.88	0.89	0.89	0.89	0.67

이제 PoliticalDemocracy에 대한 구조방정식모형의 원 모형과 수정모형을 비교해 보자. 아직 jamovi에서는 두 모형을 비교하는 기능이 없으므로 R 'lavaan' 패키지를 이용해서 다음과 같이 비교·분석할 수 있다(Rosseel, 2019). 분석 결과에서 보듯이 원 모형(fit_1)과 수정모형(fit_2)의 χ^2값에 대한 anova 비교분석을 실시하면 두 모형의 χ^2값의 차이(72.46-50.83), 즉 $\chi^2_d = 21.6$(p < 0.001)이 되므로 이 결과는 통계적으로 유의하다. 따라서 χ^2값, AIC 및 BIC가 작은 수정모형(fit_2)을 선택하는 것이 적절하다고 하겠다(Finch & French, 2015). 그리고 모형적합도 지수를 비교해도 CFI, TLI, RMSEA 등 모든 지수에서 수정모형(fit_2)의 적합도가 더 좋음을 알 수 있다. 따라서 원 모형(fit_1)보다는 수정모형(fit_2)이 이론적으로나 통계적으로나 더 적합한 모형임을 확인할 수 있다(황성동, 2021).

```
> # 모형비교
> anova(fit_1, fit_2)
Chi Square Difference Test

      Df    AIC    BIC  Chisq Chisq diff Df diff Pr(>Chisq)
fit_2 37 3166.3 3233.5 50.835
fit_1 41 3179.9 3237.9 72.462     21.626       4  0.0002378 ***
---
Signif. codes:  0 '***' 0.001 '**' 0.01 '*' 0.05 '.' 0.1 ' ' 1
```

```
> fitMeasures(fit_1, c("cfi", "tli", "rmsea", "srmr"))
  cfi   tli rmsea  srmr
0.953 0.938 0.101 0.055
> fitMeasures(fit_2, c("cfi", "tli", "rmsea", "srmr"))
  cfi   tli rmsea  srmr
0.980 0.970 0.071 0.050
```

5) 매개효과분석

매개효과모형은 다음 [그림 21-15]와 같이 독립변수(X)가 매개변수(M)을 통하여 종속변수(Y)에 간접적으로 영향을 미치는 모형을 말한다. 그리고 X가 Y에 영향을 주는 직접효과(c)가 유의한지 아닌지에 따라 부분매개 또는 완전매개의 효과가 있다고 해석한다.

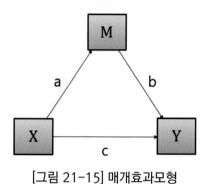

[그림 21-15] 매개효과모형

한편, R 'lavaan' 패키지에서 간접효과 또는 매개효과모형은 다음과 같이 명령어를 구성한다(Rosseel, 2023b).

```
model <- '
   # 직접효과(direct effect)
   Y ~ c*X
   # 매개변수(mediator)
   M ~ a*X
   Y ~ b*M
   # 간접효과(indirect effect) (a*b)
   ab := a*b
   # 전체효과(total effect)
   total := c + (a*b)'

fit <- sem(model, data = Data)
summary(fit)
```

매개효과분석을 위해 다음과 같이 데이터 ADHD.csv를 불러온다. 이 데이터는 교사들을 대상으로 ADHD에 대한 지식이 공감능력을 통해 학생에 적절한 개입을 하는지에 관한 데이터이다. 여기서 측정변수 general~instruct는 연속형 변수로 먼저 전환되어야 한다.

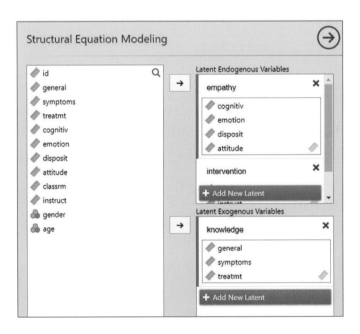

다음과 같이 세 잠재변수를 설정한다. 여기서 잠재독립변수(Exogenous variable) 는 knowledge, 잠재종속변수(Endogenous variables)는 empathy 및 intervention이 며 empathy가 매개변수가 된다.

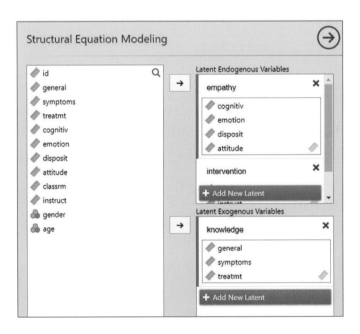

Endogenous models 대화상자에서 다음과 같이 endogenous 잠재변수와 exogenous 잠재변수를 설정한다. 즉, knowledge가 empathy에 영향을 미치고, knowledge 및 empathy는 intervention에 영향을 주는 것으로 설정한다. 이어서 Parameters options에서 Indirect Effects를 추정하도록 체크한다. 한편 모형추정 방법은 구조방정식모형에서와 마찬가지로 Model options 대화상자에서 최대우도법(ML)을 선택하였다.

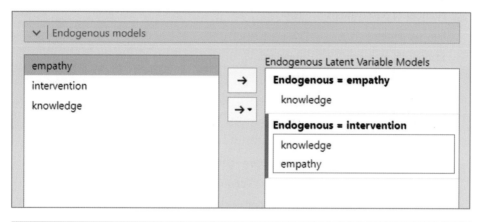

그러면 먼저 모형에 대한 정보가 다음과 같이 제시된다. 여기서 보면 세 잠재변수에 대한 측정모형과 잠재변수 간의 회귀모형이 제시되어 있음을 알 수 있다.

Models Info

Estimation Method	ML
Optimization Method	NLMINB
Number of observations	334
Free parameters	30
Standard errors	Standard
Scaled test	None
Converged	TRUE
Iterations	68
Model	knowledge=~general+symptoms+treatmt
	empathy=~cognitiv+emotion+disposit+attitude
	intervention=~classrm+instruct
	empathy~knowledge
	intervention~knowledge+empathy

이어서 모형적합도에 대한 결과를 살펴보면, $\chi^2 = 31.2(p=0.149)$, CFI$=1.00$, TLI$=0.99$, RMSEA$=0.03$, SRMR$=0.03$으로 나타나 아주 좋은 적합도를 나타내고 있음을 알 수 있다.

Model tests

Label	X²	df	p
User Model	31.19	24	0.149
Baseline Model	1556.97	36	< .001

Fit indices

TLI	SRMR	RMSEA	RMSEA 95% CI Lower	Upper	RMSEA p
1.00	0.03	0.03	0.00	0.06	0.880

User model versus baseline model

	Model
Comparative Fit Index (CFI)	1.00
Tucker-Lewis Index (TLI)	0.99
Bentler-Bonett Non-normed Fit Index (NNFI)	0.99
Bentler-Bonett Normed Fit Index (NFI)	0.98
Parsimony Normed Fit Index (PNFI)	0.65
Bollen's Relative Fit Index (RFI)	0.97
Bollen's Incremental Fit Index (IFI)	1.00
Relative Noncentrality Index (RNI)	1.00

이어서 측정모형(Measurement model)을 보면 각 잠재변수의 측정변수에 대한 요인계수 추정치는 모두 통계적으로 유의한 것으로 나타났다(p < 0.001). 그리고 회귀모형에서는 knowledge의 intervention에 대한 직접효과는 통계적으로 유의하지 않은 것으로 나타났지만(z=0.61, p=0.543), 나머지 knowledge가 empathy에 미치는 효과(z=3.03, p=0.002)와 empathy가 intervention에 미치는 효과(z= 10.36, p < 0.001)는 모두 유의한 것으로 나타났다.

Parameters estimates

Dep	Pred	Estimate	SE	95% Confidence Intervals		β	z	p
				Lower	Upper			
empathy	knowledge	0.30	0.10	0.11	0.50	0.21	3.03	0.002
intervention	knowledge	0.11	0.17	-0.23	0.45	0.03	0.61	0.543
intervention	empathy	1.24	0.12	1.01	1.48	0.58	10.36	< .001

Measurement model

Latent	Observed	Estimate	SE	95% Confidence Intervals		β	z	p
				Lower	Upper			
knowledge	general	1.00	0.00	1.00	1.00	0.75		
	symptoms	0.58	0.07	0.45	0.72	0.63	8.51	< .001
	treatmt	0.75	0.09	0.58	0.92	0.69	8.63	< .001
empathy	cognitiv	1.00	0.00	1.00	1.00	0.81		
	emotion	0.95	0.06	0.84	1.06	0.82	16.37	< .001
	disposit	1.40	0.09	1.22	1.58	0.78	15.40	< .001
	attitude	0.96	0.06	0.85	1.08	0.81	16.16	< .001
intervention	classrm	1.00	0.00	1.00	1.00	0.99		
	instruct	0.85	0.05	0.76	0.94	0.89	18.63	< .001

그리고 매개효과, 즉 knowledge가 empathy를 통한 intervention에 대한 효과를 살펴보면, 통계적으로 유의하게(z=2.95, p=0.003) 나타났다. 따라서 knowledge가 intervention에 미치는 직접효과가 유의하지 않음을 고려하면 완전매개효과가 있다고 하겠다.

Defined parameters

Label	Description	Parameter	Estimate	SE	95% Confidence Intervals		β	z	p
					Lower	Upper			
IE1	knowledge ⇒ empathy ⇒ intervention	p10*p12	0.38	0.13	0.13	0.63	0.12	2.95	0.003

아울러 측정변수 및 잠재변수에 대한 분산 및 오차분산이 다음과 같이 제시되었다.

Variances and Covariances				95% Confidence Intervals				
Variable 1	Variable 2	Estimate	SE	Lower	Upper	β	z	p
general	general	2.69	0.40	1.90	3.48	0.44	6.65	< .001
symptoms	symptoms	1.72	0.18	1.37	2.07	0.60	9.63	< .001
treatmt	treatmt	2.08	0.25	1.58	2.57	0.52	8.24	< .001
cognitiv	cognitiv	3.73	0.39	2.98	4.49	0.34	9.68	< .001
emotion	emotion	3.16	0.33	2.51	3.82	0.33	9.47	< .001
disposit	disposit	9.11	0.88	7.38	10.84	0.39	10.33	< .001
attitude	attitude	3.48	0.36	2.78	4.18	0.34	9.69	< .001
classrm	classrm	0.65	1.50	-2.30	3.60	0.02	0.43	0.665
instruct	instruct	6.64	1.21	4.27	9.01	0.21	5.49	< .001
knowledge	knowledge	3.42	0.55	2.35	4.50	1.00	6.24	< .001
empathy	empathy	6.93	0.81	5.34	8.52	0.96	8.54	< .001
intervention	intervention	21.95	2.35	17.34	26.57	0.66	9.33	< .001

한편, 경로모형그림(Path diagram)은 다음과 같이 잠재독립변수(knowledge)를 오른쪽 혹은 상단에 위치하도록 조정할 수 있다. 그리고 변수의 이름도 글자 수를 10글자 또는 5글자로 제한할 수 있다.

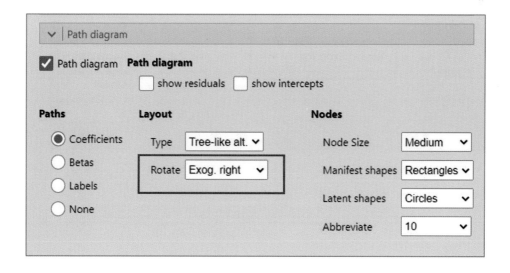

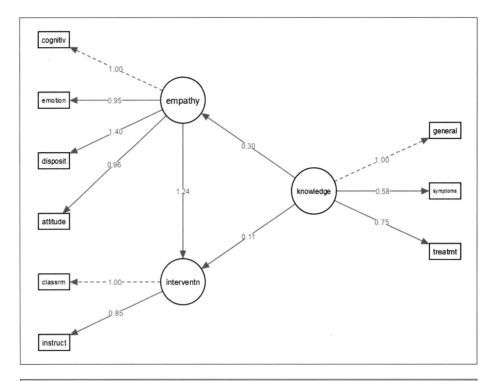

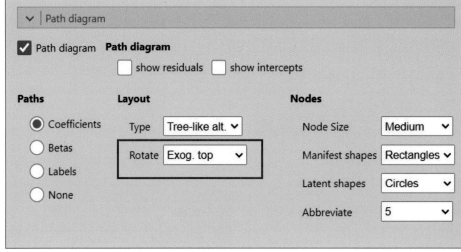

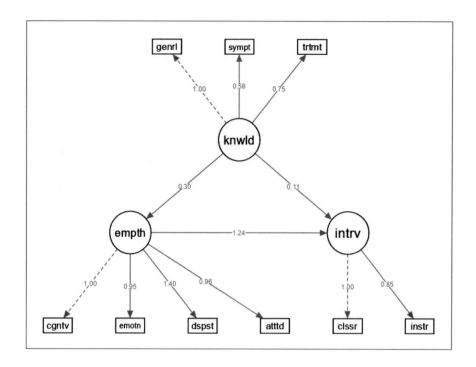

6) 다집단 분석(multiple groups)

앞서 분석한 ADHD.csv 데이터를 이용한 매개효과모형을 이번에는 성별(gender)로 나누어 집단별로 분석해 보자. 이때 변수 설정에서 gender를 다집단 변수(multigroup analysis factor)로 설정한다.

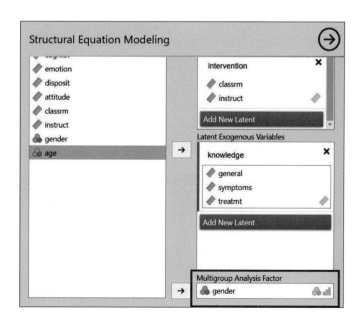

먼저, 모형에 대한 정보를 보면 다음에서 보는 것처럼 다집단 변수로 gender가 명시되어 있음을 확인할 수 있다.

Model	knowledge=~general+symptoms+treatmt
	empathy=~cognitiv+emotion+disposit+attitude
	intervention=~classrm+instruct
	empathy~knowledge
	intervention~knowledge+empathy
Multi-group variable	gender

집단별로 분석할 경우에는 집단의 동일성을 확보하기 위해 다음에서 보는 것처럼 Multi-group analysis 대화상자에서 보통 요인계수(Loadings), 측정변수의 절편(Intercepts) 및 오차분산(Residuals)을 동일하도록(Equality constraints) 설정하는 것이 일반적이다.

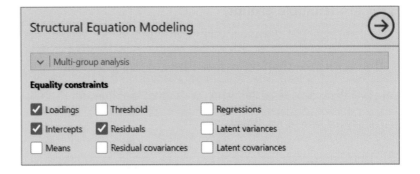

참고로 이렇게 동일하게 규정한 요인계수, 측정변수의 절편 및 오차분산에 대한 레이블이 어떻게 규정되고 있는지는 다음에 제시된 모형과 분석 결과에서 확인할 수 있다.

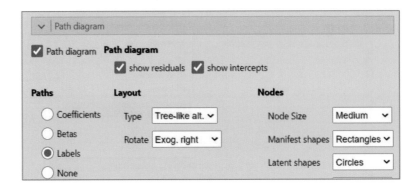

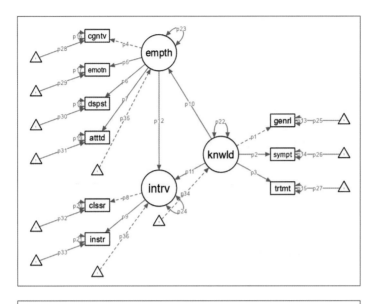

Constraints score tests

Type	Par 1		Par 2	X²	df	p	
Univariate	p2	==	p38	0.04	1	0.833	
	p3	==	p39	0.06	1	0.801	
	p5	==	p41	0.47	1	0.493	
	p6	==	p42	1.37	1	0.243	loadings
	p7	==	p43	0.46	1	0.496	
	p9	==	p45	0.86	1	0.354	
	p13	==	p49	0.01	1	0.919	
	p14	==	p50	1.92	1	0.166	
	p15	==	p51	1.16	1	0.282	
	p16	==	p52	7.57	1	0.006	
	p17	==	p53	11.30	1	< .001	Residuals
	p18	==	p54	0.63	1	0.426	
	p19	==	p55	14.01	1	< .001	
	p20	==	p56	2.47	1	0.116	
	p21	==	p57	0.56	1	0.453	
	p25	==	p61	2.98	1	0.084	
	p26	==	p62	6.86	1	0.009	
	p27	==	p63	0.37	1	0.541	
	p28	==	p64	4.56	1	0.033	
	p29	==	p65	3.07	1	0.080	
	p30	==	p66	0.47	1	0.495	intercepts
	p31	==	p67	0.09	1	0.770	
	p32	==	p68	0.06	1	0.814	
	p33	==	p69	0.06	1	0.814	
Total				51.20	24	< .001	

다집단 분석의 모형적합도를 살펴보면 전체 집단에 대한 모형적합도와 큰 차이가 없음을 알 수 있다.

Fit indices

		95% Confidence Intervals		
SRMR	RMSEA	Lower	Upper	RMSEA p
0.05	0.05	0.03	0.07	0.434

User model versus baseline model

	Model
Comparative Fit Index (CFI)	0.98
Tucker-Lewis Index (TLI)	0.98
Bentler-Bonett Non-normed Fit Index (NNFI)	0.98
Bentler-Bonett Normed Fit Index (NFI)	0.94
Parsimony Normed Fit Index (PNFI)	0.90
Bollen's Relative Fit Index (RFI)	0.93
Bollen's Incremental Fit Index (IFI)	0.98
Relative Noncentrality Index (RNI)	0.98

분석 결과로, 먼저 측정모형(Measurement model)을 살펴보면 앞서 설정한 동일성 제약에 따라 두 집단(남성, 여성)의 요인계수가 동일하게 추정되어 있음을 알 수 있다. 그리고 모두 통계적으로 유의한 것으로 나타났다.

Measurement model

Group	Latent	Observed	Estimate	SE	95% Confidence Intervals		β	z	p
					Lower	Upper			
0	knowledge	general	1.00	0.00	1.00	1.00	0.78		
		symptoms	0.60	0.07	0.46	0.73	0.69	8.65	< .001
		treatmt	0.75	0.09	0.58	0.92	0.73	8.77	< .001
	empathy	cognitiv	1.00	0.00	1.00	1.00	0.82		
		emotion	0.95	0.06	0.84	1.06	0.83	16.40	< .001
		disposit	1.40	0.09	1.22	1.58	0.79	15.40	< .001
		attitude	0.96	0.06	0.85	1.08	0.82	16.15	< .001
	intervention	classrm	1.00	0.00	1.00	1.00	0.99		
		instruct	0.86	0.05	0.77	0.95	0.88	19.00	< .001
1	knowledge	general	1.00	0.00	1.00	1.00	0.72		
		symptoms	0.60	0.07	0.46	0.73	0.62	8.65	< .001
		treatmt	0.75	0.09	0.58	0.92	0.67	8.77	< .001
	empathy	cognitiv	1.00	0.00	1.00	1.00	0.80		
		emotion	0.95	0.06	0.84	1.06	0.81	16.40	< .001
		disposit	1.40	0.09	1.22	1.58	0.77	15.40	< .001
		attitude	0.96	0.06	0.85	1.08	0.80	16.15	< .001
	intervention	classrm	1.00	0.00	1.00	1.00	0.99		
		instruct	0.86	0.05	0.77	0.95	0.89	19.00	< .001

이어서 잠재회귀모형의 추정된 모수(Parameter estimates)를 살펴보면, 남성의 경우(gender=0) empathy가 intervention에 미치는 영향력만 통계적으로 유의하지만(z=5.69, p<0.001), 여성의 경우(gender=1)에는 knowledge가 empathy에 미치는 영향(z=2.48, p=0.013)과 empathy가 intervention에 미치는 영향(z=8.88, p<0.001)이 모두 유의함을 알 수 있다.

Parameters estimates

Group	Dep	Pred	Estimate	SE	95% Confidence Intervals		β	z	p
					Lower	Upper			
0	empathy	knowledge	0.22	0.18	-0.14	0.57	0.16	1.20	0.229
	intervention	knowledge	0.42	0.29	-0.15	0.99	0.15	1.45	0.148
	intervention	empathy	1.17	0.21	0.76	1.57	0.58	5.69	< .001
1	empathy	knowledge	0.30	0.12	0.06	0.53	0.20	2.48	0.013
	intervention	knowledge	-0.06	0.22	-0.49	0.37	-0.02	-0.27	0.791
	intervention	empathy	1.25	0.14	0.98	1.53	0.57	8.88	< .001

따라서 다음 간접효과의 결과에서 보는 것처럼 남성의 경우(IE1) 매개효과가 유의하지 않지만(z=1.19, p=0.235), 여성의 경우(IE2) 유의한 것으로 나타났다(z=2.40, p=0.017).

					95% Confidence Intervals				
Label	Description	Parameter	Estimate	SE	Lower	Upper	β	z	p
IE1	(knowledge ⇒ empathy ⇒ intervention)₁	p10*p12	0.25	0.21	-0.16	0.67	0.09	1.19	0.235
IE2	(knowledge ⇒ empathy ⇒ intervention)₂	p46*p48	0.37	0.16	0.07	0.68	0.11	2.40	0.017

Defined parameters

Note. Description subscripts refer to groups, with 1= group 0, 2= group 1

이어서 남성과 여성의 경우 분석결과모형을 제시하면 다음과 같다. 앞서 살펴본 바와 같이 측정변수에 대한 요인계수는 동일하게 설정되어 있음을 알 수 있다.

gender=0 (남성)

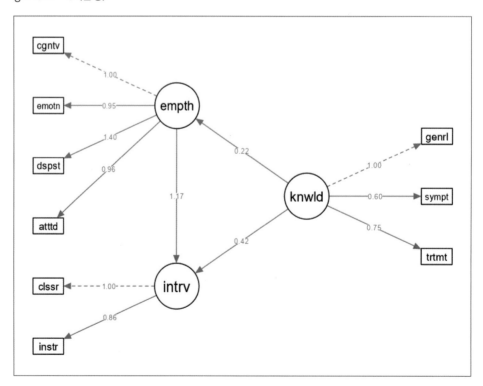

gender＝1 (여성)

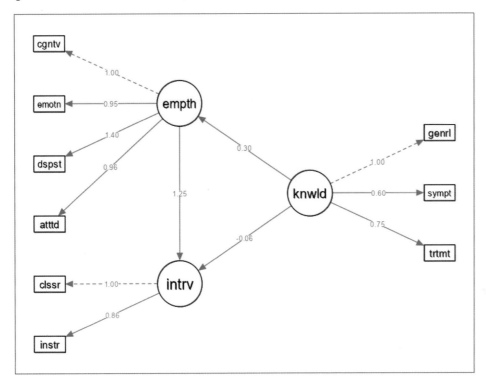

참고문헌

권재명(2017). 실리콘밸리 데이터과학자가 알려주는 따라 하며 배우는 데이터 과학. 제이펍.

김태근(2006). u-Can 회귀분석. 인간과 복지.

문건웅(2015). 의학논문 작성을 위한 R 통계와 그래프. 한나래출판사.

박완주, 황성동(2013). 교사의 주의력결핍과잉행동장애에 대한 지식정도와 공감수준이 교
    육적 중재에 미치는 영향: 공감의 매개효과를 중심으로. 정신간호학회지, 22(1), 45-55.

설현수(2019). jamovi 통계프로그램의 이해와 활용. 학지사.

성태제(2019). 알기 쉬운 통계분석(3판). 학지사.

안재형(2011). R을 이용한 누구나 하는 통계분석. 한나래출판사.

유진은(2015). 한 학기에 끝내는 양적연구방법과 통계분석. 학지사.

정선호, 서동기(2016). 회귀분석을 이용한 매개된 조절효과와 조절된 매개효과 검증 방
    법. 한국심리학회지: 일반, 35, 257-182.

조민호(2016). 빅데이터 분석을 위한 R 프로그래밍. 정보문화사.

조인호(2017). R을 이용한 실무데이터분석. 데이타솔루션 비정기교육 자료.

홍세희(2011). 구조방정식모형: 중급. S&M 리서치 그룹.

홍세희(2007). 구조방정식모형의 이론과 응용. 연세대학교 사회복지학과.

홍세희(2000). 구조방정식모형의 적합도 지수 선정기준과 그 근거. 한국 심리학회지: 임상,
    19, 161-177.

황성동(2021). 쉽게 하는 R 통계분석. 학지사.

Adhikari, A., & DeNero, J. (2018). *Computational and Inferential Thinking: The
    Foundations of Data Science*. UC Berkeley.

Beaujean, A. A. (2014). *Latent Variable Modeling Using R: A Step-by-Step Guide*.
    Routledge.

Bollen, K. A. (1989). *Structural Equations with Latent Variables*. John Wiley & Sons.

Browne, M. W., & Cudeck, R. (1992). Alternative ways of assessing model fit.
    Sociological Methods and Research, 21, 230-258.

Casas, P. (2018). funModeling: Exploratory Data Analysis and Data Preparation Tool-Box
    Book. R package version 1.6.7. https://CRAN.R-project.org/package=funModeling

Chang, W. (2013). *R Graphics Cookbook*. Sebastopol, CA: O'Reilly.

Epskamp, S. (2017). Package: semPlot. R pakage version 1.1. http://CRAN.R-project.

org/package=semPlot, March 27, 2017.

Epskamp, S., Stuber, S., Nak, J., Veenman, M., & Jorgensen, T. D. (2019). semPlot: Path Diagrams and Visual Analysis of Various SEM Packages' Output. [R Package]. Retrieved from https://CRAN.R-project.org/package=semPlot.

Fabrigar, L. R., Wegener, D. T., MacCallum, R. C., & Strahan, E. J. (1999). Evaluating the use of exploratory factor analysis in psychological research. *Psychological Methods, 4*(3), 272−299.

Finch, W. H., & French, B. F. (2015). *Latent Variable Modeling with R*. Routledge.

Fox, J., & Weisberg, S. (2018). car: Companion to Applied Regression. [R package]. Retrieved from https://cran.r-project.org/package=car

Gallucci, M. (2021). PATHj: jamovi Path Analysis. [jamovi module]. For help please visit https://pathj.github.io/.

Gallucci, M. (2019). GAMLj: General Analyses for the Linear Model. [jamovi module]. Retrieved from http://gamlj.github.io/.

Gallucci, M., & Jentschke, S. (2021). SEMLj: jamovi SEM Analysis. [jamovi module]. For help please visit https://semlj.github.io/.

Harrell, F. (2001). *Regression Modeling Strategies*. Springer-Verlag.

Hayes, A. F. (2017). *Introduction to mediation, moderation, and conditional process analysis: A regression-based approach*. New York, NY: Guilford Publications.

IBM Knowledge Center, KMO and Bartlett's Test. from https://www.ibm.com/support/knowledgecenter/SSLVMB_23.0.0/spss/tutorials/fac_telco_kmo_01.html (accessed August 2, 2019).

Jackman, S. (2017). pscl: Classes and Methods for R Developed in the Political Science Computational Laboratory. United States Studies Centre, University of Sydney. Sydney, New South Wales, Australia. R package version 1.5.2. URL https://github.com/atahk/pscl/

jamovi project (2022). jamovi (Version 2.3) [Computer Software]. Retrieved from https://www.jamovi.org.

Kabacoff, R. I. (2015). *R in Action* (2nd ed.). Manning Publications.

Lander, J. P. (2014). *R for Everyone: Advanced Analytics and Graphics*. Addison-Wesley.

Long, J. S., & Freese, J. (2014). *Regression Models for Categorical Dependent Variables Using Stata* (3rd ed.). Stata Press.

Makowski, D. (2018). The psycho Package: An Efficient and Publishing-Oriented Workflow for Psychological Science. *Journal of Open Source Software, 3*(22), 470.

https://doi.org/10.21105/joss.00470

Multinomial Logistic Regression : R Data Analysis Examples. UCLA: Statistical Consulting Group. from https://stats.idre.ucla.edu/r/dae/multinomial-logistic-regression/ (accessed April 23, 2019).

Muthen, L. K., & Muthen, B. O. (2017). *Mplus User's Guide* (8th ed.). Muthen & Muthen.

Ordinal Logistic Regression: R Data Analysis Examples (2019). UCLA: Statistical Consulting Group. from https://stats.idre.ucla.edu/r/dae/ordinal-logistic-regression/(accessed April 26, 2019).

Raudenbush, S. W., & Bryk, A. S. (2002). *Hierarchical linear models: Applications and data analysis* (2nd ed.). Sage.

R Core Team (2021). R: A Language and environment for statistical computing. (Version 4.1) [Computer software]. Retrieved from https://cran.r-project.org. (R packages retrieved from MRAN snapshot 2022−01−01).

Revelle, W. (2018) psych: Procedures for Personality and Psychological Research, Northwestern University, Evanston, Illinois, USA, https://CRAN.R-project.org/package=psych Version=1.8.4.

Rosseel, Y. (2014). Structural equation modeling with lavaan. Presented at Summer School−sing R for personality research at Bertinoro, Italy.

Rosseel, Y. (2019). lavaan: An R Package for Structural Equation Modeling. *Journal of Statistical Software*, 48(2), 1−36. http://www.jstatsoft.org/v48/i02/.

Rosseel, Y. (2023a). *The lavaan tutorial*. Department of Data Analysis, Ghent University, Belgium, January 9, 2023.

Rosseel, Y., et al. (2023b). *Package 'lavaan'*. R pakage version 0.6-7. http://CRAN.R-project.org/package=lavaan, January 9, 2023.

Schumacker, R. E. (2016). *Using R with Multivariate Statistics*. Sage Publications.

Selker, R. (2019). MEDMOD (Version 1.0.0) [jamovi module]. Retrieved from http://www.jamovi.org.

Venables, W. N., & Ripley, B. D. (1999) *Modern Applied Statistics with S−PLUS*. Third Edition. Springer.

Wheaton, B., Muthén, B., Alwin, D., & Summers, G. (1977). Assessing reliability and stability in panel models. In D. R. Heise (Ed.), *Sociological Methodology* (pp. 84−136). Jossey-Bass.

Wickham, H., & Grolemund, G. (2017). *R for Data Science*. O'Reilly.

찾아보기

저자 소개

황성동(Hwang, Sung-Dong) sungdong@knu.ac.kr

부산대학교 사회복지학과 (학사)

미국 West Virginia University (석사)

미국 University of California, Berkeley (박사)

행정고시, 입법고시, 사회복지사(1급) 출제위원 역임

건국대학교 교수, LG 연암재단 해외 연구교수, UC DATA 연구원 역임

현 경북대학교 사회복지학부 교수 및 사회과학연구원 데이터분석센터장

<주요 저서 및 논문>

『알기 쉬운 사회복지조사방법론』(2판, 학지사, 2015)

『메타분석: forest plot에서 네트워크 메타분석까지』(공저, 한나래아카데미, 2018)

『R을 이용한 메타분석』(2판 학지사, 2020)

『쉽게 하는 R 통계분석』(학지사, 2021)

「Licensure of Sheltered-Care Facilities: Does It Assure Quality?」(Social Work)

「한국 학령기 ADHD 아동을 위한 인지행동중재의 효과 연구: 메타분석」(대한간호학회지)

누구나 할 수 있는
jamovi 통계분석 2판
빈도분석에서 구조방정식까지

2019년 11월 5일 1판 1쇄 발행
2022년 3월 10일 1판 2쇄 발행
2023년 7월 20일 2판 1쇄 발행

지은이 • 황성동
펴낸이 • 김진환
펴낸곳 • (주) 학지사
      04031 서울특별시 마포구 양화로 15길 20 마인드월드빌딩
대 표 전 화 • 02)330-5114   팩스 • 02)324-2345
등 록 번 호 • 제313-2006-000265호

홈 페 이 지 • http://www.hakjisa.co.kr
인스타그램 • https://www.instagram.com/hakjisabook/

ISBN 978-89-997-2932-4 93310

정가 27,000원

저자와의 협약으로 인지는 생략합니다.
파본은 구입처에서 교환해 드립니다.

이 책을 무단으로 전재하거나 복제할 경우 저작권법에 따라 처벌을 받게 됩니다.

출판미디어기업 학지사
간호보건의학출판 학지사메디컬 www.hakjisamd.co.kr
심리검사연구소 인싸이트 www.inpsyt.co.kr
학술논문서비스 뉴논문 www.newnonmun.com
교육연수원 카운피아 www.counpia.com

명령어(스크립트) 파일과 데이터 파일은
학지사 홈페이지(http://www.hakjisa.co.kr)에서
다운로드할 수 있으며, 분석 결과는 jamovi 버전 및
R 버전에 따라 다소 다르게 나올 수 있습니다.